21 世纪高等学校重点课程辅导教材

GAODENG SHUXUE JIAOXUE

TONGBU ZHIDAO YU XUNLIAN

高等数学教学
同步指导与训练

■ 喻德生　主编

下

U0264773

化学工业出版社
·北京·

《高等数学教学同步指导与训练》（下）参照同济大学数学系编《高等数学》（下册）（第七版）的基本内容，以每节两学时的篇幅对高等数学进行教学设计，全书共计 46 节 92 学时．除习题课外，每节均由教学目标、考点题型、例题分析组成．教学目标根据高等数学教学大纲的基本要求编写，目的是把教学目标交给学生，使学生了解教学大纲和教师的要求，从而增强学习的主动性和目的性；考点题型分两级列出考点，并以求解、证明等字眼指出考查考点常见的题型；例题分析选择、构造一些比较典型的题目，从不同侧面阐述解题的思路、方法和技巧，每个题均按照"例题＋分析＋解或证明＋思考"的模式编写，运用变式、引申等方式，突出题目的重点，揭示解题方法的本质，从而把"师生对话"的机制融入解题的过程中，使"教、学、思"融于一体，使举一反三成为可能，进而提高学生分析问题和解决问题的能力；每章末课后作业以每次课配置一次作业的原则进行编写．每次作业均包含 3 种题型 7 个题目，其中填空题 2 个，选择题 2 个，解答、证明题 3 个．各题后均留有空白处，用于书写解答的过程．每次作业均印刷在一页的正、反面上，完成作业后即可将其撕下上交，方便使用．

　　《高等数学教学同步指导与训练》（下）是高等数学教学的同步教材，对高等数学每堂课的教学都具有较强的指导性、针对性和即时性，可作为理工科高等数学教学的指导书和练习册，供教师和学生使用．

图书在版编目（CIP）数据

高等数学教学同步指导与训练．下／喻德生主编．—北京：化学工业出版社，2018.3
21 世纪高等学校重点课程辅导教材
ISBN 978-7-122-31483-3

Ⅰ．①高…　Ⅱ．①喻…　Ⅲ．①高等数学-高等学校-教学参考资料　Ⅳ．①O13

中国版本图书馆 CIP 数据核字（2018）第 020411 号

责任编辑：郝英华　唐旭华　尉迟梦迪　　　　　　装帧设计：史利平
责任校对：王　静

出版发行：化学工业出版社（北京市东城区青年湖南街 13 号　邮政编码 100011）
印　　装：三河市双峰印刷装订有限公司
787mm×1092mm　1/16　印张 14¾　字数 389 千字　2018 年 3 月北京第 1 版第 1 次印刷

购书咨询：010-64518888（传真：010-64519686）　售后服务：010-64518899
网　　址：http://www.cip.com.cn
凡购买本书，如有缺损质量问题，本社销售中心负责调换。

定　　价：29.80 元

前　言

本书根据高等学校理工科高等数学课程教学的基本要求，结合当前高等数学教学改革和学生学习的实际需要，组织教学经验比较丰富的教师编写．本书是高等数学教学的同步教材，对高等数学教学具有较强的指导性、针对性和即时性，可作为理工科高等数学教学的指导书和练习册，供教师和学生使用．

本书根据本科院校高等数学课程教学的基本要求和教学时数，参照同济大学数学系编《高等数学》（下册）（第七版）的基本内容，合理地分割每次课（2 学时）的教学内容，并以每次课配置一次作业的原则进行编写．除习题课外，每节均包括教学目标、考点题型、例题分析，每章末配套课后作业．各部分编写说明如下．

① 教学目标　根据高等数学教学大纲的基本要求，以知道、了解、理解或掌握、熟练掌握、会求等分层次进行编写．目的是把教学目标交给学生，使学生了解教学大纲的精神和教师的要求，从而增强学习的主动性和目的性．

② 考点题型　分两级列出考点，其中打"＊"号的表示一级考点，否则为二级考点；并以求解、证明等字眼指出考查考点常见的题型．

③ 例题分析　围绕每次课教学内容的重点、难点，按每次课 6 个或 8 个例题的幅度选择一些比较典型的例题，从不同侧面阐述解题的思路、方法与技巧．每个题均按照"例题＋分析＋解或证明＋思考"的模式编写，广泛运用变式、引申等方式，突出题目的重点，揭示解题方法的本质．从而在解题的过程中，运用"师生对话"的机制，使"教、学、思"融于一体，使举一反三成为可能，提高学生分析问题和解决问题的能力．

④ 课后作业　每次作业均包含 3 种题型 7 个题目，其中填空题 2 个，选择题 2 个，解答、证明题 3 个．各题后均留有空白处，用于书写解答的过程．每次作业均印刷在同一页的正、反面上，完成作业后即可将其撕下上交，方便使用．

本书是在我校近 20 年以来编写使用的教学指导书和练习册的基础上编写而成的．本书的编写得到了我校教务处和数学与信息科学学院以及化学工业出版社的大力支持，在此表示衷心感谢！

本书由喻德生教授主编，参加本书及练习册答案部分内容编写的老师有：李昆、邹群、明万元、黄香蕉、王卫东、程筠、杨就意、胡结梅、徐伟、陈菱蕙、毕公平、漆志鹏、熊归凤、魏贵珍、李园庭、鲁力、王利魁、赵刚等．

由于水平有限，书中难免出现疏漏之处，敬请国内外同仁和读者批评指正．

编者
2017 年 12 月于南昌航空大学

目　　录

第八章　空间解析几何与向量代数

第一节　向量及其线性运算（一）

一、教学目标

理解向量的概念和向量线性运算的性质，理解两个向量平行的充分必要条件．了解空间直角坐标系结构，空间点与该点的坐标以及该点的向径之间的一一对应关系，掌握两点间的距离公式．

二、考点题型

向量的线性运算，几何题的向量证明，两点间的距离公式．

三、例题分析

例 8.1.1　设 a，b 为非零向量，当它们满足什么几何特征时，下列各式成立？
(i) $|a+b|=|a-b|$；　　(ii) $|a+b|<|a-b|$；　　(iii) $|a-b|=|a|+|b|$．

分析　利用向量相加、减的平行四边形法则及三角形法则，再结合平行四边形的几何特征求解即可．

解　如图 8.1. (i) 当 $a\perp b$ 时，平行四边形变为矩形，其两条对角线相等，即 $|a+b|=|a-b|$；(ii) 当 a 与 b 的夹角大于 $\dfrac{\pi}{2}$ 时，$|a+b|<|a-b|$；(iii) 当 a 与 b 的夹角为 π 时，$|a-b|=|a|+|b|$．

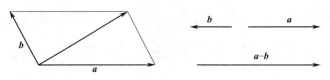

图 8.1

思考　给出 $|a+b|>|a-b|$，$|a+b|=|a|+|b|$，$|a-b|=|a|-|b|$ 成立的条件．

注意　第三种情况中，由于两向量平行，因此只适用三角形法则．

例 8.1.2　设 $c=\alpha a+\beta b$（a 不平行于 b）且 a，b，c 是从同一起点引出的向量，问：系数 α，β 满足什么条件，才能使 a，b，c 的终点在一条直线上？

分析　三个向量终点共线，等价于三个向量的终点所构成的三个向量相互平行，因此利用其中任意两个向量平行的关系求解即可．

解　如图 8.2. 由 a，b，c 起点相同、终点共线，得

$$b-a=k(b-c)\Rightarrow c=\frac{k-1}{k}b+\frac{1}{k}a,$$

于是 $\alpha+\beta=\dfrac{k-1}{k}+\dfrac{1}{k}=1.$

思考　若 a，b，c 是从同一起点引出的三个向量，且 a，b，c 的终点在一条直线上，能否推出 $c=\alpha a+\beta b$？若能，给出证明；否，举出反例．

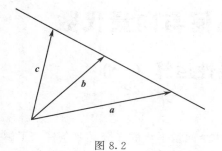

图 8.2   图 8.3

例 8.1.3 三角形 ABC 的边 AB 被点 M，N 分成三等份，设 $\overrightarrow{BC}=\boldsymbol{a}$，$\overrightarrow{AC}=\boldsymbol{b}$，求 $\overrightarrow{CM}$．

分析 $\overrightarrow{CM}$ 是三角形 AMC 或 MBC 的边向量，可以用这两个三角形其余两边的边向量来表示，而 $\overrightarrow{AM}$ 或 $\overrightarrow{MB}$ 则可以用 $\overrightarrow{AB}$ 来表示．

解 如图 8.3. 因为 $\overrightarrow{AB}=\boldsymbol{b}-\boldsymbol{a}$，$\overrightarrow{AM}=\overrightarrow{AB}/3$，所以 $\overrightarrow{AM}=(\boldsymbol{b}-\boldsymbol{a})/3$. 故
$$\overrightarrow{CM}=\overrightarrow{CA}+\overrightarrow{AM}=\boldsymbol{a}+(\boldsymbol{b}-\boldsymbol{a})/3=(2\boldsymbol{a}+\boldsymbol{b})/3.$$

思考 (i) 求 $\overrightarrow{CN}$；(ii) 若三角形 ABC 的边 AB 被点 P，Q，R 分成四等份，求 $\overrightarrow{CP}$，$\overrightarrow{CQ}$ 和 $\overrightarrow{CR}$．

例 8.1.4 证明：空间四边形相邻各边中点的连线构成平行四边形．

分析 先利用向量加法的平行四边形法则将中点的连线分别求出，并证明它们两两相等即可．注意，空间四边形的四个顶点未必共面，而平行四边形的四个顶点必共面．只需证明空间四边形相邻各边中点的连线所构成四边形的一组对边向量相等即可．

证明 如图 8.4. 设空间四边形四个顶点依次为 A，B，C，D，四边中点依次为 E，F，G，H，于是由平行四边形法则知
$$\overrightarrow{EH}=\overrightarrow{AH}-\overrightarrow{AE}=\frac{1}{2}\overrightarrow{AD}-\frac{1}{2}\overrightarrow{AB}=\frac{1}{2}(\overrightarrow{AD}-\overrightarrow{AB})=\frac{1}{2}\overrightarrow{BD},$$
$$\overrightarrow{FG}=\overrightarrow{FC}+\overrightarrow{CG}=\frac{1}{2}\overrightarrow{BC}+\frac{1}{2}\overrightarrow{CD}=\frac{1}{2}(\overrightarrow{BC}+\overrightarrow{CD})=\frac{1}{2}\overrightarrow{BD},$$

所以 $\overrightarrow{EH}=\overrightarrow{FG}$，即 $EH \parallel FG$，$EH=FG$. 因此，四边形 $EFGH$ 是平行四边形．

思考 (i) 空间的菱形（即空间中四边相等的四边形）相邻各边中点的连线所构成的图形是正方形吗？是，给出证明；否，说明理由．(ii) 若 E，F，G，H 分别是各边上满足条件 $\dfrac{AE}{EB}=\dfrac{BF}{FC}=\dfrac{CG}{GD}=\dfrac{DH}{HA}=\lambda$ 的点，那么 $EFGH$ 是什么四边形？并证明你的结论．

例 8.1.5 设 $\boldsymbol{r}_1$，$\boldsymbol{r}_2$，$\boldsymbol{r}_3$ 依次是三角形 ABC 三个顶点的向径，求三角形 ABC 中线的交点的向径．

分析 先用三角形顶点的向量表示三角形的边向量，进而表示三角形的中线向量和顶点与中线交点的向量，这样就可以求出三角形中线交点的向径．

解 如图 8.5. 设 D 是边 AB 的中点，M 是三角形 ABC 中线的交点，则
$$\overrightarrow{BC}=\boldsymbol{r}_3-\boldsymbol{r}_2,\overrightarrow{BD}=(\boldsymbol{r}_3-\boldsymbol{r}_2)/2;\overrightarrow{AB}=\boldsymbol{r}_2-\boldsymbol{r}_1;$$
$$\overrightarrow{AD}=\overrightarrow{BD}+\overrightarrow{AB}=(\boldsymbol{r}_3-\boldsymbol{r}_2)/2+(\boldsymbol{r}_2-\boldsymbol{r}_1)=(\boldsymbol{r}_2+\boldsymbol{r}_3-2\boldsymbol{r}_1)/2,$$
于是
$$\overrightarrow{AM}=2\overrightarrow{AD}/3=(\boldsymbol{r}_2+\boldsymbol{r}_3-2\boldsymbol{r}_1)/3,$$
$$\boldsymbol{r}=\overrightarrow{OM}=\boldsymbol{r}_1+\overrightarrow{AM}=\boldsymbol{r}_1+(\boldsymbol{r}_2+\boldsymbol{r}_3-2\boldsymbol{r}_1)/3=(\boldsymbol{r}_1+\boldsymbol{r}_2+\boldsymbol{r}_3)/3.$$

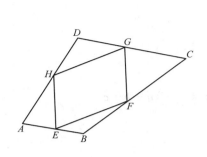

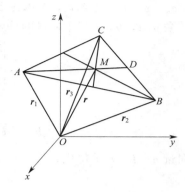

图 8.4　　　　　　　　　　　　图 8.5

思考　分别求三角形 ABC 角平分线的交点的向径和三角形一内角平分线延长线与其余两外角平分线交点的向径.

例 8.1.6　求到三点 $A(1,-1,5)$，$B(3,4,4)$ 和 $C(4,6,1)$ 的距离相等点的轨迹.

分析　根据题设和两点间的距离公式，求出具有上述性质的任意点所满足的方程或方程组即可.

解　设 $M(x，y，z)$ 是满足题设条件的任意点，则由 $|AM|=|BM|=|CM|$，得

$$\begin{cases} \sqrt{(x-1)^2+(y+1)^2+(z-5)^2}=\sqrt{(x-3)^2+(y-4)^2+(z-4)^2} \\ \sqrt{(x-3)^2+(y-4)^2+(z-4)^2}=\sqrt{(x-4)^2+(y-6)^2+(z-1)^2} \end{cases},$$

即

$$\begin{cases} 2x+5y-z=7 \\ x+2y-3z=6 \end{cases}.$$

思考　若求到三点 $A(1,-1,5)$，$B(3,4,4)$ 和 $C(4,6,1)$ 的距离为 $1:2:3$ 点的轨迹，结果如何？

第二节　向量及其线性运算（二）

一、教学目标

了解向量坐标表达式的概念与方法. 掌握坐标表达下向量的线性运算和向量的模、方向余弦、方向角和单位向量的求法，掌握定比分点公式；了解向量在轴上投影的概念及性质，会求向量在坐标轴上的投影.

二、考点题型

向量的坐标表示，坐标表示下向量的线性运算，向量的单位化，方向角与方向余弦的求解.

三、例题分析

例 8.2.1　设 $a=i+j+k$，$b=i-2j+k$，$c=-2i+j+2k$，试用单位向量 e_a，e_b，e_c 表示向量 i，j，k.

分析　先联立 a，b，c 三个向量的分解式，将 i，j，k 当作未知量求解；再求出 a，b，

c 与 e_a，e_b，e_c 间的关系式，代入方程组的解即可．

解 联立 a，b，c 三个向量的分解式，得方程组

$$\begin{cases} i+j+k=a \\ i-2j+k=b \\ -2i+j+2k=c \end{cases},$$

解得

$$i=\frac{5}{12}a+\frac{1}{12}b-\frac{1}{4}c, \ j=\frac{1}{3}(a-b), \ k=\frac{1}{4}(a+b+c).$$

将向量 a，b，c 单位化，得

$$e_a=\frac{a}{|a|}=\frac{a}{\sqrt{3}}, \ e_b=\frac{b}{|b|}=\frac{b}{\sqrt{6}}, \ e_c=\frac{c}{|c|}=\frac{c}{3}.$$

所以有

$$i=\frac{5\sqrt{3}}{12}e_a+\frac{\sqrt{6}}{12}e_b-\frac{3}{4}e_c, \ j=\frac{1}{3}(\sqrt{3}e_a-\sqrt{6}e_b), \ k=\frac{1}{4}(\sqrt{3}e_a+\sqrt{6}e_b+3e_c).$$

思考 向量 $5\sqrt{3}e_a+\sqrt{6}e_b-9e_c$，$\sqrt{3}e_a-\sqrt{6}e_b$，$\sqrt{3}e_a+\sqrt{6}e_b+3e_c$ 是什么关系？为什么？

例 8.2.2 已知平行四边形 $ABCD$ 的两个边向量 $\overrightarrow{AB}$ 和 $\overrightarrow{AD}$ 的坐标分别为（5，-2，3）和（-2，3，-4），向量 a 平行于其对角线 $\overrightarrow{AC}$ 且 $|a|=4$，求向量 a．

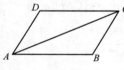

图 8.6

分析 由平行四边形法则可知，对角线 $\overrightarrow{AC}$ 是两边 $\overrightarrow{AB}$ 与 $\overrightarrow{AD}$ 的和；再根据两向量平行的充要条件，可将向量 a 的三个坐标值用同一变量表示；最后利用其模长求出该变量，得出向量的坐标．

解 如图 8.6．由于 $a /\!/ \overrightarrow{AC}$，则存在唯一实数 λ，使 $a=\lambda \cdot \overrightarrow{AC}$．设向量 a 的坐标为 (x, y, z)，则由

$$\overrightarrow{AC}=\overrightarrow{AB}+\overrightarrow{AD}=(5,-2,3)+(-2,3,-4)=(3,1,-1),$$

可得 $(x, y, z)=\lambda(3, 1, -1)$．故由题设可得

$$|a|=\sqrt{x^2+y^2+z^2}=\sqrt{(3\lambda)^2+\lambda^2+(-\lambda)^2}=\sqrt{11}|\lambda|=4,$$

解得 $\lambda=\pm\frac{4\sqrt{11}}{11}$，所以 a 的坐标为 $\pm\frac{4\sqrt{11}}{11}(3, 1, -1)$．

思考 若向量 a 平行于其对角线 $\overrightarrow{BD}$ 且 $|a|=4$，结果如何？

例 8.2.3 从点 $A(2, -1, 7)$ 沿向量 $a=(8, 9, -12)$ 的方向取长为 34 的线段 AB，试求 B 点的坐标．

分析 由于线段 AB 是沿向量 a 的方向取得的，所以向量 $\overrightarrow{AB}$ 与 a 平行；再由线段 AB 的长为 34，仿上例求解即可．

解 设点 B 的坐标为 (x, y, z)，则

$$\overrightarrow{AB}=(x,y,z)-(2,-1,7)=(x-2,y+1,z-7)$$

由题意

$$\overrightarrow{AB}=\lambda a, \ \text{且} \ \lambda>0,$$

于是

$$x-2=8\lambda, y+1=9\lambda, z-7=-12\lambda,$$

又

$$34=|\overrightarrow{AB}|=\sqrt{(x-2)^2+(y+1)^2+(z-7)^2}=\sqrt{(8\lambda)^2+(9\lambda)^2+(-12\lambda)^2}=17\lambda,$$

解得 $\lambda=2$. 于是点 B 的坐标为 $(18,17,-17)$.

思考　若从点 $A(2,-1,7)$ 作一长为 34 的线段 AB, 使向量 $\overrightarrow{AB}$ 与 a 垂直, 结果如何?

例 8.2.4　一向量与三个坐标面 xOy, xOz, yOz 的夹角分别为 φ, θ, ω, 试证:

$$\cos^2\varphi+\cos^2\theta+\cos^2\omega=2$$

分析　注意到 φ, θ, ω 分别与向量的方向角互余, 再结合方向角余弦的平方和等于 1, 即可证得.

证明　设该向量的方向角分别为 α, β, γ, 则有 $\alpha+\omega=\dfrac{\pi}{2}$, $\beta+\theta=\dfrac{\pi}{2}$, $\gamma+\varphi=\dfrac{\pi}{2}$, 所以

$$\cos\alpha=\sin\omega,\cos\beta=\sin\theta,\cos\gamma=\sin\varphi.$$

又 $\cos^2\alpha+\cos^2\beta+\cos^2\gamma=1$, 因此有

$$
\begin{aligned}
1 &=\cos^2\alpha+\cos^2\beta+\cos^2\gamma=\sin^2\omega+\sin^2\theta+\sin^2\varphi\\
&=(1-\cos^2\omega)+(1-\cos^2\theta)+(1-\cos^2\varphi)\\
&=3-(\cos^2\varphi+\cos^2\theta+\cos^2\omega),
\end{aligned}
$$

所以

$$\cos^2\varphi+\cos^2\theta+\cos^2\omega=2.$$

思考　(i) 求该向量的单位向量; (ii) 若还已知向量的模为 16, 求该向量.

例 8.2.5　已知向量 a 与 x 轴和 y 轴的夹角分别为 $\alpha=\dfrac{\pi}{6}$ 和 $\beta=\dfrac{2}{3}\pi$, 且 $|a|=2$, 试求 a.

分析　先利用方向角的余弦公式求出第三个方向角, 然后再用向量的模与方向余弦相乘得到各坐标值.

解　设向量 a 的坐标为 (x,y,z). 由方向角的余弦公式得

$$1=\cos^2\alpha+\cos^2\beta+\cos^2\gamma=\cos^2\dfrac{\pi}{6}+\cos^2\dfrac{2\pi}{3}+\cos^2\gamma=\dfrac{3}{4}+\dfrac{1}{4}+\cos^2\gamma,$$

解得 $\cos\gamma=0$, $\gamma=\dfrac{\pi}{2}$. 于是有

$$x=|a|\cos\alpha=\sqrt{3},y=|a|\cos\beta=-1,z=|a|\cos\gamma=0,$$

即向量 a 的坐标为 $(\sqrt{3},-1,0)$.

思考　若已知向量 a 与坐标面 xOy, yOz 的夹角分别为 $\varphi=\dfrac{\pi}{6}$ 和 $\theta=\dfrac{2}{3}\pi$, 且 $|a|=2$, 结果如何?

例 8.2.6　已知向量 $\overrightarrow{AB}$ 的终点在点 $B(2,-3,-1)$, 且它在 x 轴、y 轴和 z 轴上的投影依次为 -4, 1, 3, 求该向量起点 A 的坐标.

分析　向量在 x, y, z 轴上的投影分别就是向量的三个坐标值, 据此利用向量的坐标等于终点坐标减去起点坐标即可求得.

解　设起点 A 的坐标为 (x,y,z), 则 $\overrightarrow{AB}=(2,-3,-1)-(x,y,z)=(-4,1,3)$, 于是 $(x,y,z)=(2,-3,-1)-(-4,1,3)=(6,-4,-4)$, 所以 A 的坐标为 $(6,-4,-4)$.

思考　若 $\overrightarrow{AB}$ 为单位向量, 且 $\overrightarrow{AB}$ 在 x 轴、y 轴和 z 轴上的投影的和为零, 结果如何?

第三节　数量积、向量积

一、教学目标

了解数量积的概念与数量积的物理意义；了解向量积的概念与向量积的物理、几何意义．掌握数量积、向量积的运算性质，掌握数量积、向量积的求法．

二、考点题型

数量积的性质、物理意义，数量积的求解*；向量积的性质、几何与物理意义，向量积的求解*；向量间的夹角的求解，向量平行与垂直的判断*．

三、例题分析

例 8.3.1　已知三角形的两边 $\overrightarrow{AB}=3\boldsymbol{p}-4\boldsymbol{q}$，$\overrightarrow{BC}=\boldsymbol{p}+5\boldsymbol{q}$，其中 $\boldsymbol{p}$，$\boldsymbol{q}$ 是互相垂直的单位向量，求 $\overrightarrow{CA}$ 的长．

分析　先求出向量 $\overrightarrow{CA}$，再根据向量模长的公式，转化成向量的点积求解．

解　因为 $\overrightarrow{CA}=\overrightarrow{CB}+\overrightarrow{BA}=-(\boldsymbol{p}+5\boldsymbol{q})-(3\boldsymbol{p}-4\boldsymbol{q})=-4\boldsymbol{p}-\boldsymbol{q}$，所以

$$|\overrightarrow{CA}|=\sqrt{(4\boldsymbol{p}+\boldsymbol{q})^2}=\sqrt{16\boldsymbol{p}^2+8|\boldsymbol{p}||\boldsymbol{q}|\cos(\pi/2)+\boldsymbol{q}^2}$$
$$=\sqrt{16\times1^2+8\times1\times1\times0+1^2}=\sqrt{17}.$$

思考　(i) 若 $\overrightarrow{AB}=3\boldsymbol{p}+4\boldsymbol{q}$，$\overrightarrow{BC}=\boldsymbol{p}-5\boldsymbol{q}$，结果如何？(ii) 若 $(\boldsymbol{p},\boldsymbol{q})=5\pi/4$，求解以上两题．

例 8.3.2　设 $\boldsymbol{c}=3\boldsymbol{a}+k\boldsymbol{b}$，$\boldsymbol{d}=\boldsymbol{a}+2\boldsymbol{b}$，其中 $|\boldsymbol{a}|=2$，$|\boldsymbol{b}|=1$，且 $\boldsymbol{a}\perp\boldsymbol{b}$，则 k 为何值时，以 $\boldsymbol{c}$，$\boldsymbol{d}$ 为邻边的平行四边形的面积为 6.

分析　由向量积的几何意义，$|\boldsymbol{c}\times\boldsymbol{d}|$ 即为以 $\boldsymbol{c}$，$\boldsymbol{d}$ 为邻边的平行四边形的面积．再同时结合向量积的定义及运算规律求解即可．

解　以 $\boldsymbol{c}$，$\boldsymbol{d}$ 为邻边的平行四边形的面积为

$$|\boldsymbol{c}\times\boldsymbol{d}|=|(3\boldsymbol{a}+k\boldsymbol{b})\times(\boldsymbol{a}+2\boldsymbol{b})|=|3\boldsymbol{a}\times\boldsymbol{a}+3\boldsymbol{a}\times2\boldsymbol{b}+k\boldsymbol{b}\times\boldsymbol{a}+k\boldsymbol{b}\times2\boldsymbol{b}|$$
$$=|6\boldsymbol{a}\times\boldsymbol{b}+k\boldsymbol{b}\times\boldsymbol{a}|=|(6-k)\boldsymbol{a}\times\boldsymbol{b}|=|6-k||\boldsymbol{a}\times\boldsymbol{b}|=2|6-k|=6,$$

所以得 $k=3$ 或 9.

思考　若 $\boldsymbol{d}=\boldsymbol{a}-2\boldsymbol{b}$，结果如何？$\boldsymbol{d}=k\boldsymbol{a}+2\boldsymbol{b}$ 或 $\boldsymbol{d}=k\boldsymbol{a}-2\boldsymbol{b}$ 呢？

例 8.3.3　设 $\boldsymbol{a}=(1,-2,3)$，$\boldsymbol{b}=(2,-3,1)$，$\boldsymbol{c}=(2,1,2)$，求同时垂直于向量 $\boldsymbol{a}$ 和 $\boldsymbol{b}$，且在 $\boldsymbol{c}$ 上的投影是 7 的向量．

分析　由向量积的定义可知，同时垂直于 $\boldsymbol{a}$ 和 $\boldsymbol{b}$ 的向量 $\boldsymbol{x}$ 可表示成 $\lambda(\boldsymbol{a}\times\boldsymbol{b})$，再由在 $\boldsymbol{c}$ 上的投影进一步确定 λ 即可．

解　由于 $\boldsymbol{a}\times\boldsymbol{b}=\begin{vmatrix} \boldsymbol{i} & \boldsymbol{j} & \boldsymbol{k} \\ 1 & -2 & 3 \\ 2 & -3 & 1 \end{vmatrix}=7\boldsymbol{i}+5\boldsymbol{j}+\boldsymbol{k}$，于是 $\boldsymbol{x}=\lambda(7,5,1)$．又因为 $\mathrm{Prj}_{\boldsymbol{c}}\boldsymbol{x}=$

$\dfrac{\boldsymbol{c}\cdot\boldsymbol{x}}{|\boldsymbol{c}|}=7$，即 $\dfrac{14\lambda+5\lambda+2\lambda}{\sqrt{2^2+1^2+2^2}}=7$，求得 $\lambda=1$，所以 $\boldsymbol{x}=(7,5,1)$．

思考　若 $\boldsymbol{c}$ 在所求向量上的投影为 7，结果如何？

例 8.3.4 设 $|a|=5,|b|=3,(a\hat{\,}b)=\pi/3$. 求：(1) 向量 a 在向量 b 上的投影；(2) $|a+b|$.

分析 根据向量在另一个向量上的投影公式和向量的模与数量积之间的关系求解即可.

解 (1) $\mathrm{Prj}_b a=|a|\cos(a\hat{\,}b)=5\cos\dfrac{\pi}{3}=\dfrac{5}{2}$，

(2) $|a+b|=\sqrt{(a+b)^2}=\sqrt{a^2+2a\cdot b+b^2}=\sqrt{5^2+2\times5\times3\cos(\pi/3)+3^2}=7$.

思考 (i) 求向量 b 在向量 a 上的投影；(ii) 若求 $|a-b|$，结果如何？$|2a\pm b|$ 或 $|a\pm2b|$ 呢？

例 8.3.5 已知 $|p|=3,|q|=1,p\perp q$，求以向量 $a=3p+2q$ 和 $b=-p+2q$ 为邻边的平行四边形的面积.

分析 这是一道综合题，涉及叉积的几何意义、叉积的运算法则和叉积的定义，要根据以上三方面知识逐步求解.

解 $S=|a\times b|=|(3p+2q)\times(-p+2q)|=8|p||q|\sin(p\hat{\,}q)$
$$=8\times3\times1\times\sin(\pi/2)=24.$$

思考 (i) 若 $(a\hat{\,}b)=\pi/3$，结果如何？$(a\hat{\,}b)=\pi/4$ 或 $(a\hat{\,}b)=\pi/6$ 呢？(ii) 若 $a=3p-2q$ 和 $b=-p-2q$，以上各题的结果如何？

例 8.3.6 设 $a\cdot b=3$，$a\times b=i+j+k$，求 a 与 b 之间的夹角.

分析 题目已知两向量的点积和叉积，而向量的点积与两向量的模和夹角的余弦有关，向量叉积的模与两向量的模和夹角的正弦有关，两者一起就可以得出夹角的正切，从而求出夹角.

解 因为 $a\cdot b=|a||b|\cos\theta=3$，$|a\times b|=|a||b|\sin\theta=\sqrt{3}$，所以
$$\tan\theta=1/\sqrt{3}\Rightarrow\theta=\pi/6.$$

思考 (i) 若 $a\times b=i-j+k$，结果如何？$a\times b=i+j-k$ 或 $a\times b=i-j-k$ 呢？(ii) 若 $a\cdot b=3$，$a\times b=mi+j+k$，$(a\hat{\,}b)=\pi/3$，求 m 的值.

第四节　习题课一

例 8.4.1 设在三角形 ABC 各边上分别向外作正方形 $ABED$，$BCGF$，$CAKH$，求证 $\overrightarrow{EF}+\overrightarrow{GH}+\overrightarrow{KD}=\mathbf{0}$.

分析 所证结论是六边形 $DEFGHK$ 不相邻的三个边向量的和等于零向量，而该六边形的所有边向量的和也等于零向量. 因此，可以把所证结论转化为六边形 $DEFGHK$ 另外不相邻的三个边向量的和也等于零向量.

证明 如图 8.7. 由于 $\overrightarrow{EF}+\overrightarrow{FG}+\overrightarrow{GH}+\overrightarrow{HK}+\overrightarrow{KD}+\overrightarrow{DE}=\mathbf{0}$，而 $\overrightarrow{FG}+\overrightarrow{HK}+\overrightarrow{DE}=\overrightarrow{BC}+\overrightarrow{CA}+\overrightarrow{AB}=\mathbf{0}$，所以 $\overrightarrow{EF}+\overrightarrow{GH}+\overrightarrow{KD}=\mathbf{0}$.

思考 (i) 若在三角形 ABC 各边上分别向外作平行四边形 $ABED$，$BCGF$，$CAKH$，结论是否仍然成立？是，给出证明；否，说明理由；(ii) 若在三角形 ABC 各边上分别向内作正方形或平行四边形 $ABE'D'$，$BCG'F'$，$CAK'H'$，结论如何？并证明你的结论.

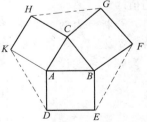

图 8.7

例 8.4.2 若向量 $a+3b$ 与 $7a-5b$ 垂直，向量 $a-4b$ 与 $7a-2b$ 垂直，求向量 a 与 b 的夹角.

分析　向量垂直的充要条件是数量积为零，根据题中给出的两组垂直的向量，可以求出 $a \cdot b$，从而求出向量的夹角.

解　由题设，$(a+3b) \cdot (7a-5b)=0$，且 $(a-4b) \cdot (7a-2b)=0$，即

$$\begin{cases} 7|a|^2-15|b|^2=-16a \cdot b, \\ 7|a|^2+8|b|^2=30a \cdot b \end{cases},$$

解 $|a|^2, |b|^2$ 的二元一次方程组，得 $|a|^2=|b|^2=2a \cdot b$. 故

$$\cos(a\overset{\wedge}{,}b)=\frac{a \cdot b}{|a||b|}=\frac{1}{2},$$

所以两向量的夹角为 $\frac{\pi}{3}$.

思考　若向量 $a+3b$ 与 $a-4b$ 垂直，向量 $7a-5b$ 与 $7a-2b$ 垂直，结果如何？向量 $a+3b$ 与 $7a-2b$ 垂直，向量 $a-4b$ 与 $7a-5b$ 垂直呢？

例 8.4.3　设 a，b，c 是单位向量，且 $a+b+c=0$，求 $a \cdot b$.

分析　由于 $a+b+c=0$，故用 a，b，c 分别点乘该式的两边，都可以得到与点积 $a \cdot b$ 相关的等式，再设法从中解出 $a \cdot b$ 即可.

解　依题设，得

$$\begin{cases} a \cdot (a+b+c)=0 \\ b \cdot (a+b+c)=0 \Rightarrow \\ c \cdot (a+b+c)=0 \end{cases} \begin{cases} a^2+a \cdot b+a \cdot c=0 \\ b \cdot a+b^2+b \cdot c=0 \Rightarrow \\ c \cdot a+c \cdot b+c^2=0 \end{cases} \begin{cases} 1+a \cdot b+a \cdot c=0 \\ a \cdot b+1+b \cdot c=0, \\ a \cdot c+b \cdot c+1=0 \end{cases}$$

三式相加，得 $a \cdot b+b \cdot c+c \cdot a=-3/2$，再将该式与第一式相减即得 $a \cdot b=-1/2$.

思考　(i) 若求 $b \cdot c$，$c \cdot a$，结果如何？(ii) 若 $|a|=1$，$|b|=2$，$|c|=3$，且 $a+b+c=0$，分别求 $a \cdot b$，$b \cdot c$，$c \cdot a$.

例 8.4.4　设 $|a|=|b|=1$，$(a\overset{\wedge}{,}b)=\frac{2\pi}{3}$，求以向量 $a-2b$ 和 $3a+2b$ 为邻边的平行四边形的面积.

分析　根据几何意义，将以两向量为边的平行四边形的面积表示成这两个向量叉积的模，再用叉积的性质展开求解.

解　$S=|(a-2b) \times (3a+2b)|=|3a \times a+2a \times b-6b \times a-4b \times b|$

$$=8|a \times b|=8|a||b|\sin\frac{2\pi}{3}=8 \times 1 \times 1 \times \frac{\sqrt{3}}{2}=4\sqrt{3}.$$

思考　(i) 若 $|a|=1$，$|b|=2$，结果如何？$|a|=2$，$|b|=1$ 呢？(ii) 若 $(a\overset{\wedge}{,}b)=\pi/6$，求解以上各题.

例 8.4.5　已知向量 $a=2i+mk$ 和 $b=6i+nj+2k$，$Prj_b a=1$，$Prj_a b=2$，求 m，n 的值.

分析　由两个有关一个向量在另一个向量上的投影的条件，可以得出关于未知数 m，n 的两个方程；再联立解方程组，就可以求出未知数的值.

解　依题设，得

$$\begin{cases} Prj_b a=|a|\cos\varphi=\dfrac{a \cdot b}{|b|}=\dfrac{12+2m}{\sqrt{6^2+n^2+2^2}}=1 \\ Prj_a b=|b|\cos\varphi=\dfrac{a \cdot b}{|a|}=\dfrac{12+2m}{\sqrt{2^2+m^2}}=2 \end{cases},$$

即 $\begin{cases} 4m^2+48m+144=n^2+40 \\ 4m^2+48m+144=4m^2+16 \end{cases}$，解得 $\begin{cases} m=-8/3 \\ n=\pm2\sqrt{10}/3 \end{cases}$。

思考 若 $a=mi+k$ 和 $b=ni+6j+2k$，结果如何？$a=mi+k$ 和 $b=6i+2j+nk$ 呢？

例 8.4.6 已知向量 $a=i+j$ 和 $b=j+k$，假设向量 a，b 和 c 等长，且它们两两间的夹角相等，求 c。

分析 只需求出向量 c 的坐标. 而由题设可以得出 a，b 和 c 的点积和模相等，据此可以列出关于 c 的坐标三个独立的方程，再解方程组即可.

解 设 $c=(x,y,z)$，依题设有 $a\cdot b=b\cdot c=a\cdot c$ 和 $|a|=|b|=|c|$，即

$$\begin{cases} x+y=1 \\ y+z=1 \\ x^2+y^2+z^2=2 \end{cases}, 解得 \begin{cases} x=1 \\ y=0 \\ z=1 \end{cases} 或 \begin{cases} x=-1/3 \\ y=4/3 \\ z=-1/3 \end{cases}.$$

思考 若 $a=i-j$ 和 $b=j-k$，结果如何？$a=i-j$ 和 $b=j+k$ 或 $a=i+j$ 和 $b=j-k$ 或 $a=-i-j$ 和 $b=-j-k$ 呢？

例 8.4.7 已知三角形三个顶点的坐标 $A(1,1,1)$，$B(5,1,-2)$，$C(7,91)$，求 $\angle A$ 的平分线与 BC 边交点的坐标.

分析 这是求三角形角平分线与其对边定比分点的坐标的问题，根据三角形角平分线定理和定比分点坐标公式求解即可，关键是根据角平分线定理求出定比.

解 因为
$$|AB|=\sqrt{(5-1)^2+(1-1)^2+(-2-1)^2}=5, |AC|=\sqrt{(7-1)^2+(9-1)^2+(1-1)^2}=10,$$
由角平分线定理可知 $\lambda=|CD|:|DB|=|AC|:|AB|=10:5=2$，于是由定比分点坐标公式，得

$$x_D=\frac{x_C+\lambda x_B}{1+\lambda}=\frac{7+2\cdot5}{1+2}=\frac{17}{3},$$
$$y_D=\frac{y_C+\lambda y_B}{1+\lambda}=\frac{9+2\cdot1}{1+2}=\frac{11}{3},$$
$$z_D=\frac{z_C+\lambda z_B}{1+\lambda}=\frac{1+2\cdot(-2)}{1+2}=-1.$$

所求点的坐标为 $D\left(\dfrac{17}{3},\dfrac{11}{3},-1\right)$.

思考 (i) 求三角形另两个角的平分线与其对边交点的坐标；(ii) 求三角形三个角的外角平分线与其对边延长线交点的坐标.

例 8.4.8 设 a，b，c 是非零向量，且 $a=b\times c$，$b=c\times a$，$c=a\times b$，求 $|a|+|b|+|c|$。

分析 根据题设和叉积的定义，可以确定非零向量 a，b，c 之间的关系，进而得出三向量模长之间的关系和模的大小.

解 因为 $a=b\times c$，$b=c\times a$，$c=a\times b$，所以 a，b，c 是两两相互垂直的向量. 于是
$$|a|=|b\times c|=|b||c|\sin\frac{\pi}{2}=|b||c|,$$
同理可得 $|b|=|c||a|$，$|c|=|a||b|$，故
$$\frac{|a|}{|b|}=\frac{|b||c|}{|c||a|}=\frac{|b|}{|a|}\Rightarrow|a|=|b|,$$
同理可得 $|b|=|c|$. 所以 $|a|=|b|=|c|$，故由 $|a|=|b||c|$，$|b|=|c||a|$，$|c|=|a||b|$ 及 a，b，c 是非零向量，可得 $|a|=|b|=|c|=1$，从而 $|a|+|b|+|c|=3$.

思考 (i) 若 $a=-b\times c$，$b=c\times a$，$c=a\times b$，结果如何？$a=-b\times c$，$b=-c\times a$，$c=a\times b$ 或 $a=-b\times c$，$b=-c\times a$，$c=-a\times b$ 呢？(ii) 若 $a=b\times c$，$b=2(c\times a)$，$c=3(a\times b)$，结果怎样？并讨论 (i) 中类似的问题.

第五节　平面及其方程

一、教学目标

掌握平面的点法式方程、一般方程和截距式方程，会平面三种形式的方程之间的互化；了解两平面夹角的概念，会求两平面的夹角；掌握两平面平行、垂直的判断.

二、考点题型

平面方程的求解 * ——平面的点法式方程、一般方程、截距式方程和平面束方程的选择与利用；平面位置关系的判断，特别是平面平行、垂直的判断 *.

三、例题分析

例 8.5.1 求平行 x 轴，且过点 $A(1，-5，1)$ 和 $B(3，-2，2)$ 的平面方程.

分析 可用平面的一般方程求解. 在平面的一般方程中，平行于 x 轴的平面具有变量 x 的系数为零的特点.

解 设所求平面的方程为 $\pi：By+Cz+D=0$，再将点 A，B 的坐标代入平面方程，可得

$$\begin{cases}-5B+C+D=0 \\ -2B+2C+D=0\end{cases} \Rightarrow \begin{cases}C=-3B \\ D=8B\end{cases}，$$

故所求平面的方程为

$$\pi：3z-y-8=0.$$

思考 (i) 若所求平面平行分别于 y 轴和 z 轴，结果如何？(ii) 用平面的点法式方程求解以上各题.

例 8.5.2 求过三点 $A(1，-1，0)$，$B(-1，0，1)$，$C(0，2，-1)$ 的平面方程.

分析 若根据平面的点法式方程求解，关键是求平面的法向量 n. 显然，n 垂直于 $\overrightarrow{AB}$ 和 $\overrightarrow{AC}$，故根据向量积的定义，可取 $n=\overrightarrow{AB}\times\overrightarrow{AC}$；其次，由于已知平面过 A，B，C 三个点，故也可通过平面的一般式方程来求.

解 由于 $\overrightarrow{AB}=\{-2，1，1\}$，$\overrightarrow{AC}=\{-1，3，-1\}$，故根据向量积的定义，取平面的法向量

$$n=\overrightarrow{AB}\times\overrightarrow{AC}=\begin{vmatrix} i & j & k \\ -2 & 1 & 1 \\ -1 & 3 & -1 \end{vmatrix}=-4i-3j-5k，$$

因此，过点 $A(1，-1，0)$，且以 $n=-4i-3j-5k$ 为法向量的平面方程为

$$-4(x-1)-3(y+1)-5z=0，$$

即所求平面方程为

$$4x+3y+5z-1=0.$$

思考 (i) 若取 $n=\overrightarrow{AB}\times\overrightarrow{BC}$ 或 $n=\overrightarrow{AC}\times\overrightarrow{BC}$ 作为法向量求解，结果如何？并指出各种情况的细微差别；(ii) 若取 $B(-1，0，1)$ 或 $C(0，2，-1)$ 作为已知点求解，结果如何？

并指出各种情况的细微差别；(iii) 用平面的一般式方程求解该题.

例 8.5.3 一平面过点 $P(1, 2, -1)$ 且在三坐标轴上的截距相等, 求平面的方程.

分析 直接用截距方程 $\dfrac{x}{a} + \dfrac{y}{b} + \dfrac{z}{c} = 1$ 求解, 根据已知点, 确定截距式方程中的参数即可.

解 设平面的方程为 $\dfrac{x}{a} + \dfrac{y}{a} + \dfrac{z}{a} = 1$, 将点 $P(1, 2, -1)$ 的坐标代入得

$$\frac{1}{a} + \frac{2}{a} - \frac{1}{a} = 1 \Rightarrow a = 2,$$

故所求平面方程为 $x + y + z = 2$.

思考 (i) 若所平面在 x, y 轴上的截距相等、在 x, z 轴上的截距互为倒数, 结果如何？(ii) 若所求平面过点 $P(1, -2, 2)$, 以上各题结果如何？

例 8.5.4 一平面平行于 y 轴并且过平面 $x + 3y + 5z - 4 = 0$ 和 $x - y - 2z + 7 = 0$ 的交线, 求它的方程.

分析 过两平面交线的平面方程, 通常用平面束方程来求解. 即先写出过两平面交线的平面束方程, 再根据题设确定平面束方程中的参数, 从而得出所求平面. 注意, 参数无解时说明所求平面不在该形式的平面束中, 要用另一种形式的平面束方程求解.

解 已知直线的平面束方程

$$x + 3y + 5z - 4 + \lambda(x - y - 2z + 7) = 0,$$

即

$$(1+\lambda)x + (3-\lambda)y + (5-2\lambda)z + (7\lambda - 4) = 0.$$

令 $3 - \lambda = 0$ 得 $\lambda = 3$, 于是所求平面方程为

$$4x - z + 17 = 0.$$

思考 (i) 若所求平面平行于 x 轴, 结果如何？平行于 z 轴呢？(ii) 设过已知直线的平面束方程为 $x - y - 2z + 7 + \lambda(x + 3y + 5z - 4) = 0$, 再分别求解以上问题, 并比较两种方法的异同.

例 8.5.5 求两个平面 $x - y + 2z - 6 = 0$, $2x + y + z - 5 = 0$ 的夹角.

分析 两个平面的夹角即两个平面法向量的夹角. 因此, 先求出两已知平面的法向量, 再利用两向量的夹角公式求解即可.

解 两个平面的法向量分别为 $\boldsymbol{n}_1 = \{1, -1, 2\}$, $\boldsymbol{n}_2 = \{2, 1, 1\}$, 于是

$$\cos\theta = \frac{|\boldsymbol{n}_1 \cdot \boldsymbol{n}_2|}{|\boldsymbol{n}_1||\boldsymbol{n}_2|} = \frac{|1 \times 2 + (-1) \times 1 + 2 \times 1|}{\sqrt{1^2 + (-1)^2 + 2^2}\sqrt{2^2 + 1^2 + 1^2}} = \frac{3}{\sqrt{6}\sqrt{6}} = \frac{1}{2},$$

因此, 两个平面的夹角 $\theta = \dfrac{\pi}{3}$.

思考 (i) 两平面的夹角与其一般方程中的常数项是否有关？为什么？(ii) 若平面 π: $ax - y + 2z - 6 = 0$ 与平面 $2x + y + z - 5 = 0$ 之间的夹角 $\dfrac{\pi}{4}$, 求平面 π.

例 8.5.6 求两平面 π_1: $x - 2y + 2z + 21 = 0$, π_2: $7x + 24z - 5 = 0$ 夹角平分面的方程.

分析 依题意, 所求平分面上的任意一点到平面 π_1 和平面 π_2 的距离相等, 根据点到平面的距离公式可得出平分面的轨迹方程.

解 设所求平面上任意点的坐标为 (x, y, z), 则由该点到两已知平面的距离应相等, 可得

$$\frac{|x-2y+2z+21|}{\sqrt{1^2+(-2)^2+2^2}}=\frac{|7x+24z-5|}{\sqrt{7^2+24^2}}$$

由上述方程解得

$$\pi_1:46x+50y+122z+510=0 \ \text{及} \ \pi_2:4x-50y-22z+540=0,$$

化简得

$$\pi_1:23x-25y+61z+255=0 \ \text{及} \ \pi_2:2x-25y-11z+270=0.$$

思考 若两平面的方程为 $\pi_1:2x-y+2z+21=0$，$\pi_2:7y+24z-5=0$，结果如何？为 $\pi_1:2x-2y+z+21=0$，$\pi_2:7x+24y-5=0$ 呢？

第六节 空间直线及其方程

一、教学目标

了解空间直线的一般方程的概念，掌握空间直线的对称式方程、参数方程，会直线三种形式的方程之间的互化．了解两直线夹角的概念，会求两直线间的夹角；掌握两直线相互平行、相互垂直的判断．了解直线与平面间夹角的概念，会求直线与平面间的夹角，掌握直线与平面相互平行、相互垂直的判断．

二、考点题型

直线一般方程、对称式方程和参数方程的求解*和各种方程间的互化；两直线间的夹角、直线与平面间的夹角的求解；直线与平面相互平行、相互垂直的判断*．

三、例题分析

例 8.6.1 求直线 $\begin{cases} x-y+z+5=0 \\ 3x-8y+4z+36=0 \end{cases}$ 的对称式方程和参数方程．

分析 关键是求出直线的方向向量和直线上一点．由于直线的方向向量垂直于已知的两个平面的方向向量，故利用向量积可求出直线的方向向量．

解 两已知平面的法向量为 $\boldsymbol{n}_1=(1,-1,1)$，$\boldsymbol{n}_2=(3,-8,4)$，故取直线的方向向量

$$\boldsymbol{s}=\boldsymbol{n}_1\times\boldsymbol{n}_2=\begin{vmatrix} \boldsymbol{i} & \boldsymbol{j} & \boldsymbol{k} \\ 1 & -1 & 1 \\ 3 & -8 & 4 \end{vmatrix}=4\boldsymbol{i}-\boldsymbol{j}-5\boldsymbol{k}.$$

又令 $x=0$，代入直线方程，解得 $y=4$，$z=-1$，即 $(0,4,-1)$ 为直线上的一点．故直线的对称式方程为

$$\frac{x}{4}=\frac{y-4}{-1}=\frac{z+1}{-5};$$

再令 $\frac{x}{4}=\frac{y-4}{-1}=\frac{z+1}{-5}=t$，即得直线的参数方程 $\begin{cases} x=4t \\ y=4-t \\ z=-1-5t \end{cases}$ ．

思考 (i) 在已知直线上取其它的点，求该直线的对称式方程和参数方程；(ii) 直线的对称式方程和参数方程与所取的直线上的点是否有关？同一直线不同点的对称式方程或参数方程是否等价？(iii) 直线的对称式方程和参数方程与所取的直线的方向向量是否有关？

同一直线不同方向向量的对称式方程或参数方程是否等价?

例 8.6.2　求经过点 $(-1,0,4)$,且平行于平面 $3x-4y+z-10=0$,又与直线 $\dfrac{x+1}{1}=\dfrac{y-3}{1}=\dfrac{z}{2}$ 相交的直线方程.

分析　关键是求出直线的方向向量.利用直线与平面平行和与直线相交,求出直线的方向向量,即可得到它的对称式方程.

解　设所求直线 L 的方向向量为 $\boldsymbol{s}=(m,n,p)$,已知平面的法向量为 $\boldsymbol{n}=(3,-4,1)$.由于 L 与已知平面平行,所以 $\boldsymbol{s}\perp\boldsymbol{n}$.故 $\boldsymbol{s}\cdot\boldsymbol{n}=0$,即

$$3m-4n+p=0. \tag{8.6.1}$$

已知直线的方向向量为 $\boldsymbol{s}_1=(1,1,2)$,在该直线上取一点 $B(-1,3,0)$,记 $A(-1,0,4)$,作向量 $\overrightarrow{AB}=(0,3,-4)$,由已知 $\boldsymbol{s}$,$\boldsymbol{s}_1$,$\overrightarrow{AB}$ 共面,得

$$\begin{vmatrix} m & n & p \\ 1 & 1 & 2 \\ 0 & 3 & -4 \end{vmatrix}=0,$$

即

$$-10m+4n+3p=0, \tag{8.6.2}$$

式(8.6.1)和式(8.6.2)联立,解得 $n=\dfrac{19}{16}m$,$p=\dfrac{7}{4}m$.故所求直线方程为

$$\frac{x+1}{16}=\frac{y}{19}=\frac{z-4}{28}.$$

思考　先利用直线的参数方程,求出直线与平面的交点,从而求出直线的方向向量,尝试用这种方法求解.

例 8.6.3　求过点 $M(-1,2,-3)$ 和直线 $\dfrac{x-1}{3}=\dfrac{y+1}{2}=\dfrac{z-3}{-5}$ 与平面 $6x-2y-3z+1=0$ 交点的直线方程.

分析　关键是求出直线上另一点的坐标,即已知直线与平面的交点,这样就可以求出直线的方向向量和对称式方程.

解　令 $\dfrac{x-1}{3}=\dfrac{y+1}{2}=\dfrac{z-3}{-5}=t$,则 $x=1+3t$,$y=-1+2t$,$z=3-5t$.代入平面 $6x-2y-3z+1=0$ 的方程得

$$6(1+3t)-2(-1+2t)-3(3-5t)+1=0 \Rightarrow t=0,$$

故直线与平面的交点为 $N(1,-1,3)$.于是所求直线的方向向量 $\boldsymbol{s}=\overrightarrow{MN}=\{2,-3,6\}$,所求直线的方程为 $\dfrac{x+1}{2}=\dfrac{y-2}{-3}=\dfrac{z+3}{6}$.

思考　若求过点 $M(-1,2,-3)$ 和直线 $\dfrac{x-1}{3}=\dfrac{y+1}{2}=\dfrac{z-3}{-5}$ 与平面 $x+2y-3z+1=0$ 交点,结果如何?

例 8.6.4　求过点 $M(1,-2,3)$ 且与 Ox 轴、Oy 轴夹角分别为 $\dfrac{\pi}{4}$,$\dfrac{\pi}{3}$ 的直线方程.

分析　关键是求直线的方向向量.因为直线的方向向量与其模长无关,所以可用单位向量,而直线的方向余弦组成的向量恰为直线方向向量的单位向量.

解　由题意,已知两方位角 $\alpha=\dfrac{\pi}{4}$,$\beta=\dfrac{\pi}{3}$,而 $\cos^2\alpha+\cos^2\beta+\cos^2\gamma=1$,由此解出

$\cos\gamma=\pm\dfrac{1}{2}$. 于是所求直线方向向量 $l=(\cos\alpha,\cos\beta,\cos\gamma)=\left(\dfrac{\sqrt{2}}{2},\dfrac{1}{2},\pm\dfrac{1}{2}\right)$，直线方程为

$$\frac{x-1}{\sqrt{2}}=\frac{y+2}{1}=\frac{z-3}{1} \text{和} \frac{x-1}{\sqrt{2}}=\frac{y+2}{1}=\frac{z-3}{-1}.$$

思考 求过点 $M(1,-2,3)$ 且与三坐标轴夹角相等的直线方程.

例 8.6.5 求直线 $\begin{cases}3x-2y=24\\3x-z=-4\end{cases}$ 与平面 $6x+15y-10z+31=0$ 的夹角.

分析 根据直线与平面夹角公式，即直线和平面夹角 φ 的正弦即为直线的方向向量与平面法向量夹角的余弦的绝对值求解. 注意直线与平面的夹角 $0\leqslant\varphi\leqslant\dfrac{\pi}{2}$，而不是 $0\leqslant\varphi\leqslant\pi$.

解 依题意，已知直线的方向向量为

$$s=\begin{vmatrix}i & j & k\\3 & -2 & 0\\3 & 0 & -1\end{vmatrix}=2i+3j+6k,$$

平面的法向量为 $n=(6,15,-10)$，故

$$\sin\varphi=\frac{|s\cdot n|}{|s||n|}=\frac{|12+45-60|}{\sqrt{4+9+36}\cdot\sqrt{36+225+100}}=\frac{3}{133},$$

从而直线与平面之间的夹角为

$$\varphi=\arcsin\frac{3}{133}.$$

思考 若已知直线 $\begin{cases}3x-2y=24\\3x+Cz=-4\end{cases}$ 与平面 $6x+15y-10z+31=0$ 的夹角 $\dfrac{\pi}{4}$，求 C 的值.

例 8.6.6 求直线 $\begin{cases}x+y-z-1=0\\x-y+z+1=0\end{cases}$ 在平面 $x+y+z=0$ 上的投影直线的方程.

分析 通常用平面束方程求解该类问题. 即先求出过已知直线的平面束的方程，再在平面束中求出与已知平面垂直的平面方程. 两平面方程联立即得投影直线的一般方程.

解 直线 $\begin{cases}x+y-z-1=0\\x-y+z+1=0\end{cases}$ 的平面束方程为

$$x+y-z-1+\lambda(x-y+z+1)=0,$$

即

$$(1+\lambda)x+(1-\lambda)y+(-1+\lambda)z+(-1+\lambda)=0,$$

该平面的法向量为 $n_1=(1+\lambda,1-\lambda,-1+\lambda)$. 又已知平面的法方向量为 $n_2=(1,1,1)$，由

$$n_1\cdot n_2=(1+\lambda,1-\lambda,-1+\lambda)\cdot(1,1,1)=0,$$

即 $1+\lambda+1-\lambda-1+\lambda=0$，解得 $\lambda=-1$. 故过已知直线且垂直于已知平面的平面方程为 $y-z-1=0$，于是所求直线的方程为 $\begin{cases}x+y+z=0\\y-z-1=0\end{cases}$.

思考 （i）若关于参数 λ 的方程 $n_1\cdot n_2=0$ 无解，是否说明直线在平面上的投影曲线不存在？若否，应怎样进一步用平面束法求投影直线的方程？（ii）求已知直线与已知平面之间的夹角；（iii）验证 $(0,2,1)$ 是已知直线上的点，并求这点在已知平面上的投影；（iv）根据该投影点写出投影直线的对称式方程.

第七节　曲面及其方程

一、教学目标

知道曲面方程的概念、曲面研究的两个基本问题．了解旋转曲面的基本概念，会求平面曲线绕直线旋转所得曲面的方程．了解柱面的基本概念，给出方程能判断柱面的类型、能画出柱面的图形．知道二次曲面的定义和分类，了解九种二次曲面的标准方程、形状与性态．

二、考点题型

曲面方程的求解，柱面与旋转曲面的求解*，二次曲面的方程与分类．

三、例题分析

例 8.7.1　设一个圆柱面的母线平行于 z 轴，准线 C 是在 xOy 坐标面上的以 $P_0(0, R)$ 为圆心、R 为半径的圆，求此圆柱面方程．

分析　根据曲面方程的定义求该曲面方程．

解　如图 8.8．准线 C 的方程为

$$C: \begin{cases} x^2 + (y-R)^2 = R^2 \\ z = 0 \end{cases} \Rightarrow C: \begin{cases} x^2 + y^2 = 2Ry \\ z = 0 \end{cases}.$$

在圆柱面上任取一点 $P(x, y, z)$，过点 $P(x, y, z)$ 的母线与 xOy 坐标面的交点 $P_1(x, y, 0)$ 一定在准线 C 上，所以不论点 $P(x, y, z)$ 的坐标中的 z 取什么值，它的横坐标 x 和纵坐标 y 都一定满足方程 $x^2 + y^2 = 2Ry$；反过来，不在这个圆柱面上的点 $P(x, y, z)$ 的坐标不满足方程 $x^2 + y^2 = 2Ry$．故所求的柱面方程为 $x^2 + y^2 = 2Ry$．

思考　求母线平行于 z 轴，准线 C 是在 xOy 坐标面上顶点为坐标原点，焦点分别为 $(\pm 4, 0)$ 的抛物线的抛物柱面的方程．

例 8.7.2　求曲线 $\begin{cases} z^2 = 6y \\ x = 0 \end{cases}$ 绕 y 轴旋转一周所形成的曲面方程．

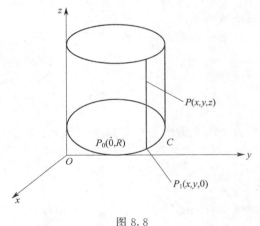

图 8.8

分析　曲线绕 y 轴旋转的曲面方程为 $f(y, \pm\sqrt{x^2+z^2}) = 0$．记住，公式中旋转坐标轴变量不变，另一变量用这个变量和第三个变量平方和的平方根代替．

解　根据曲线绕 y 轴旋转，则 y 保持不变，z 用 $\pm\sqrt{x^2+z^2}$ 替换，可得到曲面方程为

$$x^2 + z^2 = 6y.$$

思考　(i) 求该曲线绕 z 轴旋转一周所形成的曲面方程；(ii) 若 xOy 平面上的一条曲线 C 绕 x 轴和 y 轴旋转一周所成的曲面方程均为 $x^2 + y^2 + z^2 = R^2$，求曲线 C 的方程．

例 8.7.3　在空间直角坐标系下，下列方程的图形是什么？

(1) $x^2+4y^2-4=0$；(2) $y^2+z^2=-z$；(3) $z=x^2-2x+1$；(4) $x-y=1$.

分析　由各曲面特点及"截面法"即可知方程的图形，也可以用柱面方程的特点来判断.

解　(1) $x^2+4y^2-4=0$ 是缺少变量 z 的方程，所以它表示以 xOy 面上的椭圆：$\begin{cases} x^2+4y^2-4=0 \\ z=0 \end{cases}$ 为准线，母线平行于 z 轴的椭圆柱面；

(2) $y^2+z^2=-z$ 是缺少变量 x 的方程，所以它表示以 yOz 面上的圆：$\begin{cases} y^2+z^2=-z \\ x=0 \end{cases}$ 为准线，母线平行于 x 轴的圆柱面.

(3) $z=x^2-2x+1$ 是缺少变量 y 的方程，所以它表示以 xOz 面上的抛物线：$\begin{cases} z=x^2-2x+1 \\ y=0 \end{cases}$ 为准线，母线平行于 y 轴的抛物柱面.

(4) $x-y=1$ 是缺少变量 z 的一次方程，是平面方程的特殊情形，所以在空间中，它表示平行于 z 轴的平面. 同时，可以理解为以直线 $\begin{cases} x-y=1 \\ z=0 \end{cases}$ 为准线，母线平行于 z 轴的柱面.

思考　(i) 将以上柱面的准线分别向右移动 a 个单位，求相应的柱面；(ii) 将以上柱面的准线分别向下移动 b 个单位，求相应的柱面；(iii) 将以上柱面的准线分别同时向右移动 a 个单位、向下移动 b 个单位，求相应的柱面.

例 8.7.4　试求平面 $2x-3y+6z-31=0$ 与球面 $x^2+y^2+z^2-2x+2y-4z=10$ 相交所得圆中心 Q 的坐标.

分析　点 Q 即为坐标原点在平面 $2x-3y+6z-31=0$ 上的投影，即过坐标原点且与平面垂直的直线与平面的交点.

解　球面方程可化为
$$(x-1)^2+(y+1)^2+(z-2)^2=16,$$
则过球心 $(1,-1,2)$ 且垂直于平面 $2x-3y+6z-31=0$ 的直线方程为
$$\frac{x-1}{2}=\frac{y+1}{-3}=\frac{z-2}{6},$$
此直线与平面的交点即为所求圆中心的坐标 Q，由
$$\begin{cases} \dfrac{x-1}{2}=\dfrac{y+1}{-3}=\dfrac{z-2}{6} \\ 2x-3y+6z-31=0 \end{cases}，\text{解得} \begin{cases} x=11/7 \\ y=-13/7, \\ z=26/7 \end{cases}$$
故所求点的坐标为 $Q(11/7,-13/7,26/7)$.

思考　求该圆的半径与圆的方程.

例 8.7.5　求连接空间两点 $A(1,0,0)$ 与 $B(0,1,1)$ 的直线段 AB，绕 z 轴旋转一周所得曲面与两平面 $z=0$，$z=1$ 所围立体的体积.

分析　由直线 AB 方程可求出平行于 xOy 平面的平面与几何体相交的截面面积 $f(z)$，再利用定积分就可求出几何体的体积.

解　直线 AB 的方程为
$$\frac{x-1}{0-1}=\frac{y-0}{1-0}=\frac{z-0}{1-0}, \quad \text{即} \begin{cases} x=-z+1 \\ y=z \end{cases}.$$
设点 P 为 AB 线段上任一点，其坐标为 (x,y,z)，则 P 到 z 轴的距离为
$$\sqrt{x^2+y^2}=\sqrt{(1-z)^2+z^2}, \quad \text{即} \quad x^2+y^2=(1-z)^2+z^2.$$

从而此处平行底面的平面截几何形体的截面的面积

$$f(z)=\pi\big[(1-z)^2+z^2\big]=\pi(1-2z+2z^2),$$

于是所求体积为

$$V=\int_0^1\pi(1-2z+2z^2)\mathrm{d}z=\frac{2}{3}\pi.$$

思考 求该直线段 AB 绕 x 轴（y 轴）旋转一周所得曲面与两平面 $x=0$，$x=1$（$y=0$，$y=1$）所围立体的体积.

例 8.7.6 已知球面经过点 $(0,-3,1)$，且与 xOy 平面交成圆周 $\begin{cases}x^2+y^2=16\\z=0\end{cases}$，试求该球面方程.

分析 关键是确定球面一般方程 $(x-a)^2+(y-b)^2+(z-c)^2=R^2$ 中的参数. 由题中所给条件联立方程组，求出其中的未知量（圆心坐标和半径）即可.

解 设球面方程为

$$(x-a)^2+(y-b)^2+(z-c)^2=R^2,$$

其中 (a,b,c) 为球心坐标，R 是球半径. 它与 xOy 平面的交线为

$$\begin{cases}(x-a)^2+(y-b)^2+(z-c)^2=R^2\\z=0\end{cases},$$

即

$$\begin{cases}(x-a)^2+(y-b)^2+c^2=R^2\\z=0\end{cases},$$

由题设可得

$$x^2+y^2-16=(x-a)^2+(y-b)^2+c^2-R^2,$$

比较系数可得

$$\begin{cases}a=b=0\\c^2-R^2=16\end{cases}.$$

又已知点 $(0,-3,1)$ 在球面上，所以有

$$(-3)^2+(1-c)^2=R^2，即 c^2-R^2=-10+2c,$$

与 $c^2-R^2=-16$ 联立，可解得 $c=-3$，此时 $R^2=25$，于是所求的球面方程为

$$x^2+y^2+(z+3)^2=25.$$

思考 （i）若与 yOz 平面交成圆周 $\begin{cases}y^2+z^2=16\\x=0\end{cases}$，结果如何？（ii）若与 zOx 平面交成圆周 $\begin{cases}z^2+x^2=16\\y=0\end{cases}$，结果又如何？

第八节 空间曲线及其方程

一、教学目标

了解空间曲线一般方程、参数方程、空间曲线关于坐标面的投影柱面与投影曲线等的概念，会求空间曲线的关于坐标面的投影柱面与投影曲线的方程.

二、考点题型

空间曲线方程的求解与相互转化，投影柱面与投影曲线的求解*.

三、例题分析

例 8.8.1 将曲线的一般方程 $\begin{cases}x^2+y^2+z^2=1\\x+y=0\end{cases}$ 转化为参数方程.

分析 该曲线是球面与过球心的平面的交线，是一个过球心的圆，即所谓的大圆. 先将曲线投影到某坐标面上，求出投影曲线的参数方程；再代入第二个方程就可以求出另一个坐标参数表达式，从而得出曲线的参数方程.

解 曲线在 yOz 坐标面上的投影曲线为 $\begin{cases}(-y)^2+y^2+z^2=1\\x=0\end{cases}$，即 $\begin{cases}2y^2+z^2=1\\x=0\end{cases}$. 故令 $y=\cos t/\sqrt{2}$，$z=\sin t\,(0\leqslant t\leqslant 2\pi)$. 从而 $x=-y=-\cos t/\sqrt{2}$，即曲线的参数方程为

$$\begin{cases}x=-\cos t/\sqrt{2}\\y=\cos t/\sqrt{2}\qquad(0\leqslant t\leqslant 2\pi).\\z=\sin t\end{cases}$$

思考 (i) 若取 $y=\sin t/\sqrt{2}$，结果如何？(ii) 若将曲线投影到 xOz 平面上，用以上两种方法分别求曲线的参数方程；(iii) 可否将曲线投影到 xOy 平面上来求解？为什么？

例 8.8.2 求曲线 $L:\begin{cases}x^2+y^2+4z^2=1\\z=\sqrt{x^2+y^2}\end{cases}$ 关于三坐标面的投影柱面，并指出投影柱面的名称.

分析 在曲线 L 的方程（三元方程组）中，消除变量 z，得到一个关于变量 x，y 的方程 $H(x,y)=0$，这个方程就曲线 L 关于 xOy 面的投影柱面的方程. 类似地，可以得出该曲线在另两个坐标面上的投影柱面.

解 将锥面方程 $z=\sqrt{x^2+y^2}$ 代入椭球面方程 $x^2+y^2+4z^2=1$，得
$$x^2+y^2+4(x^2+y^2)=1,\text{即 }x^2+y^2=1/5,$$
这就是曲线 L 关于 xOy 面的投影柱面的方程，该柱面是母线平行于 z 轴的圆柱面；

将锥面方程化为 $z^2=x^2+y^2$，即 $x^2=z^2-y^2$，代入椭球面方程 $x^2+y^2+4z^2=1$，得
$$z^2-y^2+y^2+4z^2=1,\text{即 }5z^2=1,\text{解得 }z=\pm 1/\sqrt{5}\text{（负根不合题意,舍去）},$$
故曲线 L 关于 yOz 面的投影柱面的方程为 $z=1/\sqrt{5}$，它是平行于 xOy 面的平面.

类似地，可以求得曲线 L 关于 xOz 面的投影柱面的方程亦为 $z=1/\sqrt{5}$，它是平行于 xOy 面的平面.

思考 若曲线的方程为 $L:\begin{cases}x^2+2y^2+4z^2=1\\z=\sqrt{x^2+y^2}\end{cases}$，结果如何？为 $L:\begin{cases}x^2-y^2+4z^2=1\\z=\sqrt{x^2+y^2}\end{cases}$ 或 $L:\begin{cases}x^2-2y^2+4z^2=1\\z=\sqrt{x^2+y^2}\end{cases}$ 呢？

例 8.8.3 求椭圆抛物面 $y^2+z^2=x$ 与平面 $x+2y-z=0$ 的交线在三个坐标平面上的投影曲线的方程.

分析 先消去其中一个变量，即得曲线的投影柱面；再将投影柱面的方程和坐标面的方程联立，即得曲线在该坐标面上的投影曲线的方程.

解 平面方程即 $z=x+2y$，代入椭圆抛物面方程 $y^2+z^2=x$，得曲线关于 xOy 面的投影柱面的方程 $y^2+(x+2y)^2=x$，即 $x^2+4xy-x+5y^2=0$，故曲线在 xOy 平面上的投影曲线的方程为 $\begin{cases}x^2+4xy-x+5y^2=0\\z=0\end{cases}$；类似地，可以求得曲线在 yOz 平面上的投影曲线的方程为 $\begin{cases}y^2+2y+z^2-z=0\\x=0\end{cases}$；在 zOx 平面上的投影曲线的方程为 $\begin{cases}x^2-2xz-4x+5z^2=0\\y=0\end{cases}$.

思考 (i) 求双曲抛物面 $y^2-z^2=x$ 与平面 $x+2y-z=0$ 的交线在三个坐标平面上的

投影曲线的方程；（ii）指出以上两题中的曲线在三坐标面上的投影曲线各是什么曲线．

例 8.8.4 求椭圆抛物面 $z=2x^2+y^2$ 与抛物柱面 $z=1+x^2$ 所围成的区域在 xOy 面上的投影．

分析 空间区域在坐标面上的投影区域就是由该区域在坐标面上的投影区域的边界曲线所围成的，因此问题的关键是求空间区域在坐标面上投影区域的边界曲线．而边界曲线就是两曲面的交线在坐标面上的投影曲线．

解 椭圆抛物面 $z=2x^2+y^2$ 与抛物柱面 $z=1+x^2$ 交线关于 xOy 面的投影柱面为 $1+x^2=2x^2+y^2$，即 $x^2+y^2=1$，所以该曲线在 xOy 面上的投影曲线为 $\begin{cases} x^2+y^2=1 \\ z=0 \end{cases}$．故两抛物面所围成的区域在 xOy 面上的投影区域为 $\begin{cases} x^2+y^2\leqslant 1 \\ z=0 \end{cases}$，即 xOy 面上单位圆域 $x^2+y^2\leqslant 1$．

思考 求椭圆抛物面 $z=2x^2+y^2$ 与抛物柱面 $z=1+x^2$ 所围成的区域在 yOz 和 zOx 面上的投影．

例 8.8.5 求上半球体 $0\leqslant z\leqslant\sqrt{a^2-x^2-y^2}$ 与圆柱体 $x^2+y^2\leqslant ax(a>0)$ 的公共部分在 xOy 面和 zOx 面上的投影．

分析 这也是空间区域在坐标面上的投影区域问题，解题方法与上题相同．但应注意，当其中一个曲面为柱面时，如果柱面与某坐标面的交线在另一曲面与该坐标面的交线之内时，那么该柱面就是两曲面交线关于该坐标面的投影柱面．

解 显然，圆柱面 $x^2+y^2=ax(a>0)$ 与 xOy 面的交线 $\begin{cases} x^2+y^2=ax \\ z=0 \end{cases}$，包含在上半球面 $z=\sqrt{a^2-x^2-y^2}$ 与 xOy 的交线 $\begin{cases} x^2+y^2=a^2 \\ z=0 \end{cases}$ 之内，故上半球体与圆柱体公共部分在 xOy 面的投影区域为 $\begin{cases} x^2+y^2\leqslant ax \\ z=0 \end{cases}$．

又将 $y^2=ax-x^2$ 代入上半球面 $z=\sqrt{a^2-x^2-y^2}$ 的方程，得 $z=\sqrt{a^2-ax}$，所以上半球面 $z=\sqrt{a^2-x^2-y^2}$ 与圆柱面 $x^2+y^2=ax(a>0)$ 的交线关于 zOx 面的投影柱面是 $z=\sqrt{a^2-ax}$，在 zOx 面上的投影曲线为 $\begin{cases} z=\sqrt{a^2-ax} \\ y=0 \end{cases}$．故上半球体与圆柱体的公共部分在 zOx 面上的投影区域为 $\begin{cases} 0\leqslant z\leqslant\sqrt{a^2-ax} \\ y=0 \end{cases}$．

思考 （i）若求公共部分在 yOz 面上的投影，结果如何？ （ii）求下半球体 $0\geqslant z\geqslant -\sqrt{a^2-x^2-y^2}$ 与圆柱体 $x^2+y^2\leqslant ax$ $(a>0)$ 的公共部分在三坐标面上的投影．

例 8.8.6 求圆 $\begin{cases} (x-3)^2+(y+2)^2+(z-1)^2=100 \\ 2x-2y-z+9=0 \end{cases}$ 的圆心和半径．

分析 根据球心、圆心、球的半径和圆的半径之间的关系求解．这里，球心与圆心的连线与平面垂直．

解 自球心 $C(3,-2,1)$ 向平面 $2x-2y-z+9=0$ 作垂线，其方程为

$$\frac{x-3}{2}=\frac{y+2}{-2}=\frac{z-1}{-1}.$$

令 $\dfrac{x-3}{2}=\dfrac{y+2}{-2}=\dfrac{z-1}{-1}=t$，代入平面方程，解得 $t=-2$，从而 $x=-1,\ y=2,\ z=3$，

故所求圆圆心 $O(-1, 2, 3)$.

球的半径 $R=10$，球心 $C(3, -2, 1)$ 到平面 $2x-2y-z+9=0$ 的距离

$$d=\frac{|2 \cdot 3+2 \cdot 2-1+9|}{\sqrt{2^2+2^2+1}}=6,$$

故由 $r^2=R^2-d^2$，得所求圆的半径 $r=8$.

思考 若求圆 $\begin{cases}(x+3)^2+(y-2)^2+(z-1)^2=100 \\ 2x-2y-z+9=0\end{cases}$ 的圆心和半径，结果如何？

第九节 习题课二

例 8.9.1 自点 $P(3, -4, -7)$ 向各坐标面作垂线，求过各垂足点的平面的方程以及该平面与三坐标面所围成立体的体积.

分析 因为点 $P(3, -4, -7)$ 在三坐标面上的投影只有两个非零坐标，所以用平面的一般方程和截距式方程求解都比较简单. 但由于所求平面与三坐标面所围成立体的体积要用到平面在三坐标轴上的截距，所以用后者求解更直接.

解 设所求平面的方程为 $\frac{x}{a}+\frac{y}{b}+\frac{z}{c}=1$，将点 $P(3, -4, -7)$ 到各坐标面的垂线的垂足 $N_1(0, -4, -7)$，$N_2(3, 0, -7)$，$N_3(3, -4, 0)$ 分别代入，得

$$\begin{cases}\dfrac{-4}{b}-\dfrac{7}{c}=1 \\[2mm] \dfrac{3}{a}-\dfrac{7}{c}=1 \\[2mm] \dfrac{3}{a}-\dfrac{4}{b}=1\end{cases}，三式相加得 3/a-4/b-7/c=3/2，$$

该式与方程组中每个方程相减，得 $\begin{cases}3/a=1/2 \\ -4/b=1/2 ，解得 \\ -7/c=1/2\end{cases}\begin{cases}a=6 \\ b=-8 \\ c=-14\end{cases}$.

故平面的截距式方程为 $\frac{x}{6}+\frac{y}{-8}+\frac{z}{-14}=1$，该平面与三坐标面所围成的立体的体积

$$V=\frac{1}{6}|6 \cdot (-8) \cdot (-14)|=112.$$

思考 (i) 若自点 $Q(2, -4, 5)$ 向各坐标面作垂线，结果如何？(ii) 分别用平面的一般方程和点法式方程求解以上各题.

例 8.9.2 求通过直线 $\begin{cases}2x-y+z-1=0 \\ x+y-z+1=0\end{cases}$ 且与平面 $x-y+z=1$ 垂直的平面方程.

分析 因为所求平面经过已知直线且与已知平面垂直，故所求平面的法向量与该直线的方向量和该平面的法向量均垂直，据此可以求出平面的法向量. 此外，通过直线的方程也可以求出所求平面上一点.

解 直线的方向量 $s=\begin{vmatrix} i & j & k \\ 2 & -1 & 1 \\ 1 & 1 & -1 \end{vmatrix}=3j+3k$，已知平面的法向量 $n_1=i-j+k$，故

取所求平面的法向量为 $n = \begin{vmatrix} i & j & k \\ 0 & 1 & 1 \\ 1 & -1 & 1 \end{vmatrix} = 2i + j - k$.

又在直线方程中令 $z=1$, 求得 $x=y=0$, 于是所求平面过 $(0,0,1)$, 故所求平面 $2(x-0)+(y-0)-(z-1)=0$, 即 $2x+y-z+1=0$.

思考 求通过直线 $\begin{cases} x+y+3z-1=0 \\ x-y-z+1=0 \end{cases}$ 且与平面 $x-y+z=1$ 垂直的平面方程.

例 8.9.3 求过两平面 $x+3y+5z-4=0$ 和 $x-y-2z+7=0$ 的交线, 且分别平行 x 轴和 y 轴的平面的方程, 并求这两个平面之间的夹角.

分析 平行于坐标轴的平面方程的特征是该坐标轴变量的系数为零, 因此用同一平面束方程可以求出两个平面的方程, 接着就可以求两平面之间的夹角.

解 过已知直线的平面束方程为
$$x+3y+5z-4+\lambda(x-y-2z+7)=0,$$
即
$$(1+\lambda)x+(3-\lambda)y+(5-2\lambda)z+(-4+7\lambda)=0,$$

因所求平面分别平行 x 轴和 y 轴, 于是有 $1+\lambda=0$ 或 $3-\lambda=0$, 即 $\lambda=-1$ 或 $\lambda=3$. 故所求平面分别为
$$\pi_1:4y+7z-11=0 \text{ 和 } \pi_2:4x-z+17=0.$$

又因为 π_1, π_2 的法向量 $n_1=(0,4,7)$, $n_2=(4,0-1)$, 故这两个平面之间的夹角的余弦
$$\cos\theta=\frac{|n_1 \cdot n_2|}{|n_1||n_2|}=\frac{|0\cdot4+4\cdot0+7\cdot(-1)|}{\sqrt{4^2+7^2}\sqrt{4^2+(-1)^2}}=\frac{7}{\sqrt{1105}},$$

于是 π_1, π_2 的夹角 $\theta=\arccos\dfrac{7}{\sqrt{1105}}$.

思考 若求分别平行 x 轴和 z 轴 (或 y 轴和 z 轴) 的平面的方程, 并求这两个平面之间的夹角, 结果如何?

例 8.9.4 求过点 $M(5,-1,-3)$ 且与直线 $l_1: \begin{cases} 2x-3y+z-6=0 \\ 4x-5y-z+2=0 \end{cases}$ 平行的直线 l_2 的方程, 并求 l_1 和 l_2 之间的距离.

分析 先用两直线平行的关系, 求出 l_2 的方向向量, 再设法用向量叉积的几何意义及四边形面积公式求两平行线之间的距离.

解 因为 $n_1 \times n_2 = \begin{vmatrix} i & j & k \\ 2 & -3 & 1 \\ 4 & -5 & -1 \end{vmatrix} = 2(4,3,1)$, 故取直线 l_1 的方向向量 $s=(4,3,1)$. 于是直线 l_2 的方程为
$$l_2:\frac{x-5}{4}=\frac{y+1}{3}=\frac{z+3}{1}.$$

又在直线 l_1 上取一点 $N(1,1,1)$, 于是 $\overrightarrow{MN}=(1-5,1+1,1+3)=(-4,2,4)$. 根据向量积的几何意义及四边形面积公式, 得 $|s|d=|s\times\overrightarrow{MN}|$. 因为
$$|s|=\sqrt{1^2+(-3)^2+(-11)^2}=\sqrt{131},$$
$$|s\times\overrightarrow{MN}|=\left|\begin{vmatrix} i & j & k \\ 4 & 3 & 1 \\ -4 & 2 & 4 \end{vmatrix}\right|=10|i-2j+k|=10\sqrt{6},$$

所以 l_1 和 l_2 之间的距离 $d = \dfrac{|\boldsymbol{s} \times \overrightarrow{MN}|}{|\boldsymbol{s}|} = \dfrac{10\sqrt{6}}{\sqrt{131}}$.

思考 若求过点 $M(3，2，-1)$ 且与直线 l_1：$\begin{cases} 2x-3y+z-6=0 \\ 4x-5y+z+2=0 \end{cases}$ 平行的直线 l_2 的方程，结果如何？

例 8.9.5 求通过点 $M(1，1，1)$，且与直线 l_1：$\dfrac{x}{1} = \dfrac{y}{2} = \dfrac{z}{3}$ 相交，又与直线 l_2：$\dfrac{x-1}{2} = \dfrac{y-2}{1} = \dfrac{z-3}{4}$ 垂直的直线方程.

分析 显然，直线 l_1 经过坐标原点，故所求直线的方向向量，即直线 l_1 的方向向量 $\boldsymbol{s}_1$ 和向量 $\overrightarrow{OM}$ 共面，又与直线 l_2 的方向向量 $\boldsymbol{s}_2$ 垂直，据此可以得出关于所求直线方向向量的两个方程，从而求出直线的方向量.

解 设所求直线方程为 L：$\dfrac{x-1}{m} = \dfrac{y-1}{n} = \dfrac{z-1}{l}$. 于是由 $L \perp l_2$，可得
$$2m + n + 4l = 0, \tag{8.9.1}$$
又由 L 过 $M(1，1，1)$ 且与 l_1 相交知
$$(m，n，l) \perp \overrightarrow{OM} \times \boldsymbol{s}_1 = \begin{vmatrix} \boldsymbol{i} & \boldsymbol{j} & \boldsymbol{k} \\ 1 & 1 & 1 \\ 1 & 2 & 3 \end{vmatrix} = \boldsymbol{i} - 2\boldsymbol{j} + \boldsymbol{k},$$
所以
$$m - 2n + l = 0, \tag{8.9.2}$$
式 (8.9.1) 和式 (8.9.2) 联立，解得 $\begin{cases} m = 9t \\ n = 2t \\ l = -5t \end{cases}$，故所求直线方程
$$\frac{x-1}{9} = \frac{y-1}{2} = \frac{z-1}{-5}.$$

思考 若直线 l_1 的方程为 $\dfrac{x-3}{1} = \dfrac{y+1}{2} = \dfrac{z}{3}$，结果如何？

例 8.9.6 证明：直线 L_1：$\dfrac{x-1}{-1} = \dfrac{y}{8} = \dfrac{z-5}{-3}$ 和 L_2：$\dfrac{x-3}{4} = \dfrac{y-21}{5} = \dfrac{z+11}{-10}$ 相交，并求经过 L_1 与 L_2 交点 P 且与这两条直线都垂直的直线方程.

分析 只需证两直线的方向向量 $\boldsymbol{s}_1$，$\boldsymbol{s}_2$ 与两直线上各自任取一点的连线构成的向量共面，且 $\boldsymbol{s}_1$ 和 $\boldsymbol{s}_2$ 不平行即可. 又将其中一条直线的参数方程代入另一条直线的方程，即可得交点的坐标，同时 $\boldsymbol{s}_1$ 与 $\boldsymbol{s}_2$ 的向量积即为所求直线的方向向量，故可得所求直线方程.

证明 根据对称式方程，可得直线 L_1 的方向向量 $\boldsymbol{s}_1 = (-1，8，-3)$ 和其上一点 $P_1(1，0，5)$；L_2 的方向向量 $\boldsymbol{s}_2 = (4，5，-10)$ 和其上一点 $P_2(3，21，-11)$，于是 $\overrightarrow{P_1P_2} = (2，21，-16)$. 因为
$$\begin{vmatrix} 2 & 21 & -16 \\ -1 & 8 & -3 \\ 4 & 5 & -10 \end{vmatrix} = \begin{vmatrix} 0 & 37 & -22 \\ -1 & 8 & -3 \\ 0 & -37 & 22 \end{vmatrix} = 0,$$
且 $\boldsymbol{s}_1$ 和 $\boldsymbol{s}_2$ 不平行，故 L_1 与 L_2 相交.

设 L_1 与 L_2 交点的坐标为 $P(1-t，8t，5-3t)$，将其代入 L_2 的方程得 $t=2$，所以点 P 的坐标为 $(-1，16，-1)$，又直线的方向向量

$$s = \begin{vmatrix} \boldsymbol{i} & \boldsymbol{j} & \boldsymbol{k} \\ -1 & 8 & -3 \\ 4 & 5 & -10 \end{vmatrix} = -(65\boldsymbol{i} + 22\boldsymbol{j} + 37\boldsymbol{k}),$$

故所求直线的方程为

$$\frac{x+1}{65} = \frac{y-16}{22} = \frac{z+1}{37}.$$

思考　考察两直线 $L_1 : \dfrac{x-1}{-1} = \dfrac{y}{2\lambda} = \dfrac{z-5}{-3}$ 和 $L_2 : \dfrac{x-3}{\lambda} = \dfrac{y-21}{5} = \dfrac{z+11}{-10}$ 能否相交，若能，求相应的 λ 的值，并求经过 L_1 与 L_2 交点 P 且与这两条直线都垂直的直线方程；否，说明理由.

例 8.9.7　设 P 为直线 $L : \begin{cases} x - 3y + 12 = 0 \\ 2y - z - 6 = 0 \end{cases}$ 与平面 $\pi : 3x - 4y + z + 7 = 0$ 的交点，求平面 π 上过点 P 且垂直于直线 L 的直线方程.

分析　先求直线 L 与平面 π 的交点，然后过 P 点作一平面垂直于直线 L，则平面 π 与该平面的交线即为所求直线.

解　将直线 L 的方程化为对称式，得

$$L : \frac{x+12}{3} = \frac{y}{1} = \frac{z+6}{2}.$$

令 $\dfrac{x+12}{3} = \dfrac{y}{1} = \dfrac{z+6}{2} = t$，得直线 L 的参数式为

$$\begin{cases} x = 3t - 12 \\ y = t \\ z = 2t - 6 \end{cases}.$$

代入平面 π 的方程 $3x - 4y + z + 7 = 0$ 中，求得 $t = 5$. 于是直线 L 与平面 π 的交点为 $P(3, 5, 4)$，过点 $P(3, 5, 4)$ 且与直线 L 垂直的平面 π_1 的方程为

$$3(x-3) + (y-5) + 2(z-4) = 0, \quad 即 \quad 3x + y + 2z - 22 = 0.$$

故所求的直线方程为 $\begin{cases} 3x + y + 2z - 22 = 0 \\ 3x - 4y + z + 7 = 0 \end{cases}.$

思考　(i) 点 P 与直线 L 的对称式方程是否有关？为什么？(ii) 所求直线的方向向量 s_1 与已知直线的方向量 s 和已知平面的方向量 n 是什么关系？并利用这种关系求直线的方向量及其方程.

例 8.9.8　在过直线 $\dfrac{x-1}{0} = y - 1 = \dfrac{z+3}{-1}$ 的所有平面中找出一个平面，使原点到它的距离最远.

分析　用直线的平面束方程和点到平面的距离公式求解. 首先，将直线方程的对称式化为一般式（注意，方程中分母为零的项表示其分子也为零）；其次，用求最值的方法求出满足已知条件的平面.

解　已知直线 L 的一般式方程为 $\begin{cases} x - 1 = 0 \\ y + z + 2 = 0 \end{cases}$，于是过 L 的平面束方程为

$$y + z + 2 + \lambda(x-1) = 0, \quad 即 \quad \lambda x + y + z + (2 - \lambda) = 0.$$

原点到此平面的距离为 $\quad d = \dfrac{|-\lambda + 2|}{\sqrt{\lambda^2 + 1^2 + 1^2}} = \dfrac{|2 - \lambda|}{\sqrt{2 + \lambda^2}}.$

因为 d 取得最大值当且仅当 d^2 取得最大值，故令

$$f(\lambda)=d^2=\frac{(2-\lambda)^2}{2+\lambda^2}.$$

由 $f'(\lambda)=\dfrac{4(\lambda+1)(\lambda-2)}{(\lambda^2+2)^2}=0$，解得 $\lambda=-1$，2.

因为 $f(-1)=3$，$f(2)=0$，$\lim\limits_{\lambda\to\infty}f(\lambda)=1$，所以当 $\lambda=-1$ 时 d 取最大值. 故所求平面方程为

$$x-y-z-3=0.$$

思考 （i）若要在过已知直线的所有平面中找出一个平面，使它与原点的距离最近，结果如何？（ii）若是在过已知直线的所有平面中找出一个平面，使点（2，0，0）到它的距离最远（最近），求平面的方程.

1. 设 $P_0(a,b,c)$ 关于 xOy 平面的对称点为 P_1，P_1 关于 z 轴的对称点为 P_2，P_2 关于原点的对称点为 P_3，则 P_3 的坐标是_____.

2. 已知 $Q(x,0,0)$，$M(-2,0,1)$ 和 $N(2,3,0)$ 为等腰三角形的三个顶点. 若 QN 为底边，则 $x=$_____；若 MN 为底边，则 $x=$_____.

3. 下列说法正确的是（　　）.

i. 任何向量都有确定的大小和方向；

ii. 任何向量除以它自己的模都是单位向量；

iii. a，b 为非零向量且 $a=kb$，则 a 与 b 平行；

iv. 只有模为 0 的向量才是零向量.

A. i，ii；　　　　B. ii，iii；　　　　C. ii，iv；　　　　D. iii，iv.

4. 非零向量 a，b 平行且同向，则下列式子中不正确的个数是（　　）.

$|a+b|=|a|+|b|$；　$|a+b|>|a-b|$；$\dfrac{a}{|a|}=\dfrac{b}{|b|}$；$|a-b|=|a|-|b|$.

A. 0；　　　　B. 1；　　　　C. 2；　　　　D. 3.

5. 已知点 $A(2，3，0)$ 及点 $B(-2，2，1)$，试在 yOz 平面上求一点 C 的轨迹，使 $\triangle ABC$ 为以 AB 为斜边的直角三角形；若其两直角边相等，求点 C.

6. 已知 $ABCD$ 为平行四边形，K，L 分别为 BC，CD 边的中点，记 $\overrightarrow{AK}=a$，$\overrightarrow{AL}=b$，试用 a，b 表示向量 $\overrightarrow{BC}$，$\overrightarrow{DC}$.

7. 用向量方法证明：三角形的中位线平行于第三边且等于第三边的一半.

1. 设单位向量 a，b 与 u 轴的夹角分别为 $\dfrac{2\pi}{3}$，$\dfrac{\pi}{3}$，则 $a-2b$ 在 u 轴上的投影为_____.

2. 已知向量 $a=(4，-4，7)$，它的终点为 $(2，-1，7)$，则它的起点关于坐标原点的向径为_____.

3. 已知 $a=i+j+5k$，$b=2i-3j+5k$，则与 $a-3b$ 平行的单位向量为（　　）.

A. $-\dfrac{1}{3}i+\dfrac{2}{3}j-\dfrac{2}{3}k$；　　　　B. $\pm\dfrac{1}{3}(i-2j+2k)$；

C. $\dfrac{2}{3}i-\dfrac{2}{3}j+\dfrac{1}{3}k$；　　　　D. $\pm\dfrac{1}{3}(2i-2j+k)$.

4. 已知点 $M_1(4，\sqrt{2}，1)$ 和 $M_2(3，0，2)$，则向量 $\overrightarrow{M_1M_2}$ 的方向角 α，β，γ 分别为（　　）.

A. $\dfrac{\pi}{3}$，$\dfrac{3\pi}{4}$，$\dfrac{\pi}{3}$；　　　　B. $\dfrac{2\pi}{3}$，$\dfrac{\pi}{4}$，$\dfrac{2\pi}{3}$；

C. $\dfrac{\pi}{3}$，$\dfrac{3\pi}{4}$，$\dfrac{2\pi}{3}$；　　　　D. $\dfrac{2\pi}{3}$，$\dfrac{3\pi}{4}$，$\dfrac{\pi}{3}$.

5. 已知向量 a 的起点坐标为（2，0，1），模 $|a|=3$，a 的方向余弦 $\cos\alpha=\dfrac{1}{2}$，$\cos\beta=\dfrac{1}{2}$，求 a 的坐标表示式及终点的坐标.

6. 点 $A(2，-1，7)$ 沿向量 $a=8i+9j-12k$ 的方向作向量 $\overrightarrow{AB}$，使 $|\overrightarrow{AB}|=34$，求点 B 的坐标.

7. 已知向量 $\overrightarrow{AP}=\{2，-3，6\}$，$\overrightarrow{PB}=\{-1，2，-2\}$，$\overrightarrow{PC}$ 通过 AB 的中点且 $\overrightarrow{PC}=6\sqrt{2}$，求向量 $\overrightarrow{PC}$.

1. 已知 $|a|=2$，$|b|=3$，$|a-b|=\sqrt{7}$，则 $(a\overset{\wedge}{\,}b)=$ ＿＿＿＿＿．

2. 设 $a=\{3,5,-2\}$，$b=\{2,1,4\}$，且 $\lambda a+\mu b$ 与 x 轴垂直，则 λ，μ 之间的关系是 ＿＿＿＿＿；若 $\lambda a+\mu b$ 为单位向量，则 $\lambda=$ ＿＿＿，$\mu=$ ＿＿＿．

3. 下列命题正确的个数是（　　　）.

i. 若 a 是非零向量，$a\cdot b=a\cdot c$，则 $b=c$；

ii. 若 a 是非零向量，$a\times b=a\times c$，则 $b=c$；

iii. 若 a，b，c 是非零向量，则 $(a\cdot b)c=a(b\cdot c)$.

A. 0；　　　　　　　B. 1；　　　　　　　C. 2；　　　　　　　D. 3.

4. 设 a，b，c 为非零向量，$a+b+c=0$，则 $a\times b=$（　　　）.

A. $c\times a$；　　　　B. $a\times c$；　　　　C. $c\times b$；　　　　D. $b\times a$.

5. 已知 $a = 2i - 3j + k$，$b = i - j + 3k$ 和 $c = i - 2j$，求：
(i) $(a \cdot b)c - (a \cdot c)b$；(ii) $(a + b) \times (b + c)$.

6. 已知单位向量 $\overrightarrow{OA}$ 与三坐标轴夹相等的钝角，B 是点 $M(1, -3, 2)$ 关于点 $N(-1, 2, 1)$ 的对称点，求 $\overrightarrow{OA} \times \overrightarrow{OB}$.

7. 设 $|a| = 2\sqrt{2}$，$|b| = 3$，$(a \hat{,} b) = \dfrac{\pi}{4}$，求以 $\overrightarrow{AB} = 5a + 2b$ 和 $\overrightarrow{AD} = a - 3b$ 为边的平行四边形的面积及其对角线的长度.

1. 设向量 $a = 3i - 12j + 4k$，$b = (i - 2k) \times (i + 3j - 4k)$，则 a 在 b 上的投影为_____；a 与 b 之间的夹角为____.

2. 设 $a = \{1,\ 2,\ \lambda\}$，$b = \{1,\ 1,\ 1\}$，$c = \{2,\ -2,\ 1\}$ 是共面的三个向量，则 $\lambda =$_____.

3. 设 a，b，c 是单位向量，且 $a + b + c = 0$，则 $a \cdot c = ($　　$)$.

A. $-\dfrac{3}{2}$；　　　　B. $-\dfrac{1}{2}$；　　　　C. $\dfrac{1}{2}$；　　　　D. $\dfrac{3}{2}$.

4. 设 p，q 是互相垂直的单位向量，则以 $3p + 2q$ 和 $-p + 2q$ 为边的平行四边形的面积为（　　）.

A. 2；　　　　　　B. 4；　　　　　　C. 6；　　　　　　D. 8.

5. 已知三角形 ABC 中，向量 $\overrightarrow{AB}=\{2，1，-2\}$，$\overrightarrow{BC}=\{2，3，6\}$，求这个三角形的三个内角.

6. 若向量 $a+2b$ 垂直于 $2a-b$，$a-2b$ 垂直于 $2a+3b$，求 a 与 b 之间的夹角 $(\overset{\wedge}{a，b})$.

7. 设 $a=\{2，1，-1\}$，$b=\{1，-3，1\}$，试在 a，b 所决定的平面内，求与 a 垂直且模为 $\sqrt{93}$ 的向量.

1. 平面 π 过点 $A(2, 1, -1)$ 和 $B(-4, 2, -3)$ 两点, 且在 x 轴上的截距为 2, 则 π 在 y 轴和 z 轴上的截距分别为_____.

2. 设两个一次方程 $(a-3)x+(b+1)y+(c-2)z+8=0$ 和 $(b+2)x+c(c-9)y+(a-3)z-16=0$ 表示同一平面, 则 a, b, c 分别等于_____.

3. 两平面 $x+2y+z=0$, $-x+2y+2z=3$ 之间的夹角为 (　　).

A. $\arccos \dfrac{5\sqrt{6}}{18}$;　　　B. $\dfrac{\pi}{3}$;　　　　　C. $\arccos \dfrac{1}{6}$;　　　D. $\dfrac{2\pi}{3}$.

4. 已知线段 AB 端点的坐标为 $A(2, -1, 3)$, $B(0, 5, -1)$, 则 AB 的中垂面的方程为 (　　).

A. $x-3y+2z-11=0$　　　　　　B. $x-3y+2z+3=0$

C. $x-2y+2z+12=0$　　　　　　D. $x-2y+2z=0$

5. 一平面过点 $(1, -1, 1)$ 且垂直于平面 $x-y+z=7$ 及 $3x+2y-12z+5=0$，求其方程.

6. 已知点 P 到 xOy，yOz，zOx 坐标平面的距离之比为 $1:2:2$，到平面 $x+2y+2z-8=0$ 的距离为 8，求 P 点的坐标.

7. 已知三角形的顶点为 $A(2, 1, 1)$，$B(3, 0, 2)$，$C(1, 3, 2)$. 求：（1）过点 $M(2, -6, 3)$ 且与 $\triangle ABC$ 所在平面平行的平面的方程；（2）过坐标原点和点 $M(2, -6, 3)$ 且与 $\triangle ABC$ 所在平面垂直的平面的方程.

1. 直线 $\dfrac{x+2}{3}=\dfrac{y-2}{-1}=\dfrac{z+1}{2}$ 和平面 $2x+3y+3z-8=0$ 的交点是＿＿＿＿＿＿＿＿＿＿＿＿．

2. 如果直线 $\dfrac{x-2}{-2}=\dfrac{y+2}{1}=\dfrac{z-3}{1}$ 和平面 $x+ky+z-3=0$ 的夹角为 $\dfrac{\pi}{6}$，则 $k=$＿＿＿＿＿＿．

3. 直线 L_1：$\begin{cases} x+y-1=0 \\ x-y+z+1=0 \end{cases}$，$L_2$：$\begin{cases} 2x-y+z-1=0 \\ x+y-z+1=0 \end{cases}$ 之间的夹角为（　　　）．

   A. $\dfrac{\pi}{6}$；　　　　　　B. $\dfrac{\pi}{3}$；　　　　　　C. $\dfrac{2\pi}{3}$；　　　　　　D. $\dfrac{5\pi}{6}$．

4. 一直线过 $M(0，2，1)$，并且与两向量 $\boldsymbol{a}=\boldsymbol{i}+\boldsymbol{j}+\boldsymbol{k}$ 和 $\boldsymbol{b}=\boldsymbol{i}+\boldsymbol{j}-\boldsymbol{k}$ 均垂直，则以下各式中不是直线的方程的个数是（　　　）．

   i. $\dfrac{x}{1}=\dfrac{y-2}{-1}=\dfrac{z-1}{0}$；　ii. $\begin{cases} x+y=2 \\ z=1 \end{cases}$；　iii. $\begin{cases} x=2t \\ y=2-2t \\ z=1 \end{cases}$；　iv. $\begin{cases} x=-t \\ y=2+t \\ z=1 \end{cases}$．

   A. 0；　　　　　　B. 1；　　　　　　C. 2；　　　　　　D. 3．

5. 若两直线 L_1：$\dfrac{x-1}{1}=\dfrac{y+1}{2}=\dfrac{z-1}{\lambda}$，$L_2$：$\dfrac{x+1}{1}=\dfrac{y-1}{1}=\dfrac{z}{1}$ 相交，求 λ．

6. 求过点 $(4，-1，3)$ 且与直线 $\dfrac{x+1}{2}=y-1=\dfrac{z-1}{3}$ 垂直相交的直线的方程．

7. 求直线 $\begin{cases}2x-y+z=0\\x-y-6z-9=0\end{cases}$ 在平面 $x-y+z=1$ 上的投影直线的方程，并求该直线与平面之间的夹角．

1. 曲线 $\begin{cases} y^2 - 4x = 0 \\ z = 0 \end{cases}$ 绕 x 轴和 y 轴旋转所得曲面分别为＿＿＿＿＿＿．

2. 过点 $M_1(3，4，0)$ 和 $M_2(-1，3，5)$，且球心在 z 轴上的球面方程为＿＿＿＿＿＿．

3. 下列曲线中，绕坐标轴旋转可以得到相同曲面的曲线是（　　　）．

i. $\begin{cases} 2x^2 + 3y^2 = 1 \\ z = 0 \end{cases}$; ii. $\begin{cases} 3y^2 + 2z^2 = 1 \\ x = 0 \end{cases}$; iii. $\begin{cases} 3x^2 + 2y^2 = 1 \\ z = 0 \end{cases}$ ．

A. i，ii；　　　　B. i，iii；　　　　C. ii，iii；　　　　D. i，ii，iii．

4. 以下曲面中，不能视为绕坐标轴旋转所成的旋转曲面是（　　　）．

A. $x^2 + y^2 = 1$；　　　　　　　　B. $x^2 - 2y^2 - z^2 = 1$；

C. $x^2 + y^2 = z + 1$；　　　　　　D. $x^2 - y^2 - z^2 = 1$．

5. 求到点 $P(c,0,0)$ 和 $Q(-c,0,0)$ 的距离之和为 $2a(a>c>0)$ 的点的轨迹方程.

6. 指出曲面 $z-1=-3x^2-3y^2$ 和 $z=\sqrt{x^2+y^2}$ 是怎样形成的？并画出两曲面所围成立体的图形.

7. 对参数 m 的不同取值，讨论方程 $z^2+x^2=m(z^2+y^2)$ 所表示的曲面.

1. 曲线 $\begin{cases} z=\sqrt{4-x^2-y^2} \\ x-y=0 \end{cases}$ 关于 xOy 平面的投影柱面的方程为_____，关于 xOz 平面的投影柱面的方程为_____.

2. 球面 $x^2+y^2+z^2=1$ 与平面 $x-z=1$ 的交线在 xOy 平面上的投影曲线为_____，在 xOz 平面上的投影曲线为_____.

3. 下列曲线中，不相同曲线的个数是（　　）.

i. $\begin{cases} x^2+y^2+z=2 \\ z=\sqrt{x^2+y^2} \end{cases}$ ；ii. $\begin{cases} x^2+y^2=1 \\ z=x^2+y^2 \end{cases}$ ；iii. $\begin{cases} x^2+y^2+z^2=2 \\ z=x^2+y^2 \end{cases}$.

A. 0；　　　　　　B. 1；　　　　　　C. 2；　　　　　　D. 3.

4. 空间曲线 $\begin{cases} \dfrac{x^2}{16}+\dfrac{y^2}{4}-\dfrac{z^2}{5}=1 \\ x-2z+3=0 \end{cases}$ 关于 xOy 面的投影柱面的方程为（　　）.

A. $x^2+20y^2-24x-116=0$ ；

B. $4y^2+4z^2-12z-7=0$；

C. $\begin{cases} x^2+20y^2-24x-116=0 \\ z=0 \end{cases}$ ；

D. $\begin{cases} 4y^2+4z^2-12z-7=0 \\ x=0 \end{cases}$.

5. 将 xOz 上的抛物线 $z^2 = 5x$ 绕 z 轴旋转一周，求所生成的曲面的方程，并求各坐标面与曲面的交线的方程.

6. 求抛物面 $z = x^2 + 2y^2 \, (1 \leqslant z \leqslant 4)$ 在三坐标面上的投影.

7. 求空间曲线 $\begin{cases} z = x^2 + y^2 \\ x + y + z = 1 \end{cases}$ 的参数方程，以及该曲线在各坐标面上的投影曲线.

1. 已知动点与 yOz 平面的距离为 4 个单位，与定点 $A(5，2，-1)$ 的距离为 3 个单位，则动点的轨迹方程是_____.

2. 如果直线 $\begin{cases} x-2y+z-9=0 \\ 3x+By+z+D=0 \end{cases}$ 在 xOy 平面内，则 B，D 分别为_____.

3. 通过两平行直线 $\dfrac{x+1}{2}=\dfrac{y-2}{3}=\dfrac{z+3}{2}$ 和 $\dfrac{x-3}{2}=\dfrac{y+3}{3}=\dfrac{z-1}{2}$ 的平面方程为（　　）.

A. $x-z-2=0$ ；　　　　　　　　B. $x+z=0$ ；

C. $x-2y+z=0$ ；　　　　　　　　D. $2x+3y+2z=-2$.

4. 直线 $lx+my+nz=mx+ny+lz=nx+ly+mz$ 的方向量为（　　）.

A. $\{1，1，1\}$ 　　　　　　　　B. $\{m+n，n+l，l+m\}$

C. $\{mn，nl，lm\}$ 　　　　　　　D. $\{m^2，n^2，l^2\}$

5. 点 $P(3, -1, 2)$ 到直线 $\begin{cases} x+y-z+1=0 \\ 2x-y+z-4=0 \end{cases}$ 的距离.

6. 求通过直线 $\dfrac{x}{2}=\dfrac{y}{-1}=\dfrac{z-1}{2}$ 且平行于直线 $\dfrac{x-1}{0}=\dfrac{y}{1}=\dfrac{z}{-1}$ 的平面的方程.

7. 求过点 $N(-1, 2, -3)$ 且平行于平面 $6x-2y-3z+6=0$ 又与直线 $\dfrac{x-1}{3}=\dfrac{y+1}{2}=\dfrac{z-3}{-5}$ 相交的直线方程.

第九章　多元函数微分法及其应用

第一节　多元函数的概念与性质

一、教学目标

了解多元函数的基本概念，会求二元函数的定义域，会作二元函数的图形．了解多元函数极限的概念，知道二元函数极限的运算法则，会求一些二元函数的极限．了解多元函数连续的概念，知道闭区域上二元连续函数的基本性质，会求一些二元函数的连续性．

二、考点题型

二元函数的定义域*、对应法则*和值域的求解；二元函数极限的求解*；二元函数连续性与间断点的讨论或求解*．

三、例题分析

例 9.1.1 求下列函数的定义域，并判断它们是否为同一函数：

(i) $z_1 = \ln[(1-x^2)(1-y^2)]$；(ii) $z_2 = \ln[(1-x)(1+y)] + \ln[(1+x)(1-y)]$.

分析 判断两个函数是否为同一函数，只要看它们的两个要素——定义域与对应法则是否相同．

证明 (i) 由 $(1-x^2)(1-y^2) > 0$，即 $\begin{cases} 1-x^2 > 0 \\ 1-y^2 > 0 \end{cases}$ 或 $\begin{cases} 1-x^2 < 0 \\ 1-y^2 < 0 \end{cases}$，求得函数 z_1 的定义域 $D_1 = \{(x,y) \mid |x| < 1, |y| < 1 \lor |x| > 1, |y| > 1\}$（如图 9.1）；

(ii) 由 $\begin{cases} (1-x)(1+y) > 0 \\ (1+x)(1-y) > 0 \end{cases}$，即 $\begin{cases} 1-x > 0 \\ 1+y > 0 \\ 1+x > 0 \\ 1-y > 0 \end{cases}$ 或 $\begin{cases} 1-x < 0 \\ 1+y < 0 \\ 1+x < 0 \\ 1-y > 0 \end{cases}$ 或 $\begin{cases} 1-x > 0 \\ 1+y > 0 \\ 1+x < 0 \\ 1-y < 0 \end{cases}$ 或 $\begin{cases} 1-x < 0 \\ 1+y < 0 \\ 1+x < 0 \\ 1-y < 0 \end{cases}$ 求得函数

z_2 的定义域 $D_2 = \{(x,y) \mid |x| < 1, |y| < 1 \lor x < -1, y > 1 \lor x > 1, y < -1\}$（如图 9.2）．

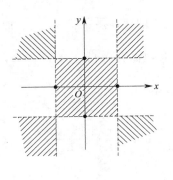

图 9.1

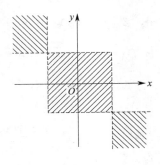

图 9.2

由于 D_2 仅是 D_1 的一部分，所以 z_1，z_2 不是同一函数．

思考 求下列函数的定义域，并判断它们及以上函数是否为同一函数：

$z_3 = \ln[(1-x)(1-y)] + \ln[(1+x)(1+y)]$，$z_4 = \ln[(1+x)(1-y)] + \ln[(1-x)(1+y)]$.

例 9.1.2 设 $F(x,y)=f\left(x+y,\dfrac{y}{x}\right)-f\left(x-y,\dfrac{x}{y}\right)-2xy$，且 $f(x+y,x-y)=x^2+y^2-xy$，求 $F(x,y)$.

分析 先求出函数 $f(x,y)$ 的表达式，再利用 $F(x,y)$ 与 $f(x,y)$ 之间的关系求出 $F(x,y)$.

解 令 $\begin{cases}x+y=u\\x-y=v\end{cases}$，则 $\begin{cases}x=\dfrac{u+v}{2}\\y=\dfrac{u-v}{2}\end{cases}$. 于是

$$f(u,v)=\left(\dfrac{u+v}{2}\right)^2+\left(\dfrac{u-v}{2}\right)^2-\dfrac{u+v}{2}\cdot\dfrac{u-v}{2}=\dfrac{1}{4}(u^2+3v^2)\Rightarrow f(x,y)=\dfrac{1}{4}(x^2+3y^2).$$

故 $F(x,y)=f\left(x+y,\dfrac{y}{x}\right)-f\left(x-y,\dfrac{x}{y}\right)-2xy$

$$=\dfrac{1}{4}\left[(x+y)^2+3\left(\dfrac{y}{x}\right)^2\right]-\dfrac{1}{4}\left[(x-y)^2+3\left(\dfrac{x}{y}\right)^2\right]-2xy=\dfrac{3}{4}\left(\dfrac{y^2}{x^2}-\dfrac{x^2}{y^2}\right)-xy.$$

思考 若 $f\left(\dfrac{y}{x},xy\right)=x^2-y^2$ 或 $f\left(\dfrac{x}{y},xy\right)=x^2-y^2$ 或 $f(x+y,x-y)=\dfrac{y}{x}+\dfrac{x}{y}-xy$ 或 $f(x+y,x-y)=\left(\dfrac{y}{x}\right)^2+\left(\dfrac{x}{y}\right)^2-xy$，结果如何？

例 9.1.3 证明：极限 $\lim\limits_{(x,y)\to(0,0)}\dfrac{x^2+y^2-xy}{\sqrt{x^2+y^2}}=0$.

分析 对 $|f(x,y)-0|$ 进行适当的放缩，得出含 $\sqrt{x^2+y^2}$ 方幂的函数 $\varphi(\sqrt{x^2+y^2})$，对任意给定的 $\varepsilon>0$，由 $\varphi(\sqrt{x^2+y^2})<\varepsilon$ 解得 $\sqrt{x^2+y^2}<\delta(\varepsilon)$，使之成为 $|f(x,y)-0|<\varepsilon$ 的充分条件即可.

证明 因为 $|x|^2+|y|^2\geq2|x||y|\Rightarrow\dfrac{x^2+y^2}{2}\geq|xy|\Rightarrow\dfrac{\sqrt{x^2+y^2}}{2}\geq\dfrac{|xy|}{\sqrt{x^2+y^2}}$，所以

$$|f(x,y)-0|=\dfrac{|x^2+y^2-xy|}{\sqrt{x^2+y^2}}\leq\dfrac{|x^2+y^2|+|xy|}{\sqrt{x^2+y^2}}\leq\sqrt{x^2+y^2}+\dfrac{\sqrt{x^2+y^2}}{2}=\dfrac{3\sqrt{x^2+y^2}}{2}.$$

$\forall\varepsilon>0$，要 $|f(x,y)-0|<\varepsilon$，只要 $\dfrac{3\sqrt{x^2+y^2}}{2}<\varepsilon$，即要 $\sqrt{x^2+y^2}<\dfrac{2}{3}\varepsilon$. 取 $\delta=\dfrac{2}{3}\varepsilon$，则当 $0<|P_0P|=\sqrt{(x-0)^2+(y-0)^2}=\sqrt{x^2+y^2}<\delta$ 时，恒有 $|f(x,y)-0|<\varepsilon$，故

$$\lim\limits_{(x,y)\to(0,0)}\dfrac{x^2+y^2-xy}{\sqrt{x^2+y^2}}=0.$$

思考 证明：$\lim\limits_{(x,y)\to(0,0)}\dfrac{x^2+y^2-xy}{\sqrt{x^2+ay^2}}=0\ (a\in\mathbf{R}^+)$，$\lim\limits_{(x,y)\to(0,0)}\dfrac{x^2+y^2+bxy}{\sqrt{x^2+y^2}}=0\ (b\in\mathbf{R})$.

例 9.1.4 求函数的极限 $\lim\limits_{(x,y)\to(0,1)}(1+x)^{\frac{1-xy+y2}{x+xy}}$.

分析 这是 1^∞ 型的极限，可以利用一元函数的极限 $\lim\limits_{x\to\infty}\left(1+\dfrac{1}{x}\right)^x=e$ 求解.

解 原式$=\lim\limits_{(x,y)\to(0,1)}\left[(1+x)^{\frac{1}{x}}\right]^{\frac{1-xy+y2}{1+y}}=\left[\lim\limits_{(x,y)\to(0,1)}(1+x)^{\frac{1}{x}}\right]^{\lim_{(x,y)\to(0,1)}\frac{1-xy+y2}{1+y}}=e^{\frac{1-0\cdot1+1^2}{1+1}}=e.$

思考 若极限为 $\lim\limits_{(x,y)\to(0,1)}(1+x+x^2y)^{\frac{1-xy+y^2}{x+xy}}$，结果如何？为 $\lim\limits_{(x,y)\to(0,1)}(1+x+2x^2y)^{\frac{1-xy+y^2}{x+xy}}$ 呢？

例 9.1.5 求函数的极限 $\lim\limits_{(x,y)\to(\infty,\infty)}\dfrac{x+y}{x^2-xy+y^2}$.

分析 当函数的极限存在时，取函数的绝对值，并其将分子适当地放大、分母适当地缩小，从而把一个较难求极限的函数转化成一个较易求极限的函数，再用夹逼准则得出结果.

解 由 $x^2-xy+y^2=\dfrac{1}{2}(x^2+y^2)+\dfrac{1}{2}(x^2-2xy+y^2)=\dfrac{1}{2}(x^2+y^2)+\dfrac{1}{2}(x-y)^2\Rightarrow$

$x^2-xy+y^2\geq\dfrac{1}{2}(x^2+y^2)$；$0\leq(x-y)^2\Rightarrow 2xy\leq x^2+y^2\Rightarrow(x+y)^2\leq 2(x^2+y^2)\Rightarrow$

$|x+y|\leq\sqrt{2(x^2+y^2)}$；所以 $\left|\dfrac{x+y}{x^2-xy+y^2}\right|\leq\dfrac{\sqrt{2(x^2+y^2)}}{(x^2+y^2)/2}=\dfrac{2\sqrt{2}}{\sqrt{x^2+y^2}}$，而 $\lim\limits_{(x,y)\to(\infty,\infty)}\dfrac{2\sqrt{2}}{\sqrt{x^2+y^2}}=0$，

故由夹逼准则知 $\lim\limits_{(x,y)\to(\infty,\infty)}\dfrac{x+y}{x^2-xy+y^2}=0$.

思考 (i) 求函数 $\lim\limits_{(x,y)\to(\infty,\infty)}\dfrac{x+2y}{x^2-2xy+4y^2}$ 的极限；(ii) 是否能用以上方法求函数的极

限：$\lim\limits_{(x,y)\to(\infty,\infty)}\dfrac{x+y}{x^2+xy+y^2}$，$\lim\limits_{(x,y)\to(\infty,\infty)}\dfrac{x-y}{x^2+xy+y^2}$？能，写出求解过程；否，说明理由.

例 9.1.6 设函数 $f(x,y)=\begin{cases}\dfrac{\ln(1-x^2y)}{x^2+y^2},&(x,y)\neq(0,0)\\ a,&(x,y)=(0,0)\end{cases}$ 连续，求 a.

分析 这是分段函数在分段点处的连续性问题，要用连续的定义来讨论；而求函数 $f(x,y)$ 在 $(0,0)$ 处的极限，可用等价无穷小替换和极坐标变换.

解 因为

$$\lim\limits_{(x,y)\to(0,0)}f(x,y)=\lim\limits_{(x,y)\to(0,0)}\dfrac{\ln(1-x^2y)}{x^2+y^2}=-\lim\limits_{(x,y)\to(0,0)}\dfrac{x^2y}{x^2+y^2}=-\lim\limits_{r\to 0}r\sin\theta\cos^2\theta=0,$$

故由多元函数连续的定义，可得 $a=f(0,0)=\lim\limits_{(x,y)\to(0,0)}f(x,y)=0$.

思考 若 $f(x,y)=\begin{cases}\dfrac{\ln(1-xy^2)}{x^2+y^2},&(x,y)\neq(0,0)\\ a,&(x,y)=(0,0)\end{cases}$ 或 $f(x,y)=\begin{cases}\dfrac{e^{x^2y}-1}{x^2+y^2},&(x,y)\neq(0,0)\\ a,&(x,y)=(0,0)\end{cases}$，结

果如何？为 $f(x,y)=\begin{cases}\dfrac{\sin(x^2y)}{x^2+y^2},&(x,y)\neq(0,0)\\ a,&(x,y)=(0,0)\end{cases}$ 呢？

第二节 偏导数

一、教学目标

理解偏导数的概念，了解偏导数的几何意义以及偏导数与导数的区别与联系. 掌握偏导数的运算性质与运算法则，偏导数的计算方法. 了解高阶偏导数的概念，会求函数的高阶偏导数，特别是函数的二阶导数；知道二阶混合偏导数相等的充分条件.

二、考点题型

偏导数的求解*，二阶偏导数的求解*，三阶函数的求解等；分段函数在分段点可导性

的讨论.

三、例题分析

例 9.2.1 设 $z = e^{x+y}(x\cos y + y\sin x)$，求 $\dfrac{\partial z}{\partial x}$，$\dfrac{\partial z}{\partial y}$.

分析 把 x 或 y 看成常数，则 z 是单变量 y 或 x 的函数，再利用一元函数和与积的求导法则求解. 注意，多元函数求导时，要用偏导的符号.

解
$$\frac{\partial z}{\partial x} = (x\cos y + y\sin x)\frac{\partial}{\partial x}(e^{x+y}) + e^{x+y}\frac{\partial}{\partial x}(x\cos y + y\sin x)$$
$$= (x\cos y + y\sin x)e^{x+y}\frac{\partial}{\partial x}(x+y) + e^{x+y}\cos y\frac{\partial}{\partial x}(x) + y\frac{\partial}{\partial x}(\sin x)$$
$$= (x\cos y + y\sin x)e^{x+y} + e^{x+y}\cos y + y\cos x$$
$$= e^{x+y}[(x+1)\cos y + y(\sin x + \cos x)];$$
$$\frac{\partial z}{\partial y} = (x\cos y + y\sin x)\frac{\partial}{\partial y}(e^{x+y}) + e^{x+y}\frac{\partial}{\partial y}(x\cos y + y\sin x)$$
$$= (x\cos y + y\sin x)e^{x+y}\frac{\partial}{\partial y}(x+y) + e^{x+y}\left[x\frac{\partial}{\partial y}(\cos y) + \sin x\frac{\partial}{\partial y}(y)\right]$$
$$= (x\cos y + y\sin x)e^{x+y} + e^{x+y}(-x\sin y + \sin x)$$
$$= e^{x+y}[x(\cos y - \sin y) + (y+1)\sin x].$$

思考 若 $z = e^{x+y}(x^2\cos y + y\sin x)$ 或 $z = e^{x+y}(x\cos y - y^2\sin x)$，结果如何？若 $z = e^{x+y}(x\cos 3y + y\sin x)$ 或 $z = e^{x+y}(x\cos 3y - y\sin 2x)$ 呢？

例 9.2.2 求函数 $z = \sin\dfrac{x-y}{x+y}$ 的偏导数.

分析 把 y 或 x 看成常数，则函数可以看成是两个一元函数 $z = \sin u$ 与函数 $u = \dfrac{x-y}{x+y}$ 的复合函数，因此可以根据一元复合函数的求导法则求解. 但使用该方法时，应注意当一个二元函数看成是其中某个变量的一元函数并对该变量求导时，应使用偏导数的记号.

解 令 $u = \dfrac{x-y}{x+y}$，则 $z = \sin u$. 把 y 或 x 看成常数，函数 $u = \dfrac{x-y}{x+y}$ 分别对 x 和 y 求偏导数，得

$$\frac{\partial u}{\partial x} = \frac{\partial}{\partial x}\left(\frac{x-y}{x+y}\right) = \frac{(x+y)\frac{\partial}{\partial x}(x-y) - (x-y)\frac{\partial}{\partial x}(x+y)}{(x+y)^2} = \frac{(x+y)-(x-y)}{(x+y)^2} = \frac{2y}{(x+y)^2},$$

$$\frac{\partial u}{\partial y} = \frac{\partial}{\partial y}\left(\frac{x-y}{x+y}\right) = \frac{(x+y)\frac{\partial}{\partial y}(x-y) - (x-y)\frac{\partial}{\partial y}(x+y)}{(x+y)^2} = \frac{-(x+y)-(x-y)}{(x+y)^2} = \frac{-2x}{(x+y)^2}.$$

于是根据一元复合函数的求导法则和全微分公式，有

$$\frac{\partial z}{\partial x} = \frac{d}{du}(\sin u)\cdot\frac{\partial u}{\partial x} = \cos u\cdot\frac{2y}{(x+y)^2} = \frac{2y}{(x+y)^2}\cos\frac{x-y}{x+y},$$

$$\frac{\partial z}{\partial y} = \frac{d}{du}(\sin u)\cdot\frac{\partial u}{\partial y} = \cos u\cdot\frac{-2x}{(x+y)^2} = \frac{-2x}{(x+y)^2}\cos\frac{x-y}{x+y}.$$

思考 (i) 若 $z = \cos\dfrac{x-y}{x+y}$，结果如何？ (ii) 若 $z = \sin\dfrac{ax+by}{cx+dy}(ad\neq bc)$，结果如何？ (iii) 不写出中间变量，直接利用复合函数求导公式写出以上求解过程.

例 9.2.3 设 $f(x,y)=\begin{cases}\arctan\dfrac{y}{x}, & x\neq0 \\ 0, & x=0\end{cases}$，证明：$f(x,y)$ 在原点 $(0,0)$ 处不连续，但两个偏导数 $f_x(0,0)$，$f_y(0,0)$ 均存在.

分析 这是分段函数在分段点处的连续性与可导性问题，要用连续与可导的定义来讨论.

证明 在原点 $(0,0)$ 处，当 (x,y) 沿直线 $y=\pm x$ 趋近于 $(0,0)$ 时，

$$\lim_{\substack{x\to0\\(y=\pm x)}}f(x,y)=\lim_{\substack{x\to0\\(y=\pm x)}}\arctan\frac{y}{x}=\lim_{x\to0}\arctan\frac{\pm x}{x}=\pm\frac{\pi}{4},$$

因此 $\lim\limits_{(x,y)\to(0,0)}f(x,y)$ 不存在，所以 $f(x,y)$ 在坐标原点 $(0,0)$ 不连续；而

$$f_x(0,0)=\lim_{x\to0}\frac{f(x,0)-f(0,0)}{x-0}=\lim_{x\to0}\frac{\arctan0-0}{x}=0,$$

$$f_y(0,0)=\lim_{y\to0}\frac{f(0,y)-f(0,0)}{y-0}=\lim_{y\to0}\frac{0-0}{y}=0.$$

思考 若 $f(x,y)=\begin{cases}\arctan\dfrac{y}{x}, & x\neq0 \\ 1, & x=0\end{cases}$，结果如何？$f(x,y)=\begin{cases}\arctan\dfrac{1}{xy}, & xy\neq0 \\ 0, & xy=0\end{cases}$ 呢？

例 9.2.4 设 $z=x\ln(xy)$，求 $\dfrac{\partial^2z}{\partial x^2}$，$\dfrac{\partial^2z}{\partial y\partial x}$，$\dfrac{\partial^2z}{\partial y^2}$.

分析 先求一阶偏导数，再按定义求二阶偏导数. 注意将积的对数化为对数之和，可以简化求导运算.

解 因为 $z=x(\ln|x|+\ln|y|)=x\ln|x|+x\ln|y|$ $(xy>0)$，所以

$$\frac{\partial z}{\partial x}=\frac{\partial}{\partial x}(x\ln|x|+x\ln|y|)=\frac{\partial}{\partial x}(x\ln|x|)+\frac{\partial}{\partial x}(x\ln|y|)$$

$$=\ln|x|\frac{\partial}{\partial x}(x)+x\frac{\partial}{\partial x}(\ln|x|)+\ln|y|\frac{\partial}{\partial x}(x)=\ln|x|+\ln|y|+1 \quad(xy>0),$$

$$\frac{\partial z}{\partial y}=\frac{\partial}{\partial y}(x\ln|x|+x\ln|y|)=0+x\frac{\partial}{\partial y}(\ln|y|)=\frac{x}{y} \quad(xy>0),$$

于是 $\dfrac{\partial^2z}{\partial x^2}=\dfrac{\partial}{\partial x}\left(\dfrac{\partial z}{\partial x}\right)=\dfrac{\partial}{\partial x}(\ln|x|+\ln|y|+1)=\dfrac{1}{x}$，

$$\frac{\partial^2z}{\partial y\partial x}=\frac{\partial}{\partial x}\left(\frac{\partial z}{\partial y}\right)=\frac{\partial}{\partial x}\left(\frac{x}{y}\right)=\frac{1}{y}, \quad \frac{\partial^2z}{\partial y^2}=\frac{\partial}{\partial y}\left(\frac{\partial z}{\partial y}\right)=\frac{\partial}{\partial y}\left(\frac{x}{y}\right)=-\frac{x}{y^2} \quad(xy>0).$$

思考 (i) 函数 $z=x\ln(xy)$ 与 $z=x(\ln|x|+\ln|y|)$ 是否是同一函数？$z=x\ln(xy)$ 与 $z=x(\ln x+\ln y)$ 呢？(ii) 不用对数的性质化简，直接求解该题；(iii) 若 $z=x\ln(x/y)$，结果如何？

例 9.2.5 设函数 $z=\dfrac{x^2}{2y}+\dfrac{x}{2}+\dfrac{1}{x}-\dfrac{1}{y}$，证明：$x^2\dfrac{\partial z}{\partial x}+y^2\dfrac{\partial z}{\partial y}=\dfrac{x^3}{y}$.

分析 这种问题实质上还是求偏导数的问题. 先求出各个偏导数，再分别代入该方程左边、化简，与其右边相等即可.

证明 将函数 $z=z(x,y)$ 中的一个变量看成常数，利用导数的四则运算法则，得

$$\frac{\partial z}{\partial x}=\frac{\partial}{\partial x}\left(\frac{x^2}{2y}\right)+\frac{\partial}{\partial x}\left(\frac{x}{2}+\frac{1}{x}\right)-\frac{\partial}{\partial x}\left(\frac{1}{y}\right)=\frac{1}{2y}\frac{\mathrm{d}}{\mathrm{d}x}(x^2)+\frac{1}{2}-\frac{1}{x^2}-0=\frac{x}{y}+\frac{1}{2}-\frac{1}{x^2},$$

$$\frac{\partial z}{\partial y} = \frac{\partial}{\partial y}\left(\frac{x^2}{2y}\right) + \frac{\partial}{\partial y}\left(\frac{x}{2} + \frac{1}{x}\right) - \frac{\partial}{\partial y}\left(\frac{1}{y}\right) = \frac{x^2}{2}\frac{d}{dy}\left(\frac{1}{y}\right) + 0 - \frac{1}{y^2} = -\frac{x^2}{2y^2} + \frac{1}{y^2},$$

于是

$$x^2\frac{\partial z}{\partial x} + y^2\frac{\partial z}{\partial y} = x^2\left(\frac{x}{y} + \frac{1}{2} - \frac{1}{x^2}\right) + y^2\left(-\frac{x^2}{2y^2} + \frac{1}{y^2}\right) = \frac{x^3}{y}.$$

思考 若 $z = \frac{x^2}{2y} + \frac{x}{2} + \frac{a}{x} - \frac{b}{y}$，且 $x^2\frac{\partial z}{\partial x} + y^2\frac{\partial z}{\partial y} = \frac{x^3}{y}$，则 a,b 之间的关系如何？

例 9.2.6 设 $z = e^{-1/x - 1/y}$，求证：$x^2\frac{\partial z}{\partial x} + y^2\frac{\partial z}{\partial y} = 2z$.

分析 根据指数函数的性质，可以将该函数化成两个指数函数之积的导数来求解，从而避免应用多元复合函数求导法则求解.

证明 这里 $z = e^{-1/x}e^{-1/y}$，于是

$$\frac{\partial z}{\partial x} = \frac{\partial}{\partial x}(e^{-1/x}e^{-1/y}) = e^{-1/y}\frac{\partial}{\partial x}(e^{-1/x}) = e^{-1/x}e^{-1/y}\frac{\partial}{\partial x}\left(-\frac{1}{x}\right) = \frac{z}{x^2} \Rightarrow x^2\frac{\partial z}{\partial x} = z,$$

类似地 $y^2\frac{\partial z}{\partial y} = z$，所以 $x^2\frac{\partial z}{\partial x} + y^2\frac{\partial z}{\partial y} = 2z$.

思考 (i) 若 $z = e^{1/x + 1/y}$，是否可以得出该结论？(ii) 若 $u = e^{-1/x - 1/y - 1/z}$，写出类似的结论，并给出结论的证明.

第三节　全微分

一、教学目标

了解全微分的基本概念，函数可微的必要条件和函数可微的充分条件. 知道全微分的叠加原理，会求函数全微分.

二、考点题型

全微分的求解 *；连续、可导和可微之间的关系.

三、例题分析

例 9.3.1 设 $z = \frac{xy}{x^2 - y^2}$，求 dz.

分析 当函数的偏导数连续时求函数的全微分，通常先求出函数的各个偏导数，再按全微分公式写出即可.

解 因为

$$\frac{\partial}{\partial x}\left(\frac{xy}{x^2 - y^2}\right) = \frac{y(x^2 - y^2) - xy \cdot 2x}{(x^2 - y^2)^2} = -\frac{(x^2 + y^2)y}{(x^2 - y^2)^2},$$

$$\frac{\partial}{\partial y}\left(\frac{xy}{x^2 - y^2}\right) = \frac{x(x^2 - y^2) - xy \cdot (-2y)}{(x^2 - y^2)^2} = \frac{x(x^2 + y^2)}{(x^2 - y^2)^2},$$

故 $dz = \frac{\partial z}{\partial x}dx + \frac{\partial z}{\partial y}dy = -\frac{(x^2 + y^2)y}{(x^2 - y^2)^2}dx + \frac{x(x^2 + y^2)}{(x^2 - y^2)^2}dy = \frac{(x^2 + y^2)}{(x^2 - y^2)^2} \cdot (-ydx + xdy).$

思考 若 $z = \frac{xy}{x^2 + y^2}$，结果如何？为 $z = \frac{x^2 y}{x^2 - y^2}$ 或 $z = \frac{xy^2}{x^2 - y^2}$ 或 $z = \frac{x^2 y}{x^2 + y^2}$ 或 $z = \frac{xy^2}{x^2 + y^2}$ 呢？

例 9.3.2 设 $u = \ln\sqrt{x^2+y^2+z^2}$，求 $\mathrm{d}z$.

分析 首先，该函数可以根据对数函数的性质进行化简；其次，若将该函数看成是一元函数 $u = \dfrac{1}{2}\ln v$ 与三元函数 $v = x^2+y^2+z^2$ 的复合函数，那么该题也可以用一元函数微分形式的不变性 $\mathrm{d}u = \dfrac{\mathrm{d}u}{\mathrm{d}v}\cdot \mathrm{d}v$ 和多元函数的微分 $\mathrm{d}v = \dfrac{\partial v}{\partial x}\mathrm{d}x + \dfrac{\partial v}{\partial y}\mathrm{d}y + \dfrac{\partial v}{\partial z}\mathrm{d}z$ 来求解.

解 令 $v = x^2+y^2+z^2$，则 $u = \dfrac{1}{2}\ln v$，$\dfrac{\partial v}{\partial x} = 2x$，$\dfrac{\partial v}{\partial y} = 2y$，$\dfrac{\partial v}{\partial z} = 2z$，故

$$\mathrm{d}v = \frac{\partial v}{\partial x}\mathrm{d}x + \frac{\partial v}{\partial y}\mathrm{d}y + \frac{\partial v}{\partial z}\mathrm{d}z = 2x\,\mathrm{d}x + 2y\,\mathrm{d}y + 2z\,\mathrm{d}z,$$

于是由一元函数微分形式的不变性及多元函数的微分，可得

$$\mathrm{d}u = \frac{\mathrm{d}u}{\mathrm{d}v}\cdot \mathrm{d}v = \frac{\mathrm{d}(x^2+y^2+z^2)}{2(x^2+y^2+z^2)} = \frac{x\,\mathrm{d}x + y\,\mathrm{d}y + z\,\mathrm{d}z}{x^2+y^2+z^2}.$$

思考 若 $u = \mathrm{e}^{x^2+y^2+z^2}$，结果如何？$u = \sin\sqrt{x^2+y^2+z^2}$ 或 $u = \cos\sqrt{x^2+y^2+z^2}$ 呢？

例 9.3.3 设 $z = \mathrm{e}^{\frac{y}{x}}$，求 $\mathrm{d}z\big|_{(1,1)}$.

分析 求函数在一点的全微分，先求出函数全微分的表达式，再将自变量的值代入微分表达式求出即可.

解 $\dfrac{\partial z}{\partial x} = \mathrm{e}^{\frac{y}{x}}\dfrac{\partial}{\partial x}\left(\dfrac{y}{x}\right) = \mathrm{e}^{\frac{y}{x}}\left(-\dfrac{y}{x^2}\right) = -\dfrac{y}{x^2}\mathrm{e}^{\frac{y}{x}}$，$\dfrac{\partial z}{\partial y} = \mathrm{e}^{\frac{y}{x}}\dfrac{\partial}{\partial y}\left(\dfrac{y}{x}\right) = \mathrm{e}^{\frac{y}{x}}\left(\dfrac{1}{x}\right) = \dfrac{1}{x}\mathrm{e}^{\frac{y}{x}}$，

故 $\mathrm{d}z\big|_{(1,1)} = \dfrac{\partial z}{\partial x}\bigg|_{(1,1)}\mathrm{d}x + \dfrac{\partial z}{\partial y}\bigg|_{(1,1)}\mathrm{d}y = -\dfrac{1}{1^2}\mathrm{e}^1\,\mathrm{d}x + \dfrac{1}{1}\mathrm{e}^1\,\mathrm{d}y = -\mathrm{e}\,\mathrm{d}x + \mathrm{e}\,\mathrm{d}y.$

思考 (i) 若 $z = \mathrm{e}^{\frac{x}{y}}$，结果如何？为 $z = \mathrm{e}^{\frac{y}{x}} + \mathrm{e}^{\frac{x}{y}}$ 呢？(ii) 在以上各题中，求 $\mathrm{d}z\big|_{(1,-1)}$.

例 9.3.4 设函数 $u = \dfrac{x}{y} + \dfrac{y}{z} + \dfrac{z}{x}$，求：(1) 函数在点 $(1,1,-2)$ 处的全微分 $\mathrm{d}u\big|_{(1,1,-2)}$；(2) 当 $\Delta x = 0.05$，$\Delta y = -0.02$，$\Delta z = -0.04$ 时，函数在点 $(1,1,-2)$ 处的全微分 $\mathrm{d}u\big|_{(1,1,-2)}$.

分析 求函数在一点和自变量增量已知时的全微分，先求出函数全微分的表达式，再将相应的值代入微分表达式求出即可.

解 $\dfrac{\partial u}{\partial x} = \dfrac{\partial}{\partial x}\left(\dfrac{x}{y}\right) + \dfrac{\partial}{\partial x}\left(\dfrac{y}{z}\right) + \dfrac{\partial}{\partial x}\left(\dfrac{z}{x}\right) = \dfrac{1}{y} + 0 - \dfrac{z}{x^2} = \dfrac{1}{y} - \dfrac{z}{x^2}$，

类似地，可以求得 $\dfrac{\partial u}{\partial y} = \dfrac{1}{z} - \dfrac{x}{y^2}$，$\dfrac{\partial u}{\partial z} = \dfrac{1}{x} - \dfrac{y}{z^2}$，所以

$$\mathrm{d}u = \frac{\partial u}{\partial x}\mathrm{d}x + \frac{\partial u}{\partial y}\mathrm{d}y + \frac{\partial u}{\partial z}\mathrm{d}z = \left(\frac{1}{y} - \frac{z}{x^2}\right)\mathrm{d}x + \left(\frac{1}{z} - \frac{x}{y^2}\right)\mathrm{d}y + \left(\frac{1}{x} - \frac{y}{z^2}\right)\mathrm{d}z.$$

(1) 将 $x=1$，$y=1$，$z=-2$ 代入函数全微分表达式，得

$$\mathrm{d}u\big|_{(1,1,-2)} = \left(\frac{1}{y} - \frac{z}{x^2}\right)\bigg|_{(1,1,-2)}\mathrm{d}x + \left(\frac{1}{z} - \frac{x}{y^2}\right)\bigg|_{(1,1,-2)}\mathrm{d}y + \left(\frac{1}{x} - \frac{y}{z^2}\right)\bigg|_{(1,1,-2)}\mathrm{d}z$$

$$= 3\mathrm{d}x - \frac{3}{4}\mathrm{d}y + \frac{3}{4}\mathrm{d}z;$$

(2) 当 $\Delta x = 0.05$，$\Delta y = -0.04$，$\Delta z = -0.02$ 时，函数在点 $(1,1,-2)$ 处的全微分

$$\mathrm{d}u\big|_{(1,1,-2)} = 3\cdot(0.05) - \frac{3}{2}\cdot(-0.02) - \frac{3}{4}\cdot(-0.04) = 0.21.$$

思考 若 $u = \dfrac{x}{y} - \dfrac{y}{z} + \dfrac{z}{x}$，结果如何？为 $u = \dfrac{x^2}{y} + \dfrac{y^2}{z} + \dfrac{z^2}{x}$ 或 $u = \dfrac{x}{y^2} + \dfrac{y}{z^2} + \dfrac{z}{x^2}$ 或 $u = \dfrac{x^2}{y}$

$-\dfrac{y^2}{z}+\dfrac{z^2}{x}$ 或 $u=\dfrac{x}{y^2}-\dfrac{y}{z^2}+\dfrac{z}{x^2}$ 呢？

例 9.3.5 设 $f(x,y)=\begin{cases}xy\sin\dfrac{1}{x^2+y^2},&x^2+y^2\neq0\\0,&x^2+y^2=0\end{cases}$，证明：$f(x,y)$ 在 $(0,0)$ 处连续、可导、可微.

分析 这是分段函数在分段点处的连续性、可导性和可微性问题，应用连续、可导和可微的定义来讨论.

证明 因为 x，y 都是 $(x,y)\to(0,0)$ 时的无穷小量，$\sin\dfrac{1}{x^2+y^2}$ 是有界函数，所以 $\lim\limits_{(x,y)\to(0,0)}f(x,y)=0=f(0,0)$，故 $f(x,y)$ 在 $(0,0)$ 处连续.

又因为 $f_x(0,0)=\lim\limits_{x\to0}\dfrac{f(x,0)-f(0,0)}{x-0}=\lim\limits_{x\to0}\dfrac{0-0}{x}=0$；类似地 $f_y(0,0)=0$，所以 $f(x,y)$ 在 $(0,0)$ 处可导. 下面再证明 $\mathrm{d}z=f_x(0,0)\mathrm{d}x+f_y(0,0)\mathrm{d}y=0\cdot\mathrm{d}x+0\cdot\mathrm{d}y=0$ 就是 $f(x,y)$ 在 $(0,0)$ 处的微分.

事实上，由于 $\Delta z=f(x,y)-f(0,0)=xy\sin\dfrac{1}{x^2+y^2}=\rho^2\sin\theta\cos\theta\sin\dfrac{1}{\rho^2}$，于是 $\lim\limits_{\rho\to0}\dfrac{\Delta z-\mathrm{d}z}{\rho}=\lim\limits_{\rho\to0}\dfrac{\rho^2\sin\theta\cos\theta}{\rho}\sin\dfrac{1}{\rho^2}=\lim\limits_{\rho\to0}\rho\sin\theta\cos\theta\sin\dfrac{1}{\rho^2}=0$，故根据高阶无穷小的定义，有 $\Delta z-\mathrm{d}z=o(\rho)$，即 $\Delta z=\mathrm{d}z+o(\rho)$，于是 $f(x,y)$ 在 $(0,0)$ 处可微，且
$$\mathrm{d}z=f_x(0,0)\mathrm{d}x+f_y(0,0)\mathrm{d}y=0.$$

思考 若 $f(x,y)=\begin{cases}xy\sin\dfrac{1}{\sqrt{x^2+y^2}},&x^2+y^2\neq0\\0,&x^2+y^2=0\end{cases}$，讨论 $f(x,y)$ 在 $(0,0)$ 处的连续性、可导性、可微性.

例 9.3.6 讨论函数 $f(x,y)=\sqrt{|xy|}$ 在点 $(0,0)$ 处的连续性、可导性和可微性.

分析 这是分段函数在分段点处的连续性、可导性和可微性问题，要用连续、可导和可微的定义和可微的条件来讨论.

解 显然，$f(x,y)$ 在整个定义域——整个 xOy 平面上连续，因此在点 $(0,0)$ 处连续. 而 $f_x(0,0)=\lim\limits_{x\to0}\dfrac{f(x,0)-f(0,0)}{x-0}=\lim\limits_{x\to0}\dfrac{0-0}{x}=0$；类似地 $f_y(0,0)=0$. 因此 $f(x,y)$ 在点 $(0,0)$ 处可导.

假若 $f(x,y)$ 在点 $(0,0)$ 处可微，则由可微的必要条件知
$$\mathrm{d}z=f_x(0,0)\mathrm{d}x+f_y(0,0)\mathrm{d}y=0\cdot\mathrm{d}x+0\cdot\mathrm{d}y=0,$$
又 $\Delta z=f(x,y)-f(0,0)=\sqrt{|xy|}$，于是
$$\lim\limits_{\rho\to0}\dfrac{\Delta z-\mathrm{d}z}{\rho}=\lim\limits_{\rho\to0}\dfrac{\sqrt{|xy|}}{\sqrt{x^2+y^2}}=\lim\limits_{(x,y)\to(0,0)}\dfrac{\sqrt{|xy|}}{\sqrt{x^2+y^2}},$$
而当 (x,y) 沿直线 $y=x$ 趋近于 $(0,0)$ 时
$$\lim\limits_{x\to0(y=x)}\dfrac{\sqrt{|xy|}}{\sqrt{x^2+y^2}}=\lim\limits_{x\to0}\dfrac{\sqrt{|x^2|}}{\sqrt{x^2+x^2}}=\dfrac{1}{\sqrt{2}},$$
于是 $\lim\limits_{\rho\to0}\dfrac{\Delta z-\mathrm{d}z}{\rho}\neq0$，即 $\Delta z\neq\mathrm{d}z+o(\rho)$，这与可微的定义 $\Delta z=\mathrm{d}z+o(\rho)$ 相矛盾，故

$f(x,y)$ 在 $(0,0)$ 处不可微.

思考 讨论函数 $f(x,y)=|xy|$ 和函数 $f(x,y)=|x|+|y|$ 在点 $(0,0)$ 处的连续性、可导性和可微性.

第四节　习题课一

例 9.4.1 求函数 $f(x,y)=\arcsin\dfrac{x+y}{x^2+y^2}$ 的定义域，并画出定义域的图形.

分析 应根据反正弦函数的定义可求.

解 根据反正弦函数的定义，得

$$\left|\frac{x+y}{x^2+y^2}\right|\leqslant1\Rightarrow|x+y|\leqslant x^2+y^2\Rightarrow-x^2-y^2\leqslant x+y\leqslant x^2+y^2,$$

于是由 $\begin{cases}-x^2-y^2\leqslant x+y\\x+y\leqslant x^2+y^2\end{cases}\Rightarrow\begin{cases}x^2+y^2+x+y\geqslant0\\x^2+y^2-x-y\geqslant0\end{cases}\Rightarrow\begin{cases}\left(x+\dfrac{1}{2}\right)^2+\left(y+\dfrac{1}{2}\right)^2\geqslant\dfrac{1}{2}\\\left(x-\dfrac{1}{2}\right)^2+\left(y-\dfrac{1}{2}\right)^2\geqslant\dfrac{1}{2}\end{cases},$

故 $f(x,y)$ 的定义域是两相切圆

$$\odot O_1:\left(x+\frac{1}{2}\right)^2+\left(y+\frac{1}{2}\right)^2\geqslant\frac{1}{2}\text{ 和 }\odot O_2:\left(x-\frac{1}{2}\right)^2+\left(y-\frac{1}{2}\right)^2\geqslant\frac{1}{2}$$

的外部，即 $D=\{(x,y)|(x,y)\notin D_1\bigcup D_2\}$，其中 D_1，D_2 分别是 $\odot O_1$，$\odot O_2$ 所围成的闭区域（图 9.3）.

思考 若 $f(x,y)=\arcsin\dfrac{2x+y}{x^2+y^2}$ 或 $f(x,y)=\arcsin\dfrac{x+2y}{x^2+y^2}$，结果如何？若 $f(x,y)=\arccos\dfrac{x+y}{x^2+y^2}$，结果又如何？

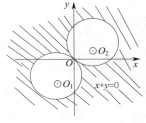

图 9.3

例 9.4.2 求函数的极限 $\lim\limits_{(x,y)\to(0,0)}\dfrac{(x^3+y^3)(1-\cos\sqrt{x^2+y^2})}{(x^2+3y^2)^2}$.

分析 利用坐标变换，特别是直角坐标与极坐标之间的关系，有时可以将多元函数的极限转化成有界函数与一个极限为零的一元函数极限的乘积，从而根据无穷小的性质得出结果.

解 令 $x=r\cos\theta$，$y=r\sin\theta$，则当 $(x,y)\to(0,0)$ 时，$r=\sqrt{x^2+y^2}\to0$. 于是

$$原式=\lim_{r\to0}\frac{r^3(\cos^3\theta+\sin^3\theta)(1-\cos r)}{r^4(1+2\sin^2\theta)^2}=\lim_{r\to0}\left[\frac{1-\cos r}{r}\cdot\frac{\cos^3\theta+\sin^3\theta}{(1+2\sin^2\theta)^2}\right]$$

$$=2\lim_{r\to0}\left[\frac{\sin^2\dfrac{r}{2}}{r}\cdot\frac{\cos^3\theta+\sin^3\theta}{(1+2\sin^2\theta)^2}\right],$$

由于 $\lim\limits_{r\to0}\dfrac{\sin^2\dfrac{r}{2}}{r}=\lim\limits_{r\to0}\dfrac{\left(\dfrac{r}{2}\right)^2}{r}=0$，$\left|\dfrac{\cos^3\theta+\sin^3\theta}{(1+2\sin^2\theta)^2}\right|\leqslant|\cos^3\theta+\sin^3\theta|<2$，故根据无穷小的性质得

$$\lim_{(x,y)\to(0,0)}\frac{(x^3+y^3)(1-\cos\sqrt{x^2+y^2})}{(x^2+3y^2)^2}=2\lim_{r\to0}\left[\frac{\sin^2\dfrac{r}{2}}{r}\cdot\frac{\cos^3\theta+\sin^3\theta}{(1+2\sin^2\theta)^2}\right]=0.$$

思考 （i）求函数的极限 $\lim\limits_{(x,y)\to(0,0)}\dfrac{(x^3-y^3)(1+\cos\sqrt{x^2+y^2})}{(3x^2+y^2)^2}$；（ii）能否用以上方法

求函数的极限 $\lim\limits_{(x,y)\to(\infty,\infty)}\dfrac{(x^3+y^3)(1-\cos\sqrt{x^2+y^2})}{(x^2+3y^2)^2}$，$\lim\limits_{(x,y)\to(0,\infty)}\dfrac{(x^3+y^3)(1-\cos\sqrt{x^2+y^2})}{(x^2+3y^2)^2}$

和 $\lim\limits_{(x,y)\to(\infty,0)}\dfrac{(x^3+y^3)(1-\cos\sqrt{x^2+y^2})}{(x^2+3y^2)^2}$？

例 9.4.3 讨论函数 $f(x,y)=\begin{cases}\dfrac{1-\cos(xy)}{\sqrt{x^2y+1}-1},&xy\neq0\\2,&xy=0\end{cases}$ 的连续性.

分析 这是分段函数连续性问题. 分段函数在分段点处的连续性要用定义来讨论.

解 函数在全平面上有定义，函数的分段点为 $\{(x,y)\mid x=0\vee y=0\}$. 当 $xy\neq0$ 时，$f(x,y)=\dfrac{1-\cos(xy)}{\sqrt{x^2y+1}-1}$ 是初等函数，连续. 在分段点 $(0,b)$ 处，由于

$$\lim_{(x,y)\to(0,b)}f(x,y)=\lim_{(x,y)\to(0,b)}\frac{1-\cos(xy)}{\sqrt{x^2y+1}-1}=\lim_{(x,y)\to(0,b)}\frac{(xy)^2/2}{x^2y/2}=\lim_{(x,y)\to(0,b)}y=b,$$

故当 $b=2$ 时，$\lim\limits_{(x,y)\to(0,2)}f(x,y)=2=f(0,2)$，所以函数在分段点 $(0,2)$ 处连续；当 $b\neq2$ 时，$\lim\limits_{(x,y)\to(0,b)}f(x,y)=b\neq f(0,2)$，所以函数在分段点 $(0,b)$ $(b\neq2)$ 处都不连续；

在分段点 $(a,0)$ 处，由于

$$\lim_{(x,y)\to(a,0)}f(x,y)=\lim_{(x,y)\to(a,0)}\frac{1-\cos(xy)}{\sqrt{x^2y+1}-1}=\lim_{(x,y)\to(a,0)}y=0\neq2=f(a,0),$$

所以函数在分段点 $(a,0)$ 处都不连续.

思考 若函数为 $f(x,y)=\begin{cases}\dfrac{1-\cos(xy)}{\sqrt{x^2y+1}-1},&xy\neq0\\0,&xy=0\end{cases}$ 或 $f(x,y)=\begin{cases}\dfrac{1-\cos(xy)}{\sqrt{x^2y+1}-1},&xy\neq0\\1,&xy=0\end{cases}$，

结果如何？为 $f(x,y)=\begin{cases}\dfrac{1-\cos(xy)}{\sqrt{x^2y+1}-1},&xy\neq0\\c,&xy=0\end{cases}$ 呢？

例 9.4.4 求函数 $f(x,y)=\begin{cases}\dfrac{\ln(1+xy)}{x},&x\neq0\\y,&x=0\end{cases}$ 的定义域，并证明该函数在其定义域上连续.

分析 分段函数的定义域等于各段上的定义域的并集；显然，函数在各段定义域内的连续性可以由初等函数的连续性得出，但在分段点处的连续性应根据连续的定义，例如函数连续的极限定义来证明.

证明 当 $x\neq0$ 时，由 $1+xy>0$ 解得 $xy>-1$. 因此函数的定义域

$$D=\{(x,y)\mid xy>-1(x\neq0)\vee x=0\}=\{(x,y)\mid xy>-1\},$$

即抛物线 $xy=-1$ 两支所夹的区域. 其分段点为 $\{(x,y)\mid x=0\}$，即整个 y 轴.

当 $x\neq0$ 时，函数 $f(x,y)=\dfrac{\ln(1+xy)}{x}$ 为初等函数，连续.

当 $x=0$ 时，函数 $f(x,y)$ 在 y 轴上的任一已知点 $(0,b)$ 处，显然有 $f(0,b)=b$. 而当 $(x,y)\to(0,b)$，亦即 $0<\sqrt{(x-0)^2+(y-b)^2}=\sqrt{x^2+(y-b)^2}\to0$ 时，

$$\lim_{(x,y)\to(0,b)}f(x,y)=\begin{cases}\lim\limits_{(x,y)\to(0,b)}\dfrac{\ln(1+xy)}{x},x\neq0\\\lim\limits_{(x,y)\to(0,b)}y,\qquad x=0\end{cases}=\begin{cases}\lim\limits_{(x,y)\to(0,b)}\dfrac{\ln(1+xy)}{xy}\cdot y,x\neq0\\\lim\limits_{(x,y)\to(0,b)}y,\qquad x=0\end{cases}=b,$$

所以 $\lim\limits_{(x,y)\to(0,b)}f(x,y)=f(0,b)$，即函数在点 $(0,b)$ 处连续．

思考 (i) 当 $(x,y)\to(0,b)$ 时，函数 $f(x,y)$ 是否可以交替地等于 $\dfrac{\ln(1+xy)}{x}$ 和 y？若是，是否会对以上求极限的过程和结果产生影响？(ii) 用以上方法讨论函数 $f(x,y)=\begin{cases}\dfrac{\ln(1+xy)}{x},x\neq0\\2y,\qquad x=0\end{cases}$ 在整个定义域上的连续性．

例 9.4.5 设 $f\left(x-y,\dfrac{y}{x}\right)=x^2-xy$，求 $\dfrac{\partial f}{\partial x},\dfrac{\partial f}{\partial y}$．

分析 只知道二元复合函数的表达式，要求函数的偏导数，可先求出二元函数，再求偏导数．

解 令 $\begin{cases}x-y=u\\\dfrac{y}{x}=v\end{cases}$，则 $\begin{cases}x=\dfrac{u}{1-v}\\y=\dfrac{uv}{1-v}\end{cases}$．于是 $f(u,v)=\left(\dfrac{u}{1-v}\right)^2-\dfrac{u^2v}{(1-v)^2}=\dfrac{u^2}{1-v}$，$f(x,y)=\dfrac{x^2}{1-y}$．

所以 $\dfrac{\partial f}{\partial x}=\dfrac{2x}{1-y},\dfrac{\partial f}{\partial y}=\dfrac{x^2}{(1-y)^2}$．

思考 若 $f\left(x-y,\dfrac{x}{y}\right)=x^2-xy$，结果如何？$f\left(x+y,\dfrac{y}{x}\right)=x^2-xy$ 或 $f\left(x+y,\dfrac{x}{y}\right)=x^2-xy$ 呢？

例 9.4.6 设 $z=y\ln(1-xy)$，求 $\dfrac{\partial^2z}{\partial x^2},\dfrac{\partial^2z}{\partial x\partial y},\dfrac{\partial^2z}{\partial y^2}$，并指出二阶导函数的定义域．

分析 先求函数的一阶导数，再求二阶导数．而二阶导函数的定义域，就是函数定义域内，二阶导数有意义的范围．

解 由 $1-xy>0$，求得函数的定义域 $D_f=\{(x,y)\,|\,xy<1\}$．所以

$$\frac{\partial z}{\partial x}=y\cdot\frac{-y}{1-xy}=-\frac{y^2}{1-xy},\frac{\partial z}{\partial y}=\ln(1-xy)+y\cdot\frac{-x}{1-xy}=\ln(1-xy)-\frac{xy}{1-xy};$$

$$\frac{\partial^2z}{\partial x^2}=-\frac{\partial}{\partial x}\left(\frac{y^2}{1-xy}\right)=\frac{y^2}{(1-xy)^2}\frac{\partial}{\partial x}(1-xy)=-\frac{y^3}{(1-xy)^2}(xy<1)\quad,$$

$$\frac{\partial^2z}{\partial x\partial y}=-\frac{\partial}{\partial y}\left(\frac{y^2}{1-xy}\right)=-\frac{2y(1-xy)-y^2(-x)}{(1-xy)^2}=\frac{(xy-2)y}{(1-xy)^2}(xy<1),$$

$$\frac{\partial^2z}{\partial y^2}=\frac{\partial z}{\partial y}\left[\ln(1-xy)-\frac{xy}{1-xy}\right]=\frac{-x}{1-xy}-\frac{x}{1-xy}+\frac{xy(-x)}{(1-xy)^2}=\frac{x(xy-2)}{(1-xy)^2}(xy<1).$$

思考 若 $z=x\ln(1-xy)$，结果如何？$z=y\ln(1-x^2y)$ 或 $z=x\ln(1-xy^2)$ 呢？

例 9.4.7 设 $z=xy+xF(u)$，其中 $u=\dfrac{y}{x}$，$F(u)$ 为可导函数，证明：$x\dfrac{\partial z}{\partial x}+y\dfrac{\partial z}{\partial y}=z+xy$．

分析 先求函数的一阶导数，再代入等式左边化简，直至得出等式右边．注意，$F\left(\dfrac{y}{x}\right)$ 是

一元函数与二元函数的复合函数.

证明 因为

$$\frac{\partial z}{\partial x}=y+F(u)+xF'(u)\frac{\partial u}{\partial x}=y+F(u)-\frac{y}{x}F'(u),$$

$$\frac{\partial z}{\partial y}=x+xF'(u)\frac{\partial u}{\partial y}=x+F'(u),$$

所以

$$x\frac{\partial z}{\partial x}+y\frac{\partial z}{\partial y}=xy+xF(u)-yF'(u)+xy+yF'(u)=z+xy.$$

思考 求函数的二阶导数 $\frac{\partial^2 z}{\partial x^2}$, $\frac{\partial^2 z}{\partial x \partial y}$, $\frac{\partial^2 z}{\partial y^2}$, 以及 $x^2\frac{\partial^2 z}{\partial x^2}-y^2\frac{\partial^2 z}{\partial y^2}$, $x^2\frac{\partial^2 z}{\partial x^2}+xy\frac{\partial^2 z}{\partial x \partial y}$ 和 $y^2\frac{\partial^2 z}{\partial y^2}+xy\frac{\partial^2 z}{\partial x \partial y}$.

例 9.4.8 求函数 $f(x,y)=\begin{cases}xy\sin\dfrac{1}{x^2+y^2},&x^2+y^2\neq 0\\0,&x^2+y^2=0\end{cases}$ 的导函数 $f_x(x,y)$, $f_y(x,y)$, 并证明：$f(x,y)$ 在 (0，0) 处可微，但 $f_x(x,y)$, $f_y(x,y)$ 在 (0，0) 处不连续.

分析 这是分段函数的求导问题和导函数在分段点处的连续性问题. 对于求导，在分段点处要用导数的定义求解，其它地方用导数的法则、公式求解；对于导函数在分段点处的连续性，用连续的定义讨论.

解 当 $x^2+y^2=0$ 时，由例 9.3.5 知 $f_x(0,0)=0$, $f_y(0,0)=0$ 且 $f(x,y)$ 在 (0，0) 处可微. 而当 $x^2+y^2\neq 0$ 时，$f_x(x,y)=y\sin\dfrac{1}{x^2+y^2}+xy\cos\dfrac{1}{x^2+y^2}\cdot\dfrac{-2x}{(x^2+y^2)^2}=y\sin\dfrac{1}{x^2+y^2}-\dfrac{2x^2y}{(x^2+y^2)^2}\cos\dfrac{1}{x^2+y^2}$；由于 $\lim\limits_{(x,y)\to(0,0)}y\sin\dfrac{1}{x^2+y^2}=0$, $\lim\limits_{(x,y)\to(0,0)}\dfrac{2x^2y}{(x^2+y^2)^2}\cos\dfrac{1}{x^2+y^2}$ 不存在，故 $\lim\limits_{(x,y)\to(0,0)}f_x(x,y)$ 不存在，从而导函数

$$f_x(x,y)=\begin{cases}y\sin\dfrac{1}{x^2+y^2}-\dfrac{2x^2y}{(x^2+y^2)^2}\cos\dfrac{1}{x^2+y^2},&x^2+y^2\neq 0\\0,&x^2+y^2\neq 0\end{cases}$$

在 (0，0) 处不连续；类似地，导函数

$$f_y(x,y)=\begin{cases}x\sin\dfrac{1}{x^2+y^2}-\dfrac{2xy^2}{(x^2+y^2)^2}\cos\dfrac{1}{x^2+y^2},&x^2+y^2\neq 0\\0,&x^2+y^2\neq 0\end{cases}$$

在 (0，0) 处不连续.

思考 若 $f(x,y)=\begin{cases}xy\cos\dfrac{1}{x^2+y^2},&x^2+y^2\neq 0\\0,&x^2+y^2=0\end{cases}$，结果如何？

第五节 多元复合函数求导法则

一、教学目标

了解多元复合函数求导法则的条件和证明，掌握三种形式的多元复合函数的求导法则. 了解多元函数全微分形式的不变性，会用全微分形式的不变性解题.

二、考点题型

全导数与偏导数的求解*——多元复合函数求导法则和全微分形式的不变性；隐函数偏导数的求解*.

三、例题分析

例 9.5.1　设 $z=\dfrac{uv}{u^2-v^2}+\tan 2t$，其中 $u=\mathrm{e}^t\cos t$，$v=\mathrm{e}^t\sin t$，求 $\dfrac{\mathrm{d}z}{\mathrm{d}t}$.

分析　该函数可以看成是三元函数 $z=f(u,v,t)=\dfrac{uv}{u^2-v^2}+\tan 2t$ 与一元函数 $u=\mathrm{e}^t\cos t$，$v=\mathrm{e}^t\sin t$，$t=t$ 的复合函数，因此可以根据全导数公式求解. 注意 $z=f(u,v,t)$ 中的变量 t 就是复合函数 $z(t)$ 的变量，此时 z 到 t 的路径是直接的，它在此条路径的导数就是 z 对 t 的偏导数.

解　z 对 t 的复合关系如图 9.4 所示，

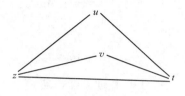

图 9.4

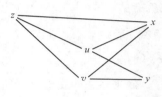

图 9.5

于是由全导数公式，有

$$\frac{\mathrm{d}z}{\mathrm{d}t}=\frac{\partial z}{\partial u}\frac{\mathrm{d}u}{\mathrm{d}t}+\frac{\partial z}{\partial v}\frac{\mathrm{d}v}{\mathrm{d}t}+\frac{\partial z}{\partial t}$$

$$=v\cdot\frac{(u^2-v^2)-2u^2}{(u^2-v^2)^2}\cdot\mathrm{e}^t(\cos t-\sin t)+u\cdot\frac{(u^2-v^2)+2v^2}{(u^2-v^2)^2}\cdot\mathrm{e}^t(\cos t+\sin t)-2\sec^2 2t$$

$$=\frac{u^2+v^2}{(u^2-v^2)^2}\cdot\mathrm{e}^t\left[-v(\cos t-\sin t)+u(\cos t+\sin t)\right]-2\sec^2 2t$$

$$=\frac{\mathrm{e}^{2t}}{\mathrm{e}^{4t}\cos^2 2t}\cdot\mathrm{e}^{2t}\left[-\sin t(\cos t-\sin t)+\cos t(\cos t+\sin t)\right]-2\sec^2 2t$$

$$=\sec^2 2t-2\sec^2 2t=-\sec^2 2t.$$

思考　若 $z=\dfrac{uv}{u^2+v^2}+\tan 2t$，结果如何？$z=\dfrac{u+v}{u^2-v^2}+\tan 2t$ 或 $z=\dfrac{u+v}{u^2+v^2}+\tan 2t$ 呢？

例 9.5.2　设 $z=uv+vw+wu$，$u=xy$，$v=\dfrac{y}{x}$，$w=x-y$，求 $\dfrac{\partial z}{\partial x}$，$\dfrac{\partial z}{\partial y}$.

分析　这是三元函数与二元函数的复合函数，可直接利用复合函数求导法则求解.

解　函数 z 对 x，y 的复合关系如图 9.5 所示.

$$\frac{\partial z}{\partial x}=\frac{\partial z}{\partial u}\frac{\partial u}{\partial x}+\frac{\partial z}{\partial v}\frac{\partial v}{\partial x}+\frac{\partial z}{\partial w}\frac{\partial w}{\partial x}=(v+w)\cdot y+(u+w)\cdot\left(-\frac{y}{x^2}\right)+(u+v)\cdot 1$$

$$=\left(\frac{y}{x}+x-y\right)\cdot y+(xy+x-y)\cdot\left(-\frac{y}{x^2}\right)+\left(xy+\frac{y}{x}\right)=2xy-y^2+\frac{y}{x^2};$$

$$\frac{\partial z}{\partial x}=\frac{\partial z}{\partial u}\frac{\partial u}{\partial y}+\frac{\partial z}{\partial v}\frac{\partial v}{\partial y}+\frac{\partial z}{\partial w}\frac{\partial w}{\partial y}=(v+w)\cdot x+(u+w)\cdot\frac{1}{x}+(u+v)\cdot(-1)$$

$$=\left(\frac{y}{x}+x-y\right)\cdot x+(xy+x-y)\cdot\frac{1}{x}-\left(xy+\frac{y}{x}\right)=x^2-2xy+2y-\frac{2y}{x}+1.$$

思考 （i）若其中 $w=x^y$ 或 $w=y^x$，结果如何？（ii）若其中 $z=u^v+v^w+w^u$，结果又如何？（iii）求以上各题的二阶偏导数 $\frac{\partial^2 z}{\partial x^2}$，$\frac{\partial^2 z}{\partial y^2}$.

例 9.5.3 设 $z=(x^2+y^2)^{xy}$，求 $\frac{\partial z}{\partial x}$，$\frac{\partial z}{\partial y}$.

分析 该题未给出复合关系，先确定一个容易求偏导的复合关系，再利用复合函数求导公式求解.

解 令 $u=x^2+y^2$，$v=xy$，则 $z=u^v$. 由于

$$\frac{\partial z}{\partial u}=vu^{v-1}，\frac{\partial z}{\partial v}=u^v\ln u；\frac{\partial u}{\partial x}=2x，\frac{\partial u}{\partial y}=2y；\frac{\partial v}{\partial x}=y，\frac{\partial v}{\partial y}=x，$$

所以 $\frac{\partial z}{\partial x}=\frac{\partial z}{\partial u}\frac{\partial u}{\partial x}+\frac{\partial z}{\partial v}\frac{\partial v}{\partial x}=vu^{v-1}\cdot 2x+u^v\ln u\cdot y=(x^2+y^2)^{xy-1}[2x^2y+y(x^2+y^2)\ln(x^2+y^2)]$；

$\frac{\partial z}{\partial y}=\frac{\partial z}{\partial u}\frac{\partial u}{\partial y}+\frac{\partial z}{\partial v}\frac{\partial v}{\partial y}=vu^{v-1}\cdot 2y+u^v\ln u\cdot x=(x^2+y^2)^{xy-1}[2xy^2+x(x^2+y^2)\ln(x^2+y^2)]$.

思考 若 $z=(x^2+y^2)^{y/x}$，结果如何？为 $z=(x^2+y^2)^{x/y}$ 呢？

例 9.5.4 设 $u=f(x,xy,xyz)$，f 是可微函数，求 $\frac{\partial u}{\partial x}$，$\frac{\partial u}{\partial y}$，$\frac{\partial u}{\partial z}$ 及 $\mathrm{d}u$.

分析 该题未给出中间变量，但中间变量比较显然. 先引进中间变量，明确复合关系，再利用复合函数求导公式求解，但利用全微分形式的不变性求解可能更容易. 注意，若利用带下标的偏导记号，可以使求解过程更简便.

解 把 xy，xyz 看成中间变量，利用带下标的偏导记号，函数两边求微分并整理得

$$\begin{aligned}
\mathrm{d}u&=\mathrm{d}f(x,xy,xyz)=f_1'\cdot\mathrm{d}x+f_2'\cdot\mathrm{d}(xy)+f_3'\cdot\mathrm{d}(xyz)\\
&=f_1'\cdot\mathrm{d}x+f_2'\cdot(y\mathrm{d}x+x\mathrm{d}y)+f_3'\cdot(yz\mathrm{d}x+zx\mathrm{d}y+xy\mathrm{d}z)\\
&=(f_1'+yf_2'+yzf_3')\mathrm{d}x+(xf_2'+zxf_3')\mathrm{d}y+xyf_3'\mathrm{d}z，
\end{aligned}$$

于是 $\quad\frac{\partial u}{\partial x}=f_1'+yf_2'+yzf_3'，\frac{\partial u}{\partial y}=xf_2'+zxf_3'，\frac{\partial u}{\partial z}=xyf_3'$.

思考 （i）若 $u=f(x,xy^2,xy^2z^3)$，结果如何？；（ii）利用复合函数求导公式求解以上两题.

例 9.5.5 设 $z=f(u,v)$，$u=x^2-y^2$，$v=xy$，其中 f 具有二阶连续偏导数，求 $\frac{\partial^2 z}{\partial x^2}$，$\frac{\partial^2 z}{\partial x\partial y}$.

分析 这是抽象复合函数的高阶导数问题，应注意抽象复合函数的各阶导数，仍然是原中间变量的复合函数. 因此，根据函数的某阶偏导数求高一阶偏导数时，仍要用复合函数求导公式，否则，会产生漏项的错误.

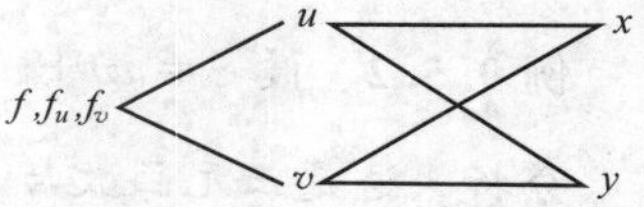

图 9.6

解 $f(u,v)$，$f_u(u,v)$，$f_v(u,v)$ 的复合关系如图 9.6 所示：

于是 $\frac{\partial z}{\partial x}=\frac{\partial f}{\partial u}\frac{\partial u}{\partial x}+\frac{\partial f}{\partial v}\frac{\partial v}{\partial x}=2xf_u+yf_v$，

$$\frac{\partial^2 z}{\partial x^2}=\frac{\partial}{\partial x}\left(\frac{\partial z}{\partial x}\right)=\frac{\partial}{\partial x}(2xf_u+yf_v)=2f_u+2x\frac{\partial}{\partial x}(f_u)+y\frac{\partial}{\partial x}(f_v)$$

$$=2f_u+2x\left(f_{uu}\frac{\partial u}{\partial x}+f_{uv}\frac{\partial v}{\partial x}\right)+y\left(f_{vu}\frac{\partial u}{\partial x}+f_{vv}\frac{\partial v}{\partial x}\right)$$

$$=2f_u+2x(2xf_{uu}+yf_{uv})+y(2xf_{uv}+yf_{vv})=2f_u+4x^2f_{uu}+4xyf_{uv}+y^2f_{vv},$$

$$\frac{\partial^2 z}{\partial x\partial y}=\frac{\partial}{\partial y}\left(\frac{\partial z}{\partial x}\right)=\frac{\partial}{\partial y}(2xf_u+yf_v)=2x\frac{\partial}{\partial y}(f_u)+f_v+y\frac{\partial}{\partial y}(f_v)$$

$$=f_v+2x\left(f_{uu}\frac{\partial u}{\partial y}+f_{uv}\frac{\partial v}{\partial y}\right)+y\left(f_{vu}\frac{\partial u}{\partial y}+f_{vv}\frac{\partial v}{\partial y}\right)$$

$$=f_v+2x(-2yf_{uu}+xf_{uv})+y(-2yf_{uv}+xf_{vv})=f_v-4xyf_{uu}+2(x^2-y^2)f_{uv}+xyf_{vv}.$$

思考　(i) 若 $u=xy$，$v=x^2-y^2$ 或 $u=x^2-y^2$，$v=\frac{y}{x}$ 或 $u=x^2-y^2$，$v=\frac{x}{y}$ 或 $u=x^2+y^2$，$v=\frac{y}{x}$，结果如何？(ii) 若其中 f 仅具有二阶偏导数，以上各题结果如何？(iii) 求以上各题的二阶偏导数 $\frac{\partial^2 z}{\partial y^2}$.

例 9.5.6　设 $u=xy$，$v=\frac{x}{y}$，把方程 $x\frac{\partial z}{\partial x}-y\frac{\partial z}{\partial y}=1$ 变换成关于变量 u，v 的方程.

分析　这里 $u=xy$，$v=\frac{x}{y}$ 均为 x，y 的二元函数，而方程 $x\frac{\partial z}{\partial x}-y\frac{\partial z}{\partial y}=1$ 中 z 是 x，y 的二元函数. 把 z 看成是 u，v 的函数，利用复合函数求导公式，就可以求出并消除 $\frac{\partial z}{\partial x}$，$\frac{\partial z}{\partial y}$.

解　把 z 看成是由 $z=z(u,v)$ 和 $u=xy$，$v=\frac{x}{y}$ 复合而成的函数，根据复合函数求导法则得

$$\frac{\partial z}{\partial x}=\frac{\partial z}{\partial u}\frac{\partial u}{\partial x}+\frac{\partial z}{\partial v}\frac{\partial v}{\partial x}=y\frac{\partial z}{\partial u}+\frac{1}{y}\frac{\partial z}{\partial v},\frac{\partial z}{\partial y}=\frac{\partial z}{\partial u}\frac{\partial u}{\partial y}+\frac{\partial z}{\partial v}\frac{\partial v}{\partial y}=x\frac{\partial z}{\partial u}-\frac{x}{y^2}\frac{\partial z}{\partial v},$$

于是　$$x\frac{\partial z}{\partial x}-y\frac{\partial z}{\partial y}=x\left(y\frac{\partial z}{\partial u}+\frac{1}{y}\frac{\partial z}{\partial v}\right)-y\left(x\frac{\partial z}{\partial u}-\frac{x}{y^2}\frac{\partial z}{\partial v}\right)=\frac{2x}{y}\frac{\partial z}{\partial v}=2v\frac{\partial z}{\partial v},$$

故原方程化为 $2v\frac{\partial z}{\partial v}=1$.

思考　(i) 若 $u=xy$，$v=\frac{y}{x}$，结果如何？(ii) 设 $u=x+y$，$v=x-y$，把方程 $\frac{\partial z}{\partial x}-\frac{\partial z}{\partial y}=1$ 变换成关于变量 u，v 的方程.

第六节　隐函数求导公式

一、教学目标

知道单个方程所确定的隐函数存在的前提条件，掌握隐函数求导公式及其推导方法. 知道方程组所确定的隐函数存在的前提条件，了解隐函数求导公式的推导方法并能用该方法和求导公式解题.

二、考点题型

全导数与偏导数的求解*——二元复合函数求导法则和全微分形式的不变性的运用；隐函数偏导数的求解*.

三、例题分析

例 9.6.1   设 $x+2y+3z=e^{-x-2y-3z}$，求 $\dfrac{\partial z}{\partial x}+\dfrac{\partial z}{\partial y}$.

分析   这里 $z=z(x,y)$ 是方程所确定的隐函数. 现用隐函数求导法（即隐函数求导公式推导的方法）求解. 先将 z 看成是 x，y 的函数，根据导数的四则运算性质和复合函数求导法，方程两边对 x（或 y）求导，得到偏导数 $\dfrac{\partial z}{\partial x}\left(\text{或}\dfrac{\partial z}{\partial y}\right)$ 的方程；再把偏导当未知数，求出偏导数.

解   方程两边分别对 x，y 分别求偏导得

$$1+3\frac{\partial z}{\partial x}=e^{-x-2y-3z}\left(-1-3\frac{\partial z}{\partial x}\right),\ 2+3\frac{\partial z}{\partial y}=e^{-x-2y-3z}\left(-2-3\frac{\partial z}{\partial y}\right)$$

于是 $\dfrac{\partial z}{\partial y}=-\dfrac{1}{3}$，$\dfrac{\partial z}{\partial y}=-\dfrac{2}{3}$，故 $\dfrac{\partial z}{\partial x}+\dfrac{\partial z}{\partial y}=-1$.

思考   (i) 若求 $\dfrac{\partial x}{\partial y}+\dfrac{\partial x}{\partial z}$，结果如何？求 $\dfrac{\partial y}{\partial x}+\dfrac{\partial y}{\partial z}$ 呢？(ii) 采用公式法和全微分法求解以上各题.

例 9.6.2   设 $xy+2yz+3zx=1$，求 $\dfrac{\partial z}{\partial x}$，$\dfrac{\partial z}{\partial y}$ 及 $\mathrm{d}z$.

分析   这里 $z=z(x,y)$ 是方程所确定的隐函数. 利用微分法求解，既可以直接得出函数的微分，也可以根据微分形式的不变性得出偏导数. 微分法即先求方程两边的微分，得出一个关于函数和自变量微分的方程；再把函数的微分当未知数求解出来，即得函数的微分，而各自变量微分的系数，就是函数对该自变量的导数.

解   方程的两边求微分，得 $d(xy)+2d(yz)+3d(zx)=d(1)$，即

$$ydx+xdy+2(zdy+ydz)+3(xdz+zdx)=0,$$
$$(2y+3x)dz=-(y+3z)dx-(x+2z)dy,$$

所以 $dz=-\dfrac{y+3z}{3x+2y}dx-\dfrac{x+2z}{3x+2y}dy$，$\dfrac{\partial z}{\partial x}=-\dfrac{y+3z}{3x+2y}$，$\dfrac{\partial z}{\partial y}=-\dfrac{x+2z}{3x+2y}$.

思考   若 $x=x(y,z)$ 和 $y=y(z,x)$ 分别是由方程 $xy+2yz+3zx=1$ 所确定的隐函数，求这两个隐函数的偏导数与全微分.

例 9.6.3   用公式法求方程 $x^2+y^2+z^2=y\varphi\left(\dfrac{z}{y}\right)$ 所确定的隐函数 $z=z(x,y)$ 的偏导数 $\dfrac{\partial z}{\partial x}$，$\dfrac{\partial z}{\partial y}$，其中 φ 是可导函数.

分析   把所有非零的项移到方程的一边，得出公式法中所需要的三元函数 $F(x,y,z)$，再求该函数对各个变量的偏导数，最后代入偏导数公式并化简即可. 注意，不要漏掉偏导数公式中负号，并防止公式中分子分母倒置.

解   把所有非零的项移到方程的左边，令

$$F(x,y,z)=x^2+y^2+z^2-y\varphi\left(\frac{z}{y}\right),$$

于是

$$F_x=2x,\ F_y=2y-\varphi-y\varphi'\cdot\left(-\frac{z}{y^2}\right)=2y-\varphi+\frac{z}{y}\varphi',\ F_z=2z-y\varphi'\cdot\frac{1}{y}=2z-\varphi',$$

代入偏导数公式，得

$$\frac{\partial z}{\partial x}=-\frac{F_x}{F_z}=-\frac{2x}{2z-\varphi'},\quad \frac{\partial z}{\partial y}=-\frac{F_y}{F_z}=-\frac{2y-\varphi+\frac{z}{y}\varphi'}{2z-\varphi'}=-\frac{2y^2-y\varphi+z\varphi'}{(2z-\varphi')y}.$$

思考　(i) 若 $x^2+y^2+z^2=x\varphi\left(\frac{z}{x}\right)$ 或 $x^2+y^2+z^2=y\varphi\left(\frac{z}{x}\right)$ 或 $x^2+y^2+z^2=x\varphi\left(\frac{z}{y}\right)$，结果如何？(ii) 分别求以上方程所确定的隐函数 $x=x(y,z)$ 和 $y=y(z,x)$ 的偏导数 $\dfrac{\partial x}{\partial y},\dfrac{\partial x}{\partial z}$ 和 $\dfrac{\partial y}{\partial z},\dfrac{\partial y}{\partial x}$；(iii) 用复合函数求导法和全微分法求解以上各题.

例 9.6.4　设函数 $y=y(x),z=z(x)$ 是由方程组 $\begin{cases}x+2y-z=3\\x^2-y+2z=0\end{cases}$ 所确定的函数，求 $\dfrac{\mathrm{d}y}{\mathrm{d}x},\ \dfrac{\mathrm{d}z}{\mathrm{d}x}$.

分析　在每个方程中，分别将 y,z 看成是 x 的函数 $y=y(x),z=z(x)$，对自变量求导数，得关于这两个函数导数的二元方程组；再求解方程组，得出每个函数的导数.

解　方程组中各方程的两边分别对 x 求导，得

$$\begin{cases}1+2\dfrac{\mathrm{d}y}{\mathrm{d}x}-\dfrac{\mathrm{d}z}{\mathrm{d}x}=0\\2x-\dfrac{\mathrm{d}y}{\mathrm{d}x}+2\dfrac{\mathrm{d}z}{\mathrm{d}x}=0\end{cases}\Rightarrow\begin{cases}2\dfrac{\mathrm{d}y}{\mathrm{d}x}-\dfrac{\mathrm{d}z}{\mathrm{d}x}=-1\\\dfrac{\mathrm{d}y}{\mathrm{d}x}-2\dfrac{\mathrm{d}z}{\mathrm{d}x}=2x\end{cases},$$

于是 $\dfrac{\mathrm{d}y}{\mathrm{d}x}=\begin{vmatrix}-1&-1\\2x&-2\end{vmatrix}\Big/\begin{vmatrix}2&-1\\1&-2\end{vmatrix}=-\dfrac{2}{3}(1+x),\ \dfrac{\mathrm{d}z}{\mathrm{d}x}=\begin{vmatrix}2&-1\\1&2x\end{vmatrix}\Big/\begin{vmatrix}2&-1\\1&-2\end{vmatrix}=-\dfrac{1}{3}(1+4x).$

思考　若函数 $z=z(y),\ x=x(y)$ 或 $x=x(z),\ y=y(z)$ 是由方程组 $\begin{cases}x+2y-z=3\\x^2-y+2z=0\end{cases}$ 所确定的函数，求 $\dfrac{\mathrm{d}z}{\mathrm{d}y},\dfrac{\mathrm{d}x}{\mathrm{d}y}$ 或 $\dfrac{\mathrm{d}x}{\mathrm{d}z},\dfrac{\mathrm{d}y}{\mathrm{d}z}$.

例 9.6.5　设 $\begin{cases}u+v-x^2y=1\\u^2+v^2+x^2+y^2=2\end{cases}$，求 $\dfrac{\partial u}{\partial x},\ \dfrac{\partial v}{\partial x}$ 和 $\dfrac{\partial u}{\partial y},\ \dfrac{\partial v}{\partial y}$.

分析　这里 $u=u(x,y),v=v(x,y)$ 是方程组所确定的隐函数. 因为是求两函数对同一变量的偏导数，故利用上题类似的方法求解即可，但应注意 u,v 是二元函数，要用偏导数的符号.

解　方程组中两方程两边分别对 x 求偏导数，得

$$\begin{cases}\dfrac{\partial u}{\partial x}+\dfrac{\partial v}{\partial x}-2xy=0\\2u\dfrac{\partial u}{\partial x}+2v\dfrac{\partial v}{\partial x}+2x=0\end{cases}\Rightarrow\begin{cases}\dfrac{\partial u}{\partial x}+\dfrac{\partial v}{\partial x}=2xy\\u\dfrac{\partial u}{\partial x}+v\dfrac{\partial v}{\partial x}=-x\end{cases}\Rightarrow\begin{cases}\dfrac{\partial u}{\partial x}=-\dfrac{x(1+2yv)}{u-v}\\\dfrac{\partial v}{\partial x}=\dfrac{x(1+2yu)}{u-v}\end{cases}.$$

又方程组中两方程两边分别对 y 求偏导数，得

$$\begin{cases}\dfrac{\partial u}{\partial y}+\dfrac{\partial v}{\partial y}-x^2=0\\2u\dfrac{\partial u}{\partial y}+2v\dfrac{\partial v}{\partial y}+2y=0\end{cases}\Rightarrow\begin{cases}\dfrac{\partial u}{\partial y}+\dfrac{\partial v}{\partial y}=x^2\\u\dfrac{\partial u}{\partial y}+v\dfrac{\partial v}{\partial y}=-y\end{cases}\Rightarrow\begin{cases}\dfrac{\partial u}{\partial y}=-\dfrac{x^2v+y}{u-v}\\\dfrac{\partial v}{\partial y}=\dfrac{x^2u+y}{u-v}\end{cases}.$$

思考 若 $\begin{cases} u+v+xy(x-y)=1 \\ u^2+v^2+x^2+y^2=2 \end{cases}$ 或 $\begin{cases} u+v+x^2y=1 \\ u^2+v^2+x^2+y^2=2 \end{cases}$ 或 $\begin{cases} u+v-xy^2=1 \\ u^2+v^2+x^2+y^2=2 \end{cases}$，结果如何？

例 9.6.6 设 $z=z(x,y)$ 是由方程 $z^3-2xz+y=0$ 所确定的函数，求 $\dfrac{\partial^2 z}{\partial x \partial y}$.

分析 先用公式法、复合函数求导方法或全微分法，求出函数的一阶偏导数；再求二阶导数. 注意，求二阶偏导数时，涉及商的求导和复合函数的求导，其中 z 的表达式都是 x，y 的二元函数.

解 方程两边分别对 x 求导，得 $3z^2\dfrac{\partial z}{\partial x}-2z-2x\dfrac{\partial z}{\partial x}=0 \Rightarrow \dfrac{\partial z}{\partial x}=\dfrac{2z}{3z^2-2x}$，同理 $\dfrac{\partial z}{\partial y}=$

$-\dfrac{1}{3z^2-2x}$. 于是 $\dfrac{\partial^2 z}{\partial x \partial y}=\dfrac{\partial}{\partial y}\left(\dfrac{2z}{3z^2-2x}\right)=2\cdot\dfrac{(3z^2-2x)\dfrac{\partial z}{\partial y}-z\cdot 6z\dfrac{\partial z}{\partial y}}{(3z^2-2x)^2}=2\cdot\dfrac{(-3z^2-2x)\dfrac{\partial z}{\partial y}}{(3z^2-2x)^2}=$

$2\cdot\dfrac{(-3z^2-2x)\cdot(-\dfrac{1}{3z^2-2x})}{(3z^2-2x)^2}=\dfrac{2(3z^2+2x)}{(3z^2-2x)^3}$.

思考 (i) 求 $\dfrac{\partial^2 z}{\partial x^2}$ 和 $\dfrac{\partial^2 z}{\partial y^2}$；(ii) 若 $x=x(y,z)$ 是由方程 $z^3-2xz+y=0$ 所确定的函数，求 $\dfrac{\partial^2 x}{\partial y^2}$，$\dfrac{\partial^2 x}{\partial z^2}$ 和 $\dfrac{\partial^2 x}{\partial y \partial z}$.

第七节 习题课二

例 9.7.1 设函数 $z=f(x,y)$ 在点 $(1,1)$ 处可微，且 $f(1,1)=1$，$f'_1(1,1)=2$，$f'_2(1,1)=3$，$\varphi(x)=f[x,f(x,x)]$，求 $\dfrac{\mathrm{d}}{\mathrm{d}x}\varphi^3(x)\Big|_{x=1}$.

分析 该函数可以看成是五个函数 $u=[\varphi(x)]^3$，$\varphi(x)=f(x,v)$，$v=f(s,t)$，$s=x$，$t=x$ 的复合函数，求该函数的导数既要用到幂函数导数公式，也要用到全导数公式，即 z 对 $\varphi(x)$ 的导数用幂函数的求导公式，$\varphi(x)$ 对 x 的导数要用全导数公式.

解 令 $u=[\varphi(x)]^3$，$\varphi(x)=f(x,v)$，$v=f(s,t)$，$s=x$，$t=x$，于是由全导数公式得

$$\frac{\mathrm{d}v}{\mathrm{d}x}=f_1(s,t)+f_2(s,t)=f_1(x,x)+f_2(x,x),$$

$$\frac{\mathrm{d}}{\mathrm{d}x}\varphi(x)=f'_1(x,v)+f'_2(x,v)\cdot\frac{\mathrm{d}v}{\mathrm{d}x}=f'_1[x,f(x,x)]+f'_2[x,f(x,x)]\cdot[f_1(x,x)+f_2(x,x)]$$

所以 $\dfrac{\mathrm{d}}{\mathrm{d}x}\varphi^3(x)=3\varphi^2(x)\cdot\dfrac{\mathrm{d}}{\mathrm{d}x}\varphi(x)$

$$=3f^2[x,f(x,x)]\{f'_1[x,f(x,x)]+f'_2[x,f(x,x)]\cdot[f_1(x,x)+f_2(x,x)]\},$$

于是由 $f(1,1)=1$，$f'_1(1,1)=2$，$f'_2(1,1)=3$，得

$\dfrac{\mathrm{d}}{\mathrm{d}x}\varphi^3(x)\Big|_{x=1}=3f^2[x,f(x,x)]\{f'_1[x,f(x,x)]+f'_2[x,f(x,x)]\cdot[f_1(x,x)+f_2(x,x)]\}\Big|_{x=1}$

$=3f^2[1,f(1,1)]\{f'_1[1,f(1,1)]+f'_2[1,f(1,1)]\cdot[f_1(1,1)+f_2(1,1)]\}$

$=3f^2(1,1)\{f'_1(1,1)+f'_2(1,1)\cdot[2+3]\}=3\cdot 1^2\cdot\{2+3\cdot 5\}=51$.

思考 (i) 若 $\varphi(x)=f[f(x,x),x]$，结果如何？若 $\varphi(x)=f\{x,f[x,f(x,x)]\}$ 或

$\varphi(x)=f\{f[x,f(x,x)],x\}$ 呢?(ii) 对以上各题,求 $\dfrac{\mathrm{d}}{\mathrm{d}x}\varphi^n(x)\Big|_{x=1}$ $(n\in\mathbf{N}^+)$.

例 9.7.2 设 $z=(x^2+y^2)^{\frac{xy}{x^2-y^2}}$,求 $\dfrac{\partial z}{\partial x}$,$\dfrac{\partial z}{\partial y}$.

分析 该题未给出复合关系,先确定一个容易求偏导的复合关系,再利用复合函数求导公式求解.

解 令 $u=x^2+y^2$,$v=\dfrac{xy}{x^2-y^2}$,则 $z=u^v$,$\dfrac{\partial z}{\partial u}=vu^{v-1}$,$\dfrac{\partial z}{\partial v}=u^v\ln u$;

$$\frac{\partial u}{\partial x}=2x,\frac{\partial u}{\partial y}=2y;\frac{\partial v}{\partial x}=-\frac{(x^2+y^2)y}{(x^2-y^2)^2},\frac{\partial v}{\partial y}=\frac{x(x^2+y^2)}{(x^2-y^2)^2}.$$

所以 $\dfrac{\partial z}{\partial x}=\dfrac{\partial z}{\partial u}\dfrac{\partial u}{\partial x}+\dfrac{\partial z}{\partial v}\dfrac{\partial v}{\partial x}=2xvu^{v-1}-\dfrac{(x^2+y^2)y}{(x^2-y^2)^2}u^v\ln u$

$$=\frac{y}{x^2-y^2}(x^2+y^2)^{\frac{xy}{x^2-y^2}}\left[\frac{2x^2}{x^2+y^2}-\frac{x^2+y^2}{x^2-y^2}\ln(x^2+y^2)\right],$$

$\dfrac{\partial z}{\partial y}=\dfrac{\partial z}{\partial u}\dfrac{\partial u}{\partial y}+\dfrac{\partial z}{\partial v}\dfrac{\partial v}{\partial y}=2yvu^{v-1}+\dfrac{x(x^2+y^2)}{(x^2-y^2)^2}u^v\ln u$

$$=\frac{x}{x^2-y^2}(x^2+y^2)^{\frac{xy}{x^2-y^2}}\left[\frac{2y^2}{x^2+y^2}+\frac{x^2+y^2}{x^2-y^2}\ln(x^2+y^2)\right].$$

思考 (i) 若 $z=(x^2+y^2)^{\arctan\frac{y}{x}}$,结果如何?(ii) 用对数求导法求解以上两题.

例 9.7.3 设 $z=f\left(xy,\dfrac{y}{x}\right)+g\left(\dfrac{x}{y}\right)$,其中 f 具有二阶连续偏导数,g 具有二阶连续导数,求 $\dfrac{\partial^2 z}{\partial y^2}$,$\dfrac{\partial^2 z}{\partial x\partial y}$.

分析 这是抽象复合函数的高阶导数问题,没有明确给出复合关系.因此,除应注意抽象复合函数的各阶导数仍然是原中间变量的复合函数外,还应明确复合关系.为避免引进中间变量,可以利用带下标的偏导记号,从而简化求导的过程.

解 f,f_1',f_2' 和 g,g' 的复合关系如图 9.7 所示.

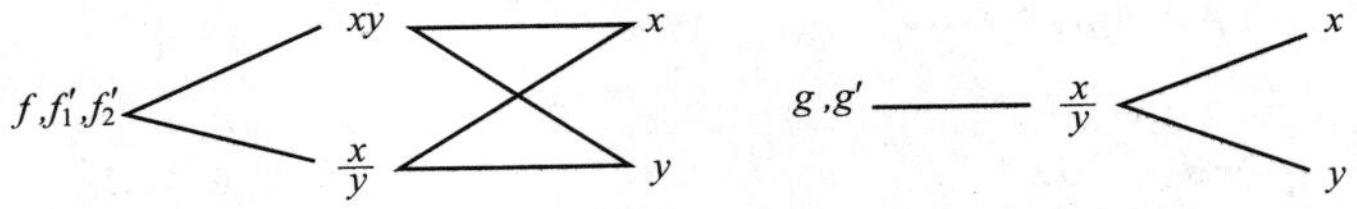

图 9.7

于是 $\dfrac{\partial z}{\partial x}=f_1'\dfrac{\partial}{\partial x}(xy)+f_2'\dfrac{\partial}{\partial x}\left(\dfrac{y}{x}\right)+g'\dfrac{\partial}{\partial x}\left(\dfrac{x}{y}\right)=yf_1'-\dfrac{y}{x^2}f_2'+\dfrac{1}{y}g'$,

$\dfrac{\partial z}{\partial y}=f_1'\dfrac{\partial}{\partial y}(xy)+f_2'\dfrac{\partial}{\partial y}\left(\dfrac{y}{x}\right)+g'\dfrac{\partial}{\partial y}\left(\dfrac{x}{y}\right)=xf_1'+\dfrac{1}{x}f_2'-\dfrac{x}{y^2}g'$;

$\dfrac{\partial^2 z}{\partial x\partial y}=\dfrac{\partial}{\partial y}\left(yf_1'-\dfrac{y}{x^2}f_2'+\dfrac{1}{y}g'\right)$

$$=f_1'-\frac{1}{x^2}f_2'-\frac{1}{y^2}g'+y\frac{\partial}{\partial y}(f_1')-\frac{y}{x^2}\frac{\partial}{\partial y}(f_2')+\frac{1}{y}g''\frac{\partial}{\partial y}\left(\frac{x}{y}\right)$$

$$=f_1'-\frac{1}{x^2}f_2'-\frac{1}{y^2}g'+y\left[f_{11}''\frac{\partial}{\partial y}(xy)+f_{12}''\frac{\partial}{\partial y}\left(\frac{y}{x}\right)\right]$$

$$-\frac{y}{x^2}\left[f''_{21}\frac{\partial}{\partial y}(xy)+f''_{22}\frac{\partial}{\partial y}\left(\frac{y}{x}\right)\right]-\frac{x}{y^3}g''$$

$$=f'_1-\frac{1}{x^2}f'_2-\frac{1}{y^2}g'+y\left(xf''_{11}+\frac{1}{x}f''_{12}\right)-\frac{y}{x^2}\left(xf''_{21}+\frac{1}{x}f''_{22}\right)-\frac{x}{y^3}g''$$

$$=f'_1-\frac{1}{x^2}f'_2-\frac{1}{y^2}g'+xyf''_{11}-\frac{y}{x^3}f''_{22}-\frac{x}{y^3}g''.$$

$$\frac{\partial^2 z}{\partial y^2}=\frac{\partial}{\partial y}\left(xf'_1+\frac{1}{x}f'_2-\frac{x}{y^2}g'\right)=x\frac{\partial}{\partial y}(f'_1)+\frac{1}{x}\frac{\partial}{\partial y}(f'_2)+\frac{2x}{y^3}g'-\frac{x}{y^2}g''\frac{\partial}{\partial y}\left(\frac{x}{y}\right)$$

$$=x\left[f''_{11}\frac{\partial}{\partial y}(xy)+f''_{12}\frac{\partial}{\partial y}\left(\frac{y}{x}\right)\right]+\frac{1}{x}\left[f''_{21}\frac{\partial}{\partial y}(xy)+f''_{22}\frac{\partial}{\partial y}\left(\frac{y}{x}\right)\right]+\frac{2x}{y^3}g'+\frac{x^2}{y^4}g''$$

$$=x\left(xf''_{11}+\frac{1}{x}f''_{12}\right)+\frac{1}{x}\left(xf''_{12}+\frac{1}{x}f''_{22}\right)+\frac{2x}{y^3}g'+\frac{x^2}{y^4}g''$$

$$=x^2 f''_{11}+2f''_{12}+\frac{1}{x^2}f''_{22}+\frac{2x}{y^3}g'+\frac{x^2}{y^4}g''.$$

思考 （i）若 $z=f\left(xy,\dfrac{x}{y}\right)+g\left(\dfrac{y}{x}\right)$，结果如何？（ii）若其中 f 具有二阶偏导数，以上各题结果如何？（iii）求以上各题的 $\dfrac{\partial^2 z}{\partial x^2}$.

例 9.7.4 证明：变换 $u=\ln\sqrt{x^2+y^2}$，$v=\arctan\dfrac{y}{x}$ 可以把方程 $(ax+by)\dfrac{\partial z}{\partial x}=(bx-ay)\dfrac{\partial z}{\partial y}$ 简化为 $a\dfrac{\partial z}{\partial u}=b\dfrac{\partial z}{\partial v}(ab\neq 0)$.

分析 要把原方程化为所要的方程，必须把其中的偏导数 $\dfrac{\partial z}{\partial x}$，$\dfrac{\partial z}{\partial y}$ 转化成目标方程中的偏导数 $\dfrac{\partial z}{\partial u}$，$\dfrac{\partial z}{\partial v}$，因此问题的关键是用 $\dfrac{\partial z}{\partial u}$，$\dfrac{\partial z}{\partial v}$ 来表示 $\dfrac{\partial z}{\partial x}$，$\dfrac{\partial z}{\partial y}$.

证明 根据复合函数的导数公式，得

$$\frac{\partial z}{\partial x}=\frac{\partial z}{\partial u}\frac{\partial u}{\partial x}+\frac{\partial z}{\partial v}\frac{\partial v}{\partial x}=\frac{\partial z}{\partial u}\frac{x}{x^2+y^2}+\frac{\partial z}{\partial v}\frac{1}{1+\left(\frac{y}{x}\right)^2}\cdot\left(-\frac{y}{x^2}\right)=\frac{x}{x^2+y^2}\frac{\partial z}{\partial u}-\frac{y}{x^2+y^2}\frac{\partial z}{\partial v},$$

$$\frac{\partial z}{\partial y}=\frac{\partial z}{\partial u}\frac{\partial u}{\partial y}+\frac{\partial z}{\partial v}\frac{\partial v}{\partial y}=\frac{\partial z}{\partial u}\frac{y}{x^2+y^2}+\frac{\partial z}{\partial v}\frac{1}{1+\left(\frac{y}{x}\right)^2}\cdot\frac{1}{x}=\frac{y}{x^2+y^2}\frac{\partial z}{\partial u}+\frac{x}{x^2+y^2}\frac{\partial z}{\partial v},$$

代入原方程中，得

$$(ax+by)\left(\frac{x}{x^2+y^2}\frac{\partial z}{\partial u}-\frac{y}{x^2+y^2}\frac{\partial z}{\partial v}\right)=(bx-ay)\left(\frac{y}{x^2+y^2}\frac{\partial z}{\partial u}+\frac{x}{x^2+y^2}\frac{\partial z}{\partial v}\right),$$

化简即得

$$a\frac{\partial z}{\partial u}=b\frac{\partial z}{\partial v}.$$

思考 （i）若 $u=\ln\sqrt{x^2+y^2}$，$v=\arctan\dfrac{x}{y}$ 或 $u=\ln(x^2+y^2)$，$v=\arctan\dfrac{y}{x}$ 或 $u=\ln(x^2+y^2)$，$v=\arctan\dfrac{x}{y}$，结论如何？（ii）若 $u=k\ln(x^2+y^2)$，$v=\arctan\dfrac{y}{x}(k\neq 0)$ 或 $u=k\ln(x^2+y^2)$，$v=\arctan\dfrac{x}{y}(k\neq 0)$ 呢？

例 9.7.5 设 $x=x(y,z)$ 是由 $\varphi(bz-cy,cx-az,ay-bx)=0$ 所确定的函数，其中 φ 具有一阶连续导数，a，b，c 为常数，且 $c\varphi_2'-b\varphi_3'\neq0$，证明：$b\dfrac{\partial x}{\partial y}+c\dfrac{\partial x}{\partial z}=a$.

分析 关键是求出等式中的两个偏导数．若用隐函数求导公式求解，应先令 $F(x,y,z)=\varphi(bz-cy,cx-az,ay-bx)$，再对 $F(x,y,z)$ 用隐函数求导公式，因为隐函数求导公式只适合变量的简单函数，而函数 $\varphi(bz-cy,cx-az,ay-bx)$ 是 x，y，z 的复合函数．

证明 令 $F(x,y,z)=\varphi(bz-cy,cx-az,ay-bx)$，则

$$\frac{\partial F}{\partial x}=c\varphi_2'-b\varphi_3',\ \frac{\partial F}{\partial y}=-c\varphi_1'+a\varphi_3',\ \frac{\partial F}{\partial z}=b\varphi_1'-a\varphi_2'.$$

于是

$$\frac{\partial x}{\partial y}=-\frac{\partial F}{\partial y}\Big/\frac{\partial F}{\partial x}=\frac{c\varphi_1'-a\varphi_3'}{c\varphi_2'-b\varphi_3'},\ \frac{\partial x}{\partial z}=-\frac{\partial F}{\partial z}\Big/\frac{\partial F}{\partial x}=-\frac{b\varphi_1'-a\varphi_2'}{c\varphi_2'-b\varphi_3'}.$$

故

$$b\frac{\partial x}{\partial y}+c\frac{\partial x}{\partial z}=b\frac{c\varphi_1'-a\varphi_3'}{c\varphi_2'-b\varphi_3'}+c\frac{a\varphi_2'-b\varphi_1'}{c\varphi_2'-b\varphi_3'}=a.$$

思考 (i) 分别用隐函数求导法和全微分法求函数 $x=x(y,z)$ 的偏导数；(ii) 若 $y=y(z,x)$ 是由 $\varphi(bz-cy,cx-az,ay-bx)=0$ 所确定的函数，写出本题类似的结论，并用以上三种方法证明该结论；若 $z=z(x,y)$ 是由 $\varphi(bz-cy,cx-az,ay-bx)=0$ 所确定的函数呢？

例 9.7.6 求方程 $F\left(z-x,z-y,\dfrac{y}{x}\right)=0$ 所确定的隐函数 $z=z(x,y)$ 的偏导数 $\dfrac{\partial z}{\partial x}$，$\dfrac{\partial z}{\partial y}$，其中 F 是可微函数．

分析 这是抽象复合函数所构成的方程所确定的隐函数的求导问题．解题时，要针对不同的求导方法，使用复合函数求导的有关知识．

解 方程两边求全微分，得

$$F_1'\cdot\mathrm{d}(z-x)+F_2'\cdot\mathrm{d}(z-y)+F_3'\cdot\mathrm{d}\left(\frac{y}{x}\right)=0,$$

即

$$F_1'\cdot(\mathrm{d}z-\mathrm{d}x)+F_2'\cdot(\mathrm{d}z-\mathrm{d}y)+F_3'\cdot\frac{x\,\mathrm{d}y-y\,\mathrm{d}x}{x^2}=0,$$

解出函数 z 的微分，得

$$\mathrm{d}z=\frac{x^2F_1'+yF_3'}{x^2(F_1'+F_2')}\mathrm{d}x+\frac{xF_2'-F_3'}{x(F_1'+F_2')}\mathrm{d}y,$$

于是由微分形式的不变性，有

$$\frac{\partial z}{\partial x}=\frac{x^2F_1'+yF_3'}{x^2(F_1'+F_2')},\ \frac{\partial z}{\partial y}=\frac{xF_2'-F_3'}{x(F_1'+F_2')}.$$

思考 (i) 求该方程所确定的隐函数 $x=x(y,z)$ [或 $y=y(z,x)$] 的偏导数 $\dfrac{\partial x}{\partial y}$，$\dfrac{\partial x}{\partial z}$ $\left(\text{或 }\dfrac{\partial y}{\partial z},\ \dfrac{\partial y}{\partial x}\right)$；(ii) 分别用公式法和复合函数求导法求解以上各题．

例 9.7.7 设 $z=z(x,y)$ 是由 $z=f(y-x,z-y)$ 所确定的隐函数，其中 f 具有二阶连续导数且 $f_2\neq1$，求 $\dfrac{\partial^2 z}{\partial x^2}$.

分析 这是含抽象复合函数的方程所确定的隐函数求导问题．要综合使用隐函数求导法和复合函数求导法．注意，求二阶导数时，对一阶求偏导数后所得到的方程的两边直接求偏

导,可以避免使用商的求导法则.

解 方程两边对 x 求偏导数得 $\dfrac{\partial z}{\partial x}=-f_1'+f_2'\dfrac{\partial z}{\partial x}$,于是 $\dfrac{\partial z}{\partial x}=-\dfrac{f_1'}{1-f_2'}$. 式 $\dfrac{\partial z}{\partial x}=-f_1'+f_2'\dfrac{\partial z}{\partial x}$ 两边再对 x 求偏导数,得

$$\frac{\partial^2 z}{\partial x^2}=-f_{11}''\cdot(-1)-f_{12}''\frac{\partial z}{\partial x}-f_{21}''\frac{\partial z}{\partial x}+f_{22}''\left(\frac{\partial z}{\partial x}\right)^2+f_2'\frac{\partial^2 z}{\partial x^2},$$

于是 $\quad (1-f_2')\dfrac{\partial^2 z}{\partial x^2}=f_{11}''-2f_{12}''\dfrac{\partial z}{\partial x}+f_{22}''\left(\dfrac{\partial z}{\partial x}\right)^2=f_{11}''+\dfrac{2f_1'}{1-f_2'}f_{12}''+f_{22}''\left(-\dfrac{f_1'}{1-f_2'}\right)^2$

所以 $\qquad\qquad \dfrac{\partial^2 z}{\partial x^2}=\dfrac{(1-f')^2 f_{11}''+2(1-f_2')f_1'f_{12}''+(f_1')^2 f_{22}''}{(1-f_2')^3}.$

思考 (i) 求 $\dfrac{\partial^2 z}{\partial x\partial y}$, $\dfrac{\partial^2 z}{\partial y^2}$;(ii) 设 $y=y(x,z)$ 是由 $z=f(y-x,z-y)$ 所确定的隐函数,求 $\dfrac{\partial^2 y}{\partial x^2}$, $\dfrac{\partial^2 y}{\partial x\partial z}$, $\dfrac{\partial^2 y}{\partial z^2}$.

例 9.7.8 用复合函数求导法求方程 $\begin{cases}\sin(x+y)=\mathrm{e}^u+u\sin v\\ \sin(x-y)=\mathrm{e}^u-u\cos v\end{cases}$ 所确定的隐函数 $u=u(x,y)$, $v=v(x,y)$ 的偏导数 $\dfrac{\partial u}{\partial x}$, $\dfrac{\partial u}{\partial y}$;$\dfrac{\partial v}{\partial x}$, $\dfrac{\partial v}{\partial y}$.

分析 把方程组中的变量 u, v 看成是变量 x, y 的函数,用复合函数法对方程组中两方程两边求偏导数,得到关于这两个偏导数的一个方程组,从中解出这两个偏导数即可.求导时切记 u, v 都是 x, y 的函数,否则会产生漏项的错误.

解 把 u, v 看成是 x, y 的函数,方程组中两方程两边分别对 x 求偏导,得

$$\begin{cases}\cos(x+y)\dfrac{\partial}{\partial x}(x+y)=\mathrm{e}^u\dfrac{\partial u}{\partial x}+\sin v\dfrac{\partial u}{\partial x}+u\cos v\dfrac{\partial v}{\partial x}\\ \sin(x-y)\dfrac{\partial}{\partial x}(x-y)=\mathrm{e}^u\dfrac{\partial u}{\partial x}-\cos v\dfrac{\partial u}{\partial x}+u\sin v\dfrac{\partial v}{\partial x}\end{cases},$$

即 $\qquad\begin{cases}(\mathrm{e}^u+\sin v)\dfrac{\partial u}{\partial x}+u\cos v\dfrac{\partial v}{\partial x}=\cos(x+y)\\ (\mathrm{e}^u-\cos v)\dfrac{\partial u}{\partial x}+u\sin v\dfrac{\partial v}{\partial x}=\sin(x-y)\end{cases},$

于是由克兰姆法则,得

$$\frac{\partial u}{\partial x}=\frac{\begin{vmatrix}\cos(x+y)&u\cos v\\ \sin(x-y)&u\sin v\end{vmatrix}}{\begin{vmatrix}\mathrm{e}^u+\sin v&u\cos v\\ \mathrm{e}^u-\cos v&u\sin v\end{vmatrix}},\quad \frac{\partial v}{\partial x}=\frac{\begin{vmatrix}\mathrm{e}^u+\sin v&\cos(x+y)\\ \mathrm{e}^u-\cos v&\sin(x-y)\end{vmatrix}}{\begin{vmatrix}\mathrm{e}^u+\sin v&u\cos v\\ \mathrm{e}^u-\cos v&u\sin v\end{vmatrix}},$$

即 $\qquad\qquad \dfrac{\partial u}{\partial x}=\dfrac{\sin v\cos(x+y)-\cos v\sin(x-y)}{\mathrm{e}^u(\sin v-\cos v)+1}$,

$$\frac{\partial v}{\partial x}=\frac{\sin v\sin(x-y)+\cos v\cos(x+y)+\mathrm{e}^u[\sin(x-y)-\cos(x+y)]}{u[\mathrm{e}^u(\sin v-\cos v)+1]};$$

类似地 $\qquad\qquad \dfrac{\partial u}{\partial y}=\dfrac{\sin v\cos(x+y)+\cos v\sin(x-y)}{\mathrm{e}^u(\sin v-\cos v)+1}$,

$$\frac{\partial v}{\partial y}=\frac{\cos v\cos(x+y)-\sin v\sin(x-y)-\mathrm{e}^u[\sin(x-y)+\cos(x+y)]}{u[\mathrm{e}^u(\sin v-\cos v)+1]}.$$

思考 (i) 若 $\begin{cases}\sin(x-y)=e^u+u\sin v\\\sin(x+y)=e^u-u\cos v\end{cases}$ 或 $\begin{cases}\sin(x+y)=e^{-2u}+u\sin v\\\sin(x-y)=e^{-2u}-u\cos v\end{cases}$，结果如何？ 若 $\begin{cases}\sin(x-y)=e^{-2u}+u\sin v\\\sin(x+y)=e^{-2u}-u\cos v\end{cases}$ 呢？，（ii）求以上各方程组所确定的隐函数 $x=x(u,v)$，$y=y(u,v)$ 的偏导数 $\dfrac{\partial x}{\partial u}$，$\dfrac{\partial x}{\partial v}$；$\dfrac{\partial y}{\partial u}$，$\dfrac{\partial y}{\partial v}$；（iii）用全微分法求解以上各题．

第八节　多元函数微分学的几何应用

一、教学目标

了解空间曲线的切线与法平面的基本概念，掌握切线与法平面的求法．了解空间曲面的切平面与法线的基本概念，掌握切平面与法线的求法．了解全微分的几何意义．

二、考点题型

空间曲线切线方程和法平面方程的求解＊；曲面切平面方程和法线方程的求解＊．

三、例题分析

例 9.8.1 求曲线 $x=e^t\cos t$，$y=e^t\sin t$，$z=e^t$ 当 $t=0$ 时的切线和法平面的方程．

分析 关键是求切点和切向量，都可以根据参数的值求出．

解 因为 $x(0)=1$，$y(0)=0$，$z(0)=1$，所以切点的坐标为 $(1,0,1)$；切向量
$$\boldsymbol{T}=(x'(0),y'(0),z'(0))=(e^t(\cos t-\sin t),e^t(\sin t+\cos t),e^t)|_{t=0}=(1,1,1).$$
故切线的方程为 $x-1=y=z-1$；法平面的方程为 $(x-1)+(y-0)+(z-1)=0$，即 $x+y+z=2$.

思考 若求曲线当 $t=\pi$ 时的切线和法平面方程，结果如何？当 $t=\pi/2$ 时的呢？

例 9.8.2 求曲线 $y^2=2mx$，$z^2=m-2x$ 在点 $(2,-1,1)$ 处的切线和法平面的方程．

分析 曲线是两曲面的交线，但若把 x 视为参数，则两曲面的方程都可以看成是 x 的隐函数，从而用曲线的参数方程来求切向量．

解 曲面方程 $y^2=2mx$ 和 $z^2=m-2x$ 两边分别对 x 求导，得 $2yy_x=2m$ 和 $2zz_x=-2$，即 $y_x=m/y$ 和 $z_x=-1/z$，故切向量 $\boldsymbol{T}=(1,y_x(-1,1),z_x(-1,1))=(1,-m,-1)$.
故切线的方程为 $x-2=\dfrac{y+1}{-m}=\dfrac{z-1}{-1}$；法平面的方程为 $(x-2)-m(y+1)-(z-1)=0$，即 $x-my-z=m+1$.

思考 (i) 若曲线的方程为 $x^2=2mz$，$y^2=m-2z$，结果如何？ (ii) 若求曲线在点 $(1,-1,-2)$ 处的切线和法平面方程，以上两题结果如何？

例 9.8.3 求曲线 $x^2+z^2=10$，$y^2+z^2=10$ 在点 $M(1,1,3)$ 处的切线和法平面的方程.

分析 切点已知，关键是求切向量．曲线是两曲面的交线，可以按曲面交线的切向量公式求解．

解 令 $F(x,y,z)=x^2+z^2-10$，$G(x,y,z)=y^2+z^2-10$，则由曲面交线的切向量公式，可得 $\boldsymbol{T}=\left(\begin{vmatrix}0&2z\\2y&z\end{vmatrix}_M,\begin{vmatrix}2z&2x\\2z&0\end{vmatrix}_M,\begin{vmatrix}2x&0\\0&2y\end{vmatrix}_M\right)=(-12,-12,4)=-4(3,3,1)$，故切线的方程为 $\dfrac{x-1}{3}=\dfrac{y-1}{3}=\dfrac{z-3}{-1}$；法平面的方程为 $3(x-1)+3(y-1)-(z-3)=0$，即

$3x+3y-z-3=0$.

思考 若求曲线在 $M(1,-1,3)$ 处的切线和法平面的方程，结果如何？在 $M(2,-1,1)$ 处的切线和法平面的方程呢？

例 9.8.4 求曲面 $x^3y^2+xz+z=3$ 在点 $(1,1,1)$ 处的切平面和法线的方程.

分析 切点已知，关键是求法向量. 根据曲面方程的特点，可用隐函数偏导数公式来求.

解 令 $F(x,y,z)=x^3y^2+xz+z-3$，于是 $F_x=3x^2y^2+z$，$F_y=2x^3y$，$F_z=x+1$，法向量 $\boldsymbol{n}=(F_x(1,1,1),F_y(1,1,1),F_z(1,1,1))=(4,2,2)=2(2,1,1)$. 故切平面方程为 $2(x-1)+(y-1)+(z-1)=0$，即 $2x+y+z-4=0$；法线方程为 $\dfrac{x-1}{2}=\dfrac{y-1}{1}=\dfrac{z-1}{1}$.

思考 (i) 若曲面的方程为 $xy^2+xz^2+z=3$，结果如何？(ii) 若求点 $(1,-1,1)$ 处的切平面和法线的方程，以上两题结果如何？

例 9.8.5 求曲面 $z=y+\ln\dfrac{x}{z}$ 在点 $M(1,1,1)$ 处的切平面和法线的方程.

分析 切点已知，关键是求法向量. 且为简便起见，可将曲面的方程转化成显函数，从而直接用显函数的偏导数来求.

解 因为 $y=z-\ln x+\ln z$，所以 $y_x=-1/x$，$y_z=1+1/z$，于是法向量 $\boldsymbol{n}=(y_x(1,1),-1,y_z(1,1))=(-1,-1,2)=-(1,1,-2)$. 故切平面的方程为 $(x-1)+(y-1)-2(z-1)=0$，即 $x+y-2z=0$；法线的方程为 $x-1=y-1=\dfrac{z-1}{-2}$.

思考 (i) 利用方程两边分别对 x，y 或 x，z 或 y，z 求偏导的方法求解；(ii) $z=y+\ln(xz)$，结果如何？

例 9.8.6 已知曲面 $z=4-x^2+y^2$ 上点 P 的切平面平行于平面 $2x+2y+z-1=0$，求切点 P 的坐标及切平面和法线的方程.

分析 关键是求切点的坐标. 这可由已知平面的法向量与曲面在切点处的法向量平行来求.

解 设 P 的坐标为 (x_0,y_0,z_0)，于是曲面在 P 的法向量 $\boldsymbol{n_1}=(-z_x,-z_y,1)|_P=(2x,-2y,1)|_P=(2x_0,-2y_0,1)$，已知平面的法向量 $\boldsymbol{n_2}=(2,2,1)$. 依题设 $\boldsymbol{n_1}$ 与 $\boldsymbol{n_2}$ 平行，故有 $\dfrac{2x_0}{2}=\dfrac{-2y_0}{2}=\dfrac{1}{1}$，解得 $x_0=1$，$y_0=-1$. 于是 $z_0=4-x_0^2+y_0^2=4-1+1=4$，故切点的坐标为 $P(1,-1,4)$；切线平面的方程为 $2(x-1)+2(y-1)+z-4=0$，即 $2x+2y+z-8=0$；法线的方程为 $\dfrac{x-1}{2}=\dfrac{y-1}{2}=\dfrac{z-4}{1}$.

思考 若已知曲面 $z=4-x^2+y^2$ 上点 P 的切平面平行于平面 $2x-2y+z-1=0$，结果如何？

第九节　方向导数与梯度

一、教学目标

了解方向导数的基本概念，方向导数与偏导数之间的区别与联系. 会求函数的方向导数. 了解梯度的概念与性质，会求函数的梯度. 知道梯度的物理意义，知道数量场与向量场的概念.

二、考点题型

方向导数的求解，梯度的求解.

三、例题分析

例 9.9.1 求函数 $z = x^2 + y^2 - 3xy$ 在点 (1, 1) 处沿方向 $l = 3i + 4j$ 的方向导数.

分析 按方向导数公式求解. 先求出函数在已知点的两个偏导数，以及射线的方向量；再根据方向导数公式计算.

解 因为 $\dfrac{\partial z}{\partial x}\Big|_{(1,1)} = 2x - 3y\Big|_{(1,1)} = -1, \dfrac{\partial z}{\partial y}\Big|_{(1,1)} = 2y - 3x\Big|_{(1,1)} = -1; l^\circ = (\cos\alpha,$

$\cos\beta) = \left(\dfrac{3}{5}, \dfrac{4}{5}\right)$，所以 $\dfrac{\partial z}{\partial l}\Big|_{(1,1)} = \dfrac{\partial z}{\partial x}\Big|_{(1,1)}\cos\alpha + \dfrac{\partial z}{\partial y}\Big|_{(1,1)}\cos\beta = -\dfrac{3}{5} - \dfrac{4}{5} = -\dfrac{7}{5}$.

思考 (i) 若 $z = x^2 y + y^2 - 3xy$，结果如何？ $z = x^2 + y^2 - 3xy + x$ 呢？ (ii) 求以上各题沿方向 $l = 3i + 4j$ 的方向导数.

例 9.9.2 求函数 $u = xy^2 z^3$ 在曲面 $x^2 + y^2 + z^2 - 3xyz = 0$ 上点 $P(1, 1, 1)$ 处，沿曲面在该点朝上的法线方向的方向导数.

分析 关键也是求出函数在已知点的两个偏导数和射线的方向量. 这里，射线的方向是曲面在已知点处朝上的方向，要用曲面的法向量公式求.

解 曲面 $x^2 + y^2 + z^2 - 3xyz = 0$ 在 $P(1, 1, 1)$ 处的法向量

$$n = \pm(2x - 3yz, 2y - 3xz, 2z - 3xy)|_P = \pm(1, 1, 1).$$

依题意，取 $l = (1, 1, 1)$，于是 l 的方向余弦为 $\left(\dfrac{1}{\sqrt{3}}, \dfrac{1}{\sqrt{3}}, \dfrac{1}{\sqrt{3}}\right)$；又

$$\dfrac{\partial u}{\partial x}\Big|_P = y^2 z^3\Big|_P = 1, \quad \dfrac{\partial u}{\partial y}\Big|_P = 2xyz^3\Big|_P = 2, \quad \dfrac{\partial u}{\partial z}\Big|_P = 3xy^2 z^2\Big|_P = 3,$$

故所求方向导数 $\dfrac{\partial u}{\partial l}\Big|_P = (1, 2, 3) \cdot \left(\dfrac{1}{\sqrt{3}}, \dfrac{1}{\sqrt{3}}, \dfrac{1}{\sqrt{3}}\right) = 2\sqrt{3}$.

思考 若求函数 $u = xy^2 z^3$ 在曲面 $x^2 + y^2 + z^2 - 3xyz = 0$ 上点 $Q(-1, -1, 1)$ 或 $R(-1, 1, -1)$ 处沿曲面在该点朝上的法线方向的方向导数，结果如何？

例 9.9.3 设 $z = f(x, y)$ 在 (x, y) 处可微，证明：$f(x, y)$ 在 (x, y) 处沿这点处任何两个相反方向的方向导数互为相反数.

分析 根据两射线方向角之间的关系，利用方向导数计算公式证明.

证明 设 $l_1 l_2$ 都是以 (x, y) 为起点的两条射线，它们的方向角分别为 α、β 和 $\pi + \alpha$、$\pi + \beta$，于是由方向导数计算公式，得 $\dfrac{\partial f}{\partial l_1} = \dfrac{\partial f}{\partial x}\cos\alpha + \dfrac{\partial f}{\partial y}\cos\beta$，$\dfrac{\partial f}{\partial l_2} = \dfrac{\partial f}{\partial x}\cos(\pi + \alpha) + \dfrac{\partial f}{\partial y}\cos(\pi$

$+ \beta) = -\dfrac{\partial f}{\partial x}\cos\alpha - \dfrac{\partial f}{\partial y}\cos\beta$，所以 $\dfrac{\partial f}{\partial l_1} = -\dfrac{\partial f}{\partial l_2}$.

思考 若 $z = f(x, y)$ 在 (x, y) 处的两个偏导数存在，是否可以得出该结论？两个偏导数连续呢？

例 9.9.4 设 $f(x, y) = |x| + |y|$，证明：$f(x, y)$ 在 (0, 0) 处不可微，偏导数 $\dfrac{\partial f}{\partial x}\Big|_{(0,0)}$，

$\dfrac{\partial f}{\partial y}\Big|_{(0,0)}$ 不存在，但沿任何射线方向 $l: x = t\cos\alpha, y = t\sin\alpha$ $(t \geqslant 0)$ 的方向导数 $\dfrac{\partial f}{\partial l}\Big|_{(0,0)}$ 存

在，并分别求其沿两坐标轴正、负两个方向的方向导数．

分析 $f(x,y)$ 是分段函数，$(0,0)$ 是其分段点，因此 $f(x,y)$ 在 $(0,0)$ 处的偏导数、方向导数及可微性都要用定义来讨论．

证明 因为 $f_x(0,0)=\lim\limits_{x\to 0}\dfrac{f(x,0)-f(0,0)}{x-0}=\lim\limits_{x\to 0}\dfrac{|x|-0}{x}=\lim\limits_{x\to 0}\dfrac{|x|}{x}$ 不存在；类似地，

$f_y(0,0)=\lim\limits_{x\to 0}\dfrac{|y|}{y}$ 不存在．于是根据可微的必要条件知，$f(x,y)$ 在 $(0,0)$ 处不可微．而

$$\frac{\partial f}{\partial l}\bigg|_{(0,0)}=\lim_{t\to 0^+}\frac{f(0+t\cos\alpha,0+t\sin\alpha)-f(0,0)}{t}=\lim_{t\to 0^+}\frac{|t\cos\alpha|+|t\sin\alpha|-0}{t}$$

$$=\lim_{t\to 0^+}\frac{t(|\cos\alpha|+|\sin\alpha|)}{t}=|\cos\alpha|+|\sin\alpha|.$$

令 $l_1^\circ=i=(1,0),l_2^\circ=j=(0,1),l_3^\circ=-i=(-1,0),l_4^\circ=-j=(0,-1)$，则 $f(x,y)$ 在 $(0,0)$ 处沿两坐标轴正、负两个方向的方向导数分别为

$$\frac{\partial f}{\partial l_1}\bigg|_{(0,0)}=|\cos 0|+|\sin 0|=1,\ \frac{\partial f}{\partial l_3}\bigg|_{(0,0)}=|\cos\pi|+|\sin\pi|=1;$$

$$\frac{\partial f}{\partial l_2}\bigg|_{(0,0)}=\left|\cos\frac{\pi}{2}\right|+\left|\sin\frac{\pi}{2}\right|=1,\ \frac{\partial f}{\partial l_4}\bigg|_{(0,0)}=\left|\cos\frac{3\pi}{2}\right|+\left|\sin\frac{3\pi}{2}\right|=1.$$

思考 （i）若 $f(x,y)=a|x|+b|y|(ab\neq 0)$，结论如何？（ii）若 $f(x,y)=|x|$ 或 $f(x,y)=|y|$，结论如何？

例 9.9.5 设 $f(x,y,z)=\dfrac{xy^2z^3}{x^2+y^2+z^2}$，求 $\mathbf{grad}\,f(2,2,2)$．

分析 梯度（函数）即函数的偏导数依序构成的向量函数．一点处的梯度（向量），等于梯度函数的值．因此问题的关键是求函数的偏导数，再按梯度公式写出即可．

解 $$\frac{\partial f}{\partial x}=\frac{y^2z^3}{x^2+y^2+z^2}-\frac{2x^2y^2z^3}{(x^2+y^2+z^2)^2}=\frac{(y^2+z^2-x^2)y^2z^3}{(x^2+y^2+z^2)^2},$$

同理 $$\frac{\partial f}{\partial y}=\frac{2(z^2+x^2)xyz^3}{(x^2+y^2+z^2)^2},\frac{\partial f}{\partial z}=\frac{(3x^2+3y^2+z^2)xy^2z^2}{(x^2+y^2+z^2)^2}.$$

所以 $$\mathbf{grad}\,f=\frac{(y^2+z^2-x^2)y^2z^3}{(x^2+y^2+z^2)^2}i+\frac{2(z^2+x^2)xyz^3}{(x^2+y^2+z^2)^2}j+\frac{(3x^2+3y^2+z^2)xy^2z^2}{(x^2+y^2+z^2)^2}k,$$

将 $x=y=z=2$ 代入得 $\mathbf{grad}\,f(2,2,2)=\dfrac{8}{9}(i+4j+7k)$.

思考 若 $f(x,y,z)=\dfrac{x^3y^2z}{x^2+y^2+z^2}$，结果如何？ $f(x,y,z)=\dfrac{xy^3z^2}{x^2+y^2+z^2}$ 或 $f(x,y,z)=\dfrac{x^3yz^2}{x^2+y^2+z^2}$ 呢？

例 9.9.6 求函数 $u=\ln(x-\sqrt{y^2+z^2})$ 在点 $A(2,0,1)$ 处沿该点指向点 $B(4,2,0)$ 方向的方向导数 $\dfrac{\partial u}{\partial l}$．

分析 求函数的方向导数，也可以用函数的梯度与单位向量的点积来求．但关键还是求函数的偏导数与方向的单位向量．

解 因为 $\dfrac{\partial u}{\partial x}\bigg|_A=\dfrac{1}{x-\sqrt{y^2+z^2}}\bigg|_A=1,\dfrac{\partial u}{\partial y}\bigg|_A=-\dfrac{y}{(x-\sqrt{y^2+z^2})\sqrt{y^2+z^2}}\bigg|_A=0,$

$\dfrac{\partial u}{\partial z}\bigg|_A=-\dfrac{z}{(x-\sqrt{y^2+z^2})\sqrt{y^2+z^2}}\bigg|_A=-1,\mathbf{grad}\,u\bigg|_A=\left(\dfrac{\partial u}{\partial x},\dfrac{\partial u}{\partial x},\dfrac{\partial u}{\partial x}\right)\bigg|_A=(1,0,-1),$

$$l = \overrightarrow{AB} = (2,2,-1) \Rightarrow l^\circ = \left(\frac{2}{3}, \frac{2}{3}, -\frac{1}{3}\right),$$

所以 $\dfrac{\partial u}{\partial l} = \mathbf{grad}\, u|_A \cdot l^\circ = (1,0,1) \cdot \left(\dfrac{2}{3}, \dfrac{2}{3}, -\dfrac{1}{3}\right) = 1 \cdot \dfrac{2}{3} + 0 \cdot \dfrac{2}{3} - 1 \cdot \dfrac{1}{3} = \dfrac{1}{3}.$

思考　若函数 $u = \ln(x + \sqrt{y^2 + z^2})$，结果如何？$u = \ln(2x - \sqrt{y^2 + z^2})$ 或 $u = \ln(x^2 + \sqrt{y^2 + z^2})$ 呢？

第十节　多元函数极值

一、教学目标

了解二元函数极值和最值的概念，知道二元函数极值和最值之间的关系．了解二元函数取得极值的充分条件，会求二元函数的极值和一些实际问题的最值．

二、考点题型

二元函数极值的判断；二元函数极值与最值的求解 *．

三、例题分析

例 9.10.1　已知 $f(1,-1) = 1$ 为函数 $f(x,y) = ax^3 + by^3 + cxy$ 的极值，求 a，b，c.

分析　极值点既是函数偏导数为零的点，也是曲面 $f(x,y) = 1$ 上的点．据此可以得出关于 a，b，c 的一个三元一次方程组，再求解该方程组即可．

解　依题设，可得

$$\begin{cases} f_x(1,-1) = (3ax^2 + cy)|_{(1,-1)} = 3a - c = 0 \\ f_y(1,-1) = (3by^2 + cx)|_{(1,-1)} = 3b + c = 0 \\ f(1,-1) = (ax^3 + by^3 + cxy)|_{(1,-1)} = a - b - c = 1 \end{cases}, \text{解得} \begin{cases} a = -1 \\ b = 1 \\ c = -3 \end{cases}.$$

思考　若 $f(1,-1) = 2$ 为函数 $f(x,y) = ax^3 + by^3 + cxy$ 的极值，结果如何？$f(-1,1) = 1$ 或 $f(-1,1) = 2$ 为函数 $f(x,y) = ax^3 + by^3 + cxy$ 的极值呢？

例 9.10.2　求函数 $z = x^2 y + y^3 - 3y$ 的极值．

分析　这是二阶可微函数的无条件极值问题．可用函数极值的必要条件求驻点，再用函数极值的充分条件判断函数在驻点是否取得极值，是极大值还是极小值．

解　由 $\begin{cases} z_x = 2xy = 0 \\ z_y = x^2 + 3y^2 - 3 = 0 \end{cases}$，求得驻点 $\begin{cases} x = 0 \\ y = \pm 1 \end{cases}$，$\begin{cases} x = \pm\sqrt{3} \\ y = 0 \end{cases}$. 又 $A = z_{xx} = 2y$，$B = z_{xy} = 2x$，$C = z_{yy} = 6y$.

在 $(0, \pm 1)$ 处，$A(0, \pm 1) = \pm 1$，$B(0, \pm 1) = 0$，$C(0, \pm 1) = \pm 6$，$B^2 - AC = -6 < 0$. 故在 $(0,1)$ 处，$A > 0$，函数有极小值 $f(0,1) = -2$；在 $(0,-1)$ 处，$A < 0$，函数有极大值 $f(0,-1) = 2$.

而在 $(\pm\sqrt{3}, 0)$ 处，由于 $A(\pm\sqrt{3}, 0) = 0$，$B(\pm\sqrt{3}, 0) = \pm 2\sqrt{3}$，$C(\pm\sqrt{3}, 0) = 0$，$B^2 - AC = 12 > 0$，所以函数无极值．

思考　若函数为 $z = x^2 y + x^3 - 3y$，结果如何？为 $z = x^2 y + y^3 - 3x$ 呢？

例 9.10.3　求函数 $f(x,y) = e^x(x + y^2 + 2y)$ 的极值．

分析　这是二阶可微函数的无条件极值问题．可用函数极值的必要条件求驻点，再用函数极值的充分条件判断函数在驻点是否取得极值,是极大值还是极小值.

解 由 $\begin{cases} f'_x = e^x(x+y^2+2y+1)=0 \\ f_y = e^x(2y+2)=0 \end{cases}$,求得驻点 $\begin{cases} x=0 \\ y=-1 \end{cases}$.

又 $\qquad f''_{xx} = e^x(x+y^2+2y+2), f''_{xy}=e^x(2y+2), f''_{yy}=2e^x$,

故 $A=f''_{xx}(0,-1)=e^0(0+1-2+2)=1, B=f''_{xy}(0,-1)=0, C=f''_{yy}(0,-1)=2$,

因为 $AC-B^2 = 1 \times 2 - 0^2 = 2 > 0$ 且 $A=1>0$,故 $f(x,y)$ 在 $(0,-1)$ 处取得极小值 $f(0,-1)=e^0(0+1-2)=-1$.

思考 若求函数 $f(x,y)=e^{-x}(x+y^2+2y)$ 或 $f(x,y)=e^x(xy+y^2+2y)$ 或 $f(x,y)=e^{-x}(xy+y^2+2y)$ 的极值,结果如何?

例 9.10.4 求函数 $u=xy^2z^3$ 在条件 $x+y+z=a(a, x, y, z \in \mathbf{R}^+)$ 下的条件极值.

分析 这是条件极值问题.通常用拉格朗日乘数法来求解,但由于从所给条件中很容易用其中两个变量表示另一个变量,所以也可以将其转化成无条件极值来求.

解 令 $F(x,y,z)=xy^2z^3+\lambda(x+y+z-a)$ $\quad (x, y, z, a \in \mathbf{R}^+)$,

于是由 $\begin{cases} F_x = y^2z^3+\lambda=0, \\ F_y = 2xyz^3+\lambda=0, \\ F_z = 3xy^2z^2+\lambda=0, \\ x+y+z=a, \end{cases}$ 解得 $\begin{cases} x=a/6, \\ y=a/3, \\ z=a/2. \end{cases}$

由问题的实际意义,知 $x=\dfrac{a}{6}, y=\dfrac{a}{3}, z=\dfrac{a}{2}$ 时,函数取得极大值 $u\left(\dfrac{a}{6}, \dfrac{a}{3}, \dfrac{a}{2}\right)=\dfrac{a^6}{432}$.

思考 (i) 若 $(x, y, z, a \in \mathbf{R}^-)$,结果如何? (ii) 若函数为 $u=x^3y^2z$ 或 $u=x^2yz^3$,结果又如何? $u=xy^2z^2$ 呢? (iii) 若条件为 $x+2y+3z=a(a, x, y, z \in \mathbf{R}^+)$,以上各题的结果如何?(iv) 转化为无条件极值,求解以上各题.

例 9.10.5 在平面 xOy 上求一点,使它到 $x=0, y=0$ 及 $x+2y-16=0$ 三直线的距离的平方和最小.

分析 先用点到直线的距离公式,求出目标函数;再求目标函数的最值.注意,若实际问题在唯一驻点处的极值,就是相应的最值.

解 设所求点为 $P(x,y)$,则该点到三直线的距离分别为 $|y|, |x|, \dfrac{|x+2y-6|}{\sqrt{5}}$,三

距离的平方和为 $z(x,y)=x^2+y^2+\dfrac{1}{5}(x+2y-16)^2$,由

$\begin{cases} \dfrac{\partial z}{\partial x}=2x+\dfrac{2}{5}(x+2y-16)=0 \\ \dfrac{\partial z}{\partial y}=2y+\dfrac{4}{5}(x+2y-16)=0 \end{cases} \Rightarrow \begin{cases} x=\dfrac{8}{5} \\ y=\dfrac{16}{5} \end{cases}$,故所求点为 $\left(\dfrac{8}{5}, \dfrac{16}{5}\right)$.

思考 在该问题中,三距离和的最小值与三距离平方和的最小值是否等价?若在平面 xOy 上求一点,使它到 $x=0, x+y=0$ 及 $x+2y-16=0$ 三直线的距离的平方和为最小,结果如何?

例 9.10.6 某养殖场饲养两种鱼,若甲种鱼放养 x(万尾),乙种鱼放养 y(万尾),收获时两种鱼的收获量分别为 $(3-\alpha x-\beta y)x$ 和 $(4-\beta x-2\alpha y)y$ $(\alpha > \beta > 0)$,求使产鱼总量最大的放养数.

分析 这是实际问题的最值(极值)问题.先应求出目标函数——鱼总产量函数,再求此函数的极值.注意,若实际问题的目标函数只有一个极值,则该极值就是相应的最值.

解　鱼的总产量 $z=3x+4y-\alpha x^2-2\alpha y^2-2\beta xy$. 由极值的必要条件得二元一次方程组

$$\begin{cases} \dfrac{\partial z}{\partial x}=3-2\alpha x-2\beta y=0 \\ \dfrac{\partial z}{\partial y}=4-4\alpha y-2\beta x=0 \end{cases} \quad 即 \begin{cases} 2\alpha x+2\beta y=3 \\ 2\beta x+4\alpha y=4 \end{cases},\ 由于\ \alpha>\beta>0,\ 故其系数行列式\ D=4(2\alpha^2-\beta^2)>0,$$

从而方程组有唯一解 $x_0=\dfrac{3\alpha-2\beta}{2\alpha^2-\beta^2}$, $y_0=\dfrac{4\alpha-3\beta}{2(2\alpha^2-\beta^2)}$. 故由问题的实际意义知，函数 z

在 (x_0,y_0) 处取得极大值，即最大值，且所求放养数分别为 $(3-\alpha x_0-\beta y_0)x_0=\dfrac{3x_0}{2}$,

$(4-\beta x_0-2\alpha y_0)y_0=2y_0$.

思考　(i) 若 $\alpha=\beta>0$，结果如何？(ii) 若仅已知 α，$\beta>0$，则当 α，β 满足什么关系时，该问题有最大值？(iii) 若两种鱼的收获量分别为 $(3-\alpha x-\beta y)y$ 和 $(4-\beta x-2\alpha y)x$ $(\alpha,\beta>0)$，则当 α，β 满足什么关系时，该问题有最大值？并分别求出两种鱼的放养数.

第十一节　习题课三

例 9.11.1　求曲线 $x=y^2$，$y=z^4$ 上的点，使过这点的切线与平面 $x-2y=0$ 平行.

分析　首先，曲线是两曲面的交线，故若用曲线的参数方程求解，要选择适当的参数，得出曲线的参数方程；其次，根据切向量与平面法向量之间的关系，可以求出参数的值，从而求出切点的坐标.

解　因为 $x=y^2$，$y=z^4$，所以 $x=(z^4)^2=z^8$，故曲线的参数方程为 Γ: $x=z^8$，$y=z^4$，$z=z$，于是切向量 $\boldsymbol{T}=(x_z,y_z,1)=(8z^7,4z^3,1)$；又已知平面的法向量 $\boldsymbol{n}=(1,2,0)$，依题意得 $\boldsymbol{T}\cdot\boldsymbol{n}=8z^7-8z^3=0$，解得 $z=0,z=\pm1$，于是所求点为 $(0,0,0)$ 或 $(1,1,-1)$ 或 $(1,1,1)$.

思考　(i) 若选择 y 为参变量，即曲线的方程为 Γ: $x=y^2,y=y,z=\pm y^{\frac{1}{4}}$，是否可行？是，给出解答；否，说明理由；(ii) 令 $F(x,y,z)=x-y^2$，$G(x,y,z)=y-z^4$，按曲面交线切向量公式求解.

例 9.11.2　求椭球面 $\dfrac{x^2}{4}+\dfrac{y^2}{4}+z^2=1$ 上平行于平面 $x+y+z=0$ 的切平面的方程及其切点处法线的方程.

分析　关键是求切点的坐标. 这可由已知平面的法向量与曲面在切点处的法向量平行来求.

解　令 $F(x,y,z)=\dfrac{x^2}{4}+\dfrac{y^2}{4}+z^2-1$，于是曲面的法向量 $\boldsymbol{n_1}=(F_x,F_y,F_z)=(x/2,y/2,2z)$. 又已知平面的法向量 $\boldsymbol{n_2}=(1,1,1)$. 依题设 $\boldsymbol{n_1}\ /\!/\ \boldsymbol{n_2}$，故有 $\dfrac{x}{2}=\dfrac{y}{2}=2z$，即 $x=y=4z$. 代入椭球面方程，得 $4z^2+4z^2+z^2=1$，解得 $z=\pm1/3$，$x=\pm4/3$，$y=\pm4/3$，故切点的坐标为 $(\pm4/3,\pm4/3,\pm1/3)$，切线平面的方程为 $(x\pm4/3)+(y\pm4/3)+(z\pm1/3)=0$，即 $x+y+z\pm3=0$；法线的方程为 $x\pm4/3=y\pm4/3=z\pm1/3$.

思考　若求椭球面上平行于平面 $x-y+z=0$ 的切平面的方程及其切点处法线的方程，结果如何？平行于平面 $x+y-z=0$ 或 $x-y-z=0$ 的切平面的方程及其切点处法线的方程呢？

例 9.11.3 求曲面 $x^2+y^2+z^2-xy-3=0$ 上同时垂直于平面 π_1：$x+y+2z-2=0$ 与平面 π_2：$x+y+1=0$ 的切平面的方程.

分析 切点和法向量均未知,关键是用两种方式表示法向量. 由于切平面与两已知平面均垂直,故切平面与两已知平面的交线平行,亦即切平面的法向量与两已知平面的交线的方向向量平行.

解 令 $F(x,y,z)=x^2+y^2+z^2-xy-3$,则曲面的法向量 $\boldsymbol{n}=(2x-y,2y-x,2z)$,$\pi_1$ 与 π_2 交线的方向向量 $\boldsymbol{s}=\begin{vmatrix} \boldsymbol{i} & \boldsymbol{j} & \boldsymbol{k} \\ 1 & 1 & 2 \\ 1 & 1 & 0 \end{vmatrix}=-2\boldsymbol{i}+2\boldsymbol{j}$. 依题意 $\boldsymbol{n}\,/\!/\,\boldsymbol{s}$, 于是 $\dfrac{2x-y}{-2}=\dfrac{2y-x}{2}=\dfrac{2z}{0}$,

即 $\begin{cases} x+y=0 \\ z=0 \end{cases}$, 与曲面方程 $x^2+y^2+z^2-xy-3=0$ 联立,求得切点 $(1,-1,0)$ 及 $(-1,1,0)$,故切平面的方程为 $-2(x-1)+2(y+1)-0(z-0)=0$ 和 $-2(x+1)+2(y-1)-0(z-0)=0$,即 $x-y-2=0$ 和 $x-y+2=0$.

思考 (i) 若曲面为 $x^2+2y^2+3z^2-xy-3=0$,结果如何?为 $x^2+y^2-z^2-xy-3=0$ 呢?(ii) 利用曲面的法向量与两已知平面的法向量均垂直,列方程组求解以上各题.

例 9.11.4 求函数 $f(x,y,z)=e^{xyz}+x^2+y^2$ 在点 $(1,1,1)$ 处沿曲线 $x=t$，$y=2t^2-1$，$z=t^3$ 在该点处切线方向的方向导数.

分析 先求出曲线在已知点处的单位切向量和函数在已知点处的偏导数,再按方向导数公式求出方向导数.

解 当 $x=y=z=1$ 时,$t=1$,且 $x'_t|_{t=1}=1$，$y'_t|_{t=1}=4$，$z'_t|_{t=1}=3$,则切线方向向量为 $\boldsymbol{F}=(1,4,3)$,于是其单位向量 $\boldsymbol{e}_F=\pm\left(\dfrac{1}{\sqrt{26}},\dfrac{4}{\sqrt{26}},\dfrac{3}{\sqrt{26}}\right)$. 而

$$f_x=yz\mathrm{e}^{xyz}+2x,\ f_y=xz\mathrm{e}^{xyz}+2y,\ f_z=xy\mathrm{e}^{xyz},$$

所以 $\qquad f_x(1,1,1)=\mathrm{e}+2,f_y(1,1,1)=\mathrm{e}+2,f_z(1,1,1)=\mathrm{e}.$

故所求方向导数为

$$\left.\frac{\partial f}{\partial l}\right|_{(1,1,1)}=\pm(\mathrm{e}+2)\cdot\frac{1}{\sqrt{26}}\pm(\mathrm{e}+2)\frac{4}{\sqrt{26}}\pm\mathrm{e}\frac{3}{\sqrt{26}}=\pm\frac{\sqrt{26}}{13}(4\mathrm{e}+5).$$

思考 求函数 $f(x,y,z)=\mathrm{e}^{xyz}+x^2+y^2$ 在点 $(2,3,8)$ 处沿曲线 $x=t$，$y=2t^2-1$，$z=t^3$ 在该点处切线方向的方向导数.

例 9.11.5 求函数 $f(x,y)=1-\sin(x^2+y^2)$ 的极值.

分析 这是二阶可微函数的无条件极值问题. 可用函数极值的必要条件求驻点,再用函数极值的充分条件判断函数在驻点是否取得极值,是极大值还是极小值. 注意,对函数极值充分条件判断失效的点,要用极值的定义来判断.

解 由 $\begin{cases} f_x=-2x\cos(x^2+y^2)=0 \\ f_y=-2y\cos(x^2+y^2)=0 \end{cases}$, 求得函数的驻点 $x=0,y=0$ 和 $x^2+y^2=k\pi+\dfrac{\pi}{2}$ $(k=0,1,2,\cdots)$.

又 $f_{xx}=-2\cos(x^2+y^2)+4x^2\sin(x^2+y^2)$,

$f_{xy}=4xy\sin(x^2+y^2)$，$f_{yy}=-2\cos(x^2+y^2)+4y^2\sin(x^2+y^2)$.

在 $(0,0)$ 处,$A=f_{xx}(0,0)=-2,B=f_{xy}(0,0)=0,C=f_{yy}(0,0)=-2$. 由于 $B^2-AC=-4<0$ 且 $A<0$,所以 $f(0,0)=1$ 为极大值.

当 $x^2+y^2=2k\pi+\dfrac{\pi}{2}$ 时，$A=4x^2$，$B=4xy$，$C=4y^2$. 由于 $B^2-AC=0$，所以判别法失效，需根据极值定义来判断.

若 (x_0,y_0) 是圆 $x^2+y^2=2k\pi+\dfrac{\pi}{2}$ 上任意点处，则 $f(x_0,y_0)=1-\sin\dfrac{\pi}{2}=0$. 显然，在$(x_0,y_0)$的任何邻域内，均含有该圆周上异于$(x_0,y_0)$的点，使该点的函数值为零. 因此，由函数极值的定义知，$f(x,y)$ 在 (x_0,y_0) 处无极值. 所以，当 $x^2+y^2=2k\pi+\dfrac{\pi}{2}$ 时，函数 $f(x,y)$ 无极值；同理，当 $x^2+y^2=2k\pi+\dfrac{3\pi}{2}$ 时，函数 $f(x,y)$ 无极值.

思考　(i)若函数为 $f(x,y)=1-\cos(x^2+y^2)$ 或 $f(x,y)=1-\sin^2(x^2+y^2)$，结果如何？$f(x,y)=1-\cos^2(x^2+y^2)$呢？(ii) 求函数 $f(x,y)=1-\sin\sqrt{x^2+y^2}$ 的极值.

例 9.11.6　欲做一个体积为 V 的无盖长方体盒，问：其长、宽、高分别为多少时，用料最省？

分析　用料最省即表面积最小. 可用三元函数的条件极值求解，也可以把条件极值转化成二元函数的无条件极值求解. 注意，实际问题的极大值（极小值），就是相应的最大值（最小值），而不必用函数的二阶导数来判断.

解　设长方体盒的长、宽、高分别为 x，y，z，于是 $V=xyz\Rightarrow z=V/xy$，表面积 $S=$ $xy+2xz+2yz=xy+2V/x+2V/y$，由 $\begin{cases}\dfrac{\partial S}{\partial x}=y-2V/x^2=0\\[2mm]\dfrac{\partial S}{\partial y}=y-2V/y^2=0\end{cases}$，解得 $x=y=\sqrt[3]{2V}$，于是 $z=$ $\sqrt[3]{V/4}$.

故由问题的实际意义知，长方体盒的长、宽、高分别 $x=y=\sqrt[3]{2V}$，$z=\sqrt[3]{V/4}$ 时，用料最省.

思考　若欲做一个体积为 V 的无盖圆柱体盒，问：其底面半径和高分别为多少时，用料最省？

例 9.11.7　求二元函数 $z=f(x,y)=x^2y(4-x-y)$ 在由直线 $x+y=6$、x 轴和 y 轴所围成的闭区域 D 上的极值和最值.

分析　先用求二元函数极值的方法求出函数在区域内的极值；再用求一元函数最值的方法求函数在区域边界上的最值；最后通过比较这些极值、最值的大小，得出函数在区域上的最大值和最小值.

解　由 $\begin{cases}f_x=2xy(4-x-y)-x^2y=0,\\ f_y=x^2(4-x-y)-x^2y=0.\end{cases}$ 求得驻点 $x=0(0\leqslant y\leqslant 6)$ 及 $(4,0)$，$(2,1)$. 由于 $(4,0)$ 及线段 $x=0(0\leqslant y\leqslant 6)$ 在 D 的边界上，故只有 $(2,1)$ 在 D 的内部，可能是极值点.

由于 $f_{xx}=8y-6xy-2y^2$，$f_{xy}=8x-3x^2-4xy$，$f_{yy}=-2x^2$；$A=f_{xx}(2,1)=-6$，$B=f_{xy}(2,1)=-4$，$C=f_{yy}(2,1)=-8$ 且 $B^2-AC=-32<0$，$A<0$，所以 $(2,1)$ 是 $f(x,y)$ 的极大值点，且极大值 $f(2,1)=4$.

又在 D 的边界 $x=0(0\leqslant y\leqslant 6)$ 及 $y=0(0\leqslant x\leqslant 6)$ 上 $f(x,y)=0$；在边界 $x+y=6$ 上，将 $y=6-x$ 代入得 $z=f(x,y)=2x^3-12x^2(0\leqslant x\leqslant 6)$. 由 $z'=6x^2-24x=0$ 得 $x=0$，

$x=4$. 在边界 $x+y=6$ 上对应 $x=0$，4，6 处的函数值分别为 $z=0$，-64，0. 因此 $z=f(x,y)$ 在边界上的最大值为 0，最小值为 -64. 将边界上的最大值和最小值与驻点（2，1）处的值比较得，$z=f(x,y)$ 在闭区域 D 上的最大值为 $f(2,1)=4$，最小值为 $f(4,2)=-64$.

思考　求二元函数 $z=f(x,y)=x^2 y(4-x-y)$ 在由直线 $2x+y=6$、x 轴和 y 轴所围成的闭区域 D 上的极值和最值．

例 9.11.8　求两曲面 $z=x^2+2y^2$ 和 $z=4+y^2$ 的交线 Γ 的竖坐标 z 的最大值和最小值．

分析　因为交线 Γ 上的点既在抛物面 $z=x^2+2y^2$ 上，也在柱面 $z=4+y^2$ 上，因此问题可转化为函数 $z=x^2+2y^2$ 或 $z=4+y^2$ 在一定条件下的极值问题．

解　由两曲面的方程 $z=x^2+2y^2$ 和 $z=4+y^2$ 可得 $x^2+2y^2=4+y^2$，即 $x^2+y^2=4$，这就是交线 Γ 上的点 $P(x,y,z)$ 应满足的条件．因此，问题可转化成函数 $z=x^2+2y^2$ 在 $x^2+y^2=4$ 条件下的极值问题．

令 $F(x,y)=x^2+2y^2+\lambda(x^2+y^2-4)$，于是由

$$\begin{cases} \dfrac{\partial F}{\partial x}=2x+2\lambda x=0 \\ \dfrac{\partial F}{\partial y}=4y+2\lambda y=0 \\ x^2+y^2=4 \end{cases} \Rightarrow \begin{cases} x=\pm 2 \\ y=0 \\ \lambda=-1 \end{cases}, \begin{cases} x=0 \\ y=\pm 2. \\ \lambda=-2 \end{cases}$$

根据问题的实际意义，可知 $x=\pm 2$，$y=0$ 时，z 有最小值 $z(\pm 2,0)=4$；当 $x=0$，$y=\pm 2$ 时，z 有最大值 $z(0,\pm 2)=8$.

思考　若求曲面 $z=x^2+2y^2$ 和平面 $3x-2y+z=1$ 的交线 Γ 的竖坐标 z 的最大值和最小值，结果如何？

1. 函数 $z = \dfrac{\sqrt{2x - y^2}}{\ln(1 - x^2 - y^2)}$ 的定义域是＿＿＿＿＿＿＿＿＿＿＿＿＿＿＿＿＿．

2. 设 $f\left(x + y, \dfrac{y}{x}\right) = x^2 - y^2 \ (x \neq 0)$，则 $f(x, y) = $＿＿＿＿＿＿＿＿＿＿＿＿＿＿＿＿＿＿．

3. 极限 $\lim\limits_{(x, y) \to (0, 1)} (1 + xy)^{\frac{1}{x}} = ($　　　$)$．

A. 1；　　　　　　　B. 2；　　　　　　　C. e；　　　　　　　D．不存在．

4. 设函数 $f(x, y) = \begin{cases} \dfrac{xy\sin(xy)}{\sqrt{x^2 y^2 + 1} - 1}, & (x, y) \neq (0, 0) \\ a, & (x, y) = (0, 0) \end{cases}$ 连续，则 $a = ($　　　$)$．

A. 0；　　　　　　　B．1；　　　　　　　C．2；　　　　　　　D．3．

5. 求极限 $\lim\limits_{(x,y)\to(+\infty,+\infty)}\left(\dfrac{xy}{x^2+y^2}\right)^{x^2}$.

6. 求 $\lim\limits_{(x,y)\to(0,0)}\dfrac{1-\cos(x^2+y^2)}{(x^2+y^2)\mathrm{e}^{x^2y^2}}$.

7. 证明：极限 $\lim\limits_{(x,y)\to(0,0)}\dfrac{x^2y^4}{x^4+y^8}$ 不存在.

1. 设 $f(x,y)=x^2+(y-2)\arcsin\sqrt{\dfrac{x}{y}}$，则 $f_x(1,2)=$ _____，$f_y(1,2)=$ _____．

2. 曲线 $\begin{cases} z=\dfrac{1}{4}(x^2+y^2) \\ y=6 \end{cases}$ 在点 （2，6，10）处的切线对于 x 轴的倾角是 _____．

3. 函数 $z=\begin{cases} \dfrac{2xy}{x^2+y^2}, & (x,y)\neq(0,0) \\ 0, & (x,y)=(0,0) \end{cases}$ 在点 （0，0）处 （　　）．

A. 连续，可导；　　　　　　　B. 不连续，可导；

C. 连续不可导；　　　　　　　D. 不连续不可导．

4. 设 $u=\mathrm{e}^{x^2+y^2+z^2}$，而 $z=x^2\sin y$，则 $\left.\dfrac{\partial u}{\partial x}\right|_{(1,0,0)}=$ （　　）．

A. 0；　　　　　　B. 1；　　　　　　C. e；　　　　　　D. 2e．

5. 求函数 $z = e^{xy} + x\ln y$ 的偏导数 $\dfrac{\partial z}{\partial x}$，$\dfrac{\partial z}{\partial y}$.

6. 设 $u = y^x$，求 $\dfrac{\partial^2 u}{\partial x^2}$，$\dfrac{\partial^2 u}{\partial y^2}$，$\dfrac{\partial^2 u}{\partial x \partial y}$.

7. 设 $z = \arctan \dfrac{y}{x}$，求 $\dfrac{\partial^2 z}{\partial x^2} + \dfrac{\partial^2 z}{\partial y^2}$.

1. 设 $z = e^{\frac{y}{x}}$，则 $dz \big|_{(1,2)} = $ _____ .

2. 当 $x=1$，$y=2$，$\Delta x=0.05$，$\Delta y=0.1$ 时，函数 $z=\dfrac{x}{y^2}$ 的全增量 $\Delta z = $ _____ ；全微分 $dz = $ _____ .

3. 设 $f(x,y) = \begin{cases} 0, & xy=0 \\ 1, & xy \neq 0 \end{cases}$，则 $f(x, y)$ 在点 $(0, 0)$ 处（　　　）.

A. 连续，且偏导数存在；　　　　　B. 不连续，但偏导数存在；

C. 连续，但偏导数不存在；　　　　D. 可微 .

4. 设 $z = \dfrac{xy}{x^2 - y^2}$，则 $dz \big|_{(2,1)} = $（　　　）.

A. $\dfrac{5}{9} dx + \dfrac{10}{9} dy$ ；　　　　　　　　B. $-\dfrac{5}{9} dx + \dfrac{10}{9} dy$ ；

C. $\dfrac{5}{9} dx - \dfrac{10}{9} dy$ ；　　　　　　　　D. $-\dfrac{5}{9} dx - \dfrac{10}{9} dy$.

5. 求函数 $z = e^{-\frac{y}{x}}$ 的全微分 dz.

6. 求函数 $f(x, y) = \begin{cases} x^2 y^2 \sin \dfrac{1}{x^2 + y^2}, & (x, y) = (0, 0) \\ 0, & (x, y) = (0, 0) \end{cases}$ 的偏导数 $\dfrac{\partial z}{\partial x}$，$\dfrac{\partial z}{\partial y}$，并判断 $\dfrac{\partial z}{\partial x}$，$\dfrac{\partial z}{\partial y}$ 在点（0，0）处的连续性和可微性.

7. 设 $u = \sin(xy) + \cos(yz)$，求 du.

1. 设函数 $f(x,y)=\begin{cases} \dfrac{\sin(xy)}{\sqrt{xy+4}-2}, & xy\neq 0 \\ a, & xy=0 \end{cases}$. 若 $f(x，y)$ 在 $(0，0)$ 处连续，则 $a=$＿＿＿；

若 $f(x，y)$ 在 $(0，1)$ 处连续，则 $a=$＿＿＿＿＿＿．

2. 设 $z=x\ln\dfrac{x}{y^2}$，则 $\dfrac{\partial^2 z}{\partial x\partial y}=$＿＿＿＿＿＿．

3. 考虑二元函数 $f(x，y)$ 的 4 条性质：① $f(x，y)$ 在点 $(x_0，y_0)$ 处连续；② $f(x，y)$ 在点 $(x_0，y_0)$ 处的两个偏导数连续；③ $f(x，y)$ 在点 $(x_0，y_0)$ 处可微；④ $f(x，y)$ 在点 $(x_0，y_0)$ 处的两个偏导数存在．若用"$P\Rightarrow Q$"表示可由性质 P 推出性质 Q，则有（　　）．

A. ②$\Rightarrow$③$\Rightarrow$①；　　　B. ③$\Rightarrow$②$\Rightarrow$①；　　　C. ③$\Rightarrow$④$\Rightarrow$①；　　　D. ③$\Rightarrow$①$\Rightarrow$④．

4. 设 $z=\arctan\dfrac{x+y}{x-y}$，则函数在点 $(1，0)$ 处的全微分 $\mathrm{d}z|_{(1,0)}=$（　　）．

A. $\dfrac{\pi}{2}\mathrm{d}x$；　　　B. $\dfrac{\pi}{2}\mathrm{d}y$；　　　C. $\dfrac{\pi}{4}(\mathrm{d}x-\mathrm{d}y)$；　　　D. $\dfrac{\pi}{4}(\mathrm{d}x+\mathrm{d}y)$．

5. 求极限 $\lim\limits_{(x,y)\to(0,0)} \dfrac{xy^2}{x^2+y^2+y^4}$.

6. 设 $z = \mathrm{e}^{-x}\sin\dfrac{x}{y}$，求 $\dfrac{\partial^2 z}{\partial x \partial y}$ 在点 $\left(2, \dfrac{1}{\pi}\right)$ 处的值.

7. 设 $u = \ln r$，$r = \sqrt{x^2+y^2+z^2}$，证明：$\dfrac{\partial^2 u}{\partial x^2} + \dfrac{\partial^2 u}{\partial y^2} + \dfrac{\partial^2 u}{\partial z^2} = \dfrac{1}{r^2}$.

1. 设 $z=\mathrm{e}^{x+y^2}$，$x=\sin t$，$y=t^2$，则 $\dfrac{\mathrm{d}z}{\mathrm{d}x}=$ _____.

2. 设 $z=x^{\ln y}$，则 $\dfrac{\partial z}{\partial x}=$ _____，$\dfrac{\partial z}{\partial y}=$ _____.

3. 设 $z=(1+xy)^{x+2y}$，则 $\dfrac{\partial z}{\partial x}\Big|_{(0,1)}=$ （　　）.

A. 0；　　　　　B. 1；　　　　　C. 2；　　　　　D. 3.

4. 设 $z=f\left(x-y,\dfrac{x}{y}\right)$，$f$ 具有二阶偏导数，则 $\dfrac{\partial^2 z}{\partial x^2}=$ （　　）.

A. $f''_{11}+\dfrac{1}{y}f''_{12}+\dfrac{1}{y}f''_{21}+\dfrac{1}{y^2}f''_{22}$；　　　　　B. $-f''_{11}-\dfrac{x}{y^2}f''_{12}-\dfrac{1}{y}f''_{21}-\dfrac{x}{y^3}f''_{22}-\dfrac{1}{y^2}f'_2$；

C. $f''_{11}+\dfrac{x}{y^2}f''_{12}+\dfrac{2x}{y^3}f'_2+\dfrac{x}{y^2}f''_{21}+\dfrac{x^2}{y^4}f''_{22}$；　　　　D. $f''_{11}+\dfrac{2}{y}f''_{12}+\dfrac{1}{y^2}f''_{22}$.

5. 设 $z=u^2+2uv+w^2$，$u=x^2+y^2$，$v=xy$，$w=x^2-y^2$，求 $\dfrac{\partial z}{\partial x}$，$\dfrac{\partial z}{\partial y}$.

6. 设函数 $z=f\left(xy,\dfrac{y}{x}\right)+g(x^2y)$，其中 f 具有一阶偏导数，g 具有一阶导数，求 $\dfrac{\partial z}{\partial x}$，$\dfrac{\partial z}{\partial y}$.

7. 设 $z=f(u,x,y)$ 且 $u=x\,\mathrm{e}^y$，其中 f 具有二阶连续偏导数，求 $\dfrac{\partial z}{\partial y}$，$\dfrac{\partial^2 z}{\partial x\partial y}$.

1. 设 $x^2y + 3x^4y^3 - 4 = 0$，则 $\dfrac{dy}{dx} =$ ＿＿＿＿＿＿＿＿＿＿＿＿＿＿＿＿＿＿.

2. 设 $\sin z = xy + z$，则 $\dfrac{\partial z}{\partial x} =$ ＿＿＿＿＿，$\dfrac{\partial z}{\partial y} =$ ＿＿＿＿＿，$\dfrac{\partial^2 z}{\partial x \partial y} =$ ＿＿＿＿＿.

3. 设 $z = e^{2x-3z} + 2y$，则 $3\dfrac{\partial z}{\partial x} + \dfrac{\partial z}{\partial y} = ($ 　 $)$.

A. 0;　　　　　B. 1;　　　　　C. 2;　　　　　D. 3.

4. 设 $z = f(x, y)$ 是由 $x^2 + y^2 + z^2 - xy - 2z - 1 = 0$ 所确定的隐函数，则当 $z = 2$ 时，$f_x(1,1) = ($ 　 $)$.

A. $-\dfrac{1}{2}$;　　　　　B. $\dfrac{1}{2}$;　　　　　C. 0;　　　　　D. 1.

5. 设 $\begin{cases} x+y+z=0 \\ x^2+y^2+z^2=1 \end{cases}$，求 $\dfrac{\mathrm{d}x}{\mathrm{d}z}$，$\dfrac{\mathrm{d}y}{\mathrm{d}z}$.

6. 设 $\mathrm{e}^{-y}-2xz+\mathrm{e}^z=0$，求 $\dfrac{\partial z}{\partial x}$，$\dfrac{\partial z}{\partial y}$，$\dfrac{\partial^2 z}{\partial y^2}$.

7. 设 $\begin{cases} 2ux+yv=0 \\ u-x^3+v^2=0 \end{cases}$，求 $\dfrac{\partial u}{\partial y}$，$\dfrac{\partial v}{\partial y}$.

1. 设 $u = \dfrac{y}{x}$，$x = \mathrm{e}^t$，$y = 1 - \mathrm{e}^{2t}$，则 $\dfrac{\mathrm{d}u}{\mathrm{d}t} =$ _____.

2. 设 $z = \mathrm{e}^u \cos v$，而 $u = xy$，$v = x + y$，则 $\dfrac{\partial z}{\partial x} =$ _____，$\dfrac{\partial z}{\partial y} =$ _____.

3. 设三元方程 $xy - z\ln y + \mathrm{e}^{xz} = 1$，则根据隐函数存在定理，存在点 $(0，1，-1)$ 的一个邻域，在此邻域内方程（　　）.

A. 只能确定一个通过该点且具有连续偏导数的隐函数 $x = x(y, z)$；

B. 只能确定一个通过该点且具有连续偏导数的隐函数 $y = y(z, x)$；

C. 只能确定一个通过该点且具有连续偏导数的隐函数 $z = z(x, y)$；

D. 至少可以确定两个通过该点且具有连续偏导数的隐函数 $x = x(y, z)$ 或 $y = y(z, x)$ 或 $z = z(x, y)$.

4. 由方程 $xyz + \sqrt{x^2 + y^2 + z^2} = \sqrt{2}$ 所确定的函数 $z = z(x, y)$ 在点 $(1，0，-1)$ 处的全微分 $\mathrm{d}z =$（　　）.

A. $\mathrm{d}x - \mathrm{d}y$；

B. $\sqrt{2}\,\mathrm{d}x + \mathrm{d}y$；

C. $\mathrm{d}x - \sqrt{2}\,\mathrm{d}y$；

D. $\mathrm{d}x + \sqrt{2}\,\mathrm{d}y$.

5. 设 $u(x,y)=\int_0^1 f(t)\,|\,t-xy\,|\,\mathrm{d}t$ ，其中 $f(t)$ 在 $[0,1]$ 上连续，$0\leqslant x\leqslant 1$，$0\leqslant y\leqslant 1$，求 $\dfrac{\partial u}{\partial x}$.

6. 设 $xy+yz+zx=1$，求 $\dfrac{\partial z}{\partial x}$ 及 $\dfrac{\partial^2 z}{\partial x^2}$.

7. 设 $f(x,y,z)=yz^2\mathrm{e}^x$，其中 $z=z(x,y)$ 是由 $x+y+z+xyz=0$ 所确定的隐函数，求 $f_x(0,1,-1)$.

1. 曲线 $x=t^2-1$，$y=t+1$，$z=t^3$ 在点（0，2，1）处的切线的方程是＿＿＿＿＿＿，法平面的方程是＿＿＿＿＿＿＿＿＿＿．

2. 曲面 $x^3y^2+xz+z=3$ 在（1，1，1）点处的切平面的方程为＿＿＿＿＿＿，法线的方程为＿＿＿＿＿＿＿＿＿＿．

3. 由曲线 $\begin{cases} 3x^2+2y^2=12 \\ z=0 \end{cases}$ 绕 y 轴旋转一周得到的旋转曲面在点（0，$\sqrt{3}$，$\sqrt{2}$）处的指向外侧的单位法向量为（　　）．

A. $\dfrac{1}{\sqrt{5}}\{0,\sqrt{2},\sqrt{3}\}$；

B. $\dfrac{1}{\sqrt{5}}\{\sqrt{2},0,\sqrt{3}\}$；

C. $\dfrac{1}{\sqrt{5}}\{\sqrt{3},0,1\}$；

D. $\dfrac{1}{\sqrt{5}}\{1,0,\sqrt{2}\}$．

4. 旋转抛物面 $3x^2+y^2+z^2=16$ 上点（-1，-2，3）处的切平面与 xOy 面之间的夹角的余弦值为（　　）．

A. $\dfrac{1}{\sqrt{22}}$；

B. $\dfrac{3}{\sqrt{22}}$；

C. $-\dfrac{3}{\sqrt{22}}$；

D. $-\dfrac{1}{\sqrt{22}}$．

5. 求球面 $x^2+y^2+z^2=6$ 与抛物面 $z=x^2+y^2$ 的交线在点 $(1，1，2)$ 处的切线和法平面的方程.

6. 求椭球面 $x^2+2y^2+z^2=1$ 上平行于平面 $x-y+2z=0$ 的切平面的方程.

7. 在曲面 $z=x^2+y^2$ 上求一点，使曲面在这点处的法线垂直于平面 $x+2y+3z=1$，并写出法线的方程.

1. 函数 $u = xy^2z^3$ 在点 $A(5，1，2)$ 处沿到点 $B(9，4，14)$ 的方向 $\overrightarrow{AB}$ 上的方向导数为＿＿＿＿.

2. 函数 $u = \ln(x^2 + y^2 - z^2)$ 在点 $M(1，-1，1)$ 处的梯度 $\mathbf{grad}\, u\,|_M = $ ＿＿＿＿＿＿＿.

3. 对二元函数 $z = f(x，y)$ 而言（　　　）.

A. 偏导数 f_x，f_y 都存在且都连续，则 $f(x，y)$ 沿任一方向的方向导数存在；

B. 偏导数 f_x，f_y 都存在，则 $f(x，y)$ 沿任一方向的方向导数存在；

C. 沿任一方向的方向导数存在，则函数 $f(x，y)$ 必连续；

D. 以上结论都不对.

4. 若函数 $u = u(x，y，z)$ 在点 $(x，y，z)$ 处的三个偏导数均连续且不全为 0，则向量 $\left\{ \dfrac{\partial u}{\partial x}，\dfrac{\partial u}{\partial y}，\dfrac{\partial u}{\partial z} \right\}$ 的方向是函数 u 在点 $(x，y，z)$ 处的（　　　）.

A. 变化率最小的方向；

B. 变化率最大的方向；

C. 可能是变化率最小的方向，也可能是变化率最大的方向；

D. 既不是变化率最小的方向，也不是变化率最大的方向.

5. 设 $z=z(x,y)$ 是由方程 $e^z-xyz=e$ 确定的隐函数，求 $z=z(x,y)$ 在点 $(0，1)$ 处沿 $\boldsymbol{l}=\{3，-4\}$ 方向的方向导数．

6. 求函数 $u=x^2+y^2+z^2$ 在曲线 $x=t$，$y=t^2$，$z=t^3$ 上点 $(-1，1，-1)$ 处，沿曲线在该点的切线方向（对应于 t 增大的方向）的方向导数．

7. 求函数 $z=1-\left(\dfrac{x^2}{a^2}+\dfrac{y^2}{b^2}\right)$ 在点 $\left(\dfrac{a}{\sqrt{2}}，\dfrac{b}{\sqrt{2}}\right)$ 处沿曲线 $\dfrac{x^2}{a^2}+\dfrac{y^2}{b^2}=1$ 在这点的内法线方向的方向导数．

1. 若函数 $z = 2x^2 + ax + xy^2 + 2y$ 在 $(1, -1)$ 处取得极值，则常数 $a =$ ＿＿＿＿＿＿.

2. 函数 $z = 3axy - x^3 - y^3$ 的全部驻点为＿＿＿＿＿＿＿＿；极值点为＿＿＿＿＿＿＿＿.

3. 已知 $f(1,1) = -1$ 是函数 $f(x,y) = ax^3 + by^3 + cxy$ 的极小值，则 a，b，c 分别为 （　　）.

    A. 1，1，-1；　　　B. -1，-1，3；　　　C. -1，-1，-3；　D. 1，1，-3.

4. 设函数 $z = f(x,y)$ 在点 $P(x_0, y_0)$ 处可微，且 $f_x(x_0, y_0) = f_y(x_0, y_0) = 0$，则函数 $f(x,y)$ 在点 P 处（　　）.

    A. 必有极值；　　　B. 必有极大值；　　　C. 必有极小值；　　　D. 不一定有极值.

5. 求函数 $f(x,y)=4(x-y)-x^2-y^2$ 的极值.

6. 求 $u=\sin x \sin y \sin z$ 满足条件 $x+y+z=\pi/2(x,y,z>0)$ 的条件极值.

7. 在平面 xOy 上求一点，使它到三平面 $x=0$，$x+y=0$ 及 $x-y-16=0$ 的距离平方之和为最小.

1. 设函数 $f(x,y)=2x^2+y^2-y$，则该函数在点（2，3）处增长最快的方向 l 与 x 轴正向的夹角 $\alpha=$_____.

2. 函数 $u=x^2yz^3$ 在点（2，1，－1）处沿方向_____的方向导数最大，且最大值为_____.

3. 设 $z=x-3y-y^3$，则它在（0，1）处（   ）.
A. 没有极值；   B. 有极大值；   C. 有极小值；   D. 无法判断.

4. 曲面 $xyz=a^3$（$a>0$）的切平面与三个坐标面所围成的四面体的体积 $V=$（   ）.
A. $\dfrac{3}{2}a^3$；   B. $3a^3$；   C. $\dfrac{9}{2}a^3$；   D. $6a^3$.

5. 在曲线 $\begin{cases} x=y^2 \\ y=z^2 \end{cases}$ 上求一点，使它在该点的切线平行平面 $y+2z=4$，并写出切线及法平面的方程．

6. 求函数 $f(x,y)=x^2y+y^3-y$ 的极值．

7. 求函数 $z=x^2-xy+y^2$ 在闭域 $|x|+|y|\leqslant 1$ 上的最值．

第十章 重 积 分

第一节 二重积分的概念与性质

一、教学目标

了解二重积分的概念与性质，会用二重积分的性质进行二重积分的估值与大小比较，会用二重积分的几何意义求二重积分.

二、考点题型

二重积分的几何意义，二重积分大小的比较与估值，二重积分的中值定理等.

三、例题分析

例 10.1.1 设 $f(x,y)$ 为连续函数，且 $f(x,y)=\sqrt{9-x^2-y^2}+\iint\limits_{D}f(u,v)\mathrm{d}u\mathrm{d}v$，其中 D 是圆 $x^2+y^2=9$ 所围成的闭区域，求 $f(x,y)$.

分析 由于在给定区域上的二重积分是一个常数，与积分变量无关，因此在同一个区域上，对等式两边作二重积分，根据二重积分的几何意义，即可得到关于这个常数的一个方程，从而求出该常数.

解 设 $A=\iint\limits_{D}f(x,y)\mathrm{d}x\mathrm{d}y$，则 $f(x,y)=\sqrt{9-x^2-y^2}+A$. 于是上式两边在区域 D 积分得 $A=\iint\limits_{D}\sqrt{9-x^2-y^2}\mathrm{d}x\mathrm{d}y+A\iint\limits_{D}\mathrm{d}x\mathrm{d}y=\dfrac{2}{3}\pi\cdot 3^3+A\cdot\pi\cdot 3^2=18\pi+9\pi A$，即 $A=18\pi+9\pi A$，解得 $A=18\pi/(1-9\pi)$，从而 $f(x,y)=\sqrt{1-x^2-y^2}+18\pi/(1-9\pi)$.

思考 若 D 是圆 $x^2+y^2=1$ 所围成的区域，结果如何？是圆 $x^2+y^2=4$ 所围成的区域呢？

例 10.1.2 利用二重积分的性质比较积分 $\iint\limits_{D}(x+y)^2\mathrm{d}\sigma$ 和 $\iint\limits_{D}(x+y)^3\mathrm{d}\sigma$ 的大小，其中 $D=\{(x,y)\,|\,(x-2)^2+(y-1)^2\leqslant 2\}$.

分析 问题可以转化成函数 $(x+y)^2$ 与 $(x+y)^3$ 在区域 D 上大小的比较，而这取决于幂底数 $x+y$ 的大小，如下用几何方法确定 $x+y$ 的大小.

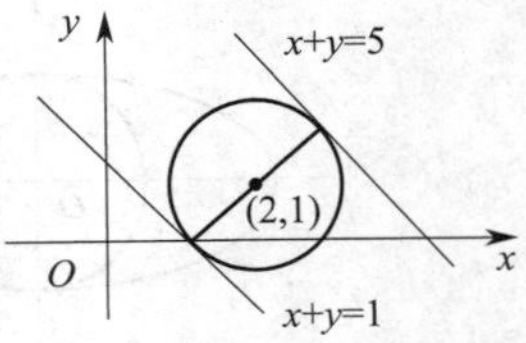

解 如图 10.1. 当直线 $x+y=t$ 平行移动时，函数值 $t=x+y$ 大小发生变化，但对固定的 t 而言，直线 $x+y=t$ 上任何点处的函数值都是一样的. 显然，当 $x+y=t$ 与圆 $(x-2)^2+(y-1)^2=2$ 相切的两个位置，就是函数 $t=x+y$ 取得最大值和最小值的位置. 由切线的性质知，过圆心且与直线 $x+y=t$ 的垂直的直线 $y-1=1\cdot(x-2)$，即 $y=x-1$，就是经过两切点的直线. 于是由该直线的方程 $y=x-1$ 和圆的方程 $(x-2)^2+(y-1)^2=2$，求得切点的坐标 $(1,0)$，$(3,2)$. 故函数 $t=x+y$ 在区域 D 上取得的最小值和最大值分别为 $t_{\min}=(x+y)|_{(1,0)}=1$，$t_{\max}=(x+y)|_{(3,2)}=5$. 因此在区域 D 上 $1\leqslant x+y\leqslant 5$，于是 $(x+y)^2\leqslant(x+y)^3$. 故由二重积分的性质，

图 10.1

可得 $\iint\limits_{D}(x+y)^2\mathrm{d}\sigma\leqslant\iint\limits_{D}(x+y)^3\mathrm{d}\sigma$.

思考 （i）若比较积分 $\iint\limits_{D}\sqrt{x+y}\,\mathrm{d}\sigma$ 和 $\iint\limits_{D}\sqrt[3]{x+y}\,\mathrm{d}\sigma$ 的大小，结果如何？（ii）若其中 $D=\{(x,y)\,|\,0\leqslant x\leqslant1,\,0\leqslant y\leqslant1-x\}$ 或 $D=\{(x,y)\,|\,0\leqslant x\leqslant1,1-x\leqslant y\leqslant1\}$，以上各题结果如何？

例 10.1.3 记 $I_1=\iint\limits_{D}(x^3+y^3)\mathrm{d}\sigma$，$I_2=\iint\limits_{D}(x^2+y^2)\mathrm{d}\sigma$，$I_3=\iint\limits_{D}[\mathrm{e}^{x^2+y^2}-1]\mathrm{d}\sigma$，其中 D 是平面区域 $x^2+y^2\leqslant1$，则有（　　）．

A. $I_1>I_2>I_3$；　　　B. $I_3>I_2>I_1$；　　　C. $I_1>I_3>I_2$；　　　D. $I_2>I_3>I_1$.

分析 积分区域相同，根据各积分被积函数在积分区域上的大小关系，就可以得出积分的大小关系．

解 选择 B. 令 $u=x^2+y^2$，则在 D 内由函数 $y=\mathrm{e}^u$ 的麦克劳林公式，可得 $\mathrm{e}^{x^2+y^2}-1=(x^2+y^2)+o(x^2+y^2)>x^2+y^2\geqslant x\cdot x^2+y\cdot y^2=x^3+y^3$，故在 D 内有 $\mathrm{e}^{x^2+y^2}-1>x^2+y^2\geqslant x^3+y^3$，因此 B 正确．

思考 若其中 $I_1=\iint\limits_{D}(|x|+|y|)\mathrm{d}\sigma$，结果如何？$I_1=\iint\limits_{D}(|x|x^2+|y|y^2)\mathrm{d}\sigma$ 呢？

例 10.1.4 利用二重积分的性质估计 $\iint\limits_{D}(x^2+4y^2+9)\mathrm{d}\sigma$ 的值，其中 $D=\{(x,y)\,|\,x^2+y^2\leqslant4\}$.

分析 问题可以转化成求函数 x^2+4y^2 在区域 D 上的最大值和最小值，这可以用如下的几何方法得到．

解 如图 10.2. 假设椭圆 $x^2/2^2+y^2=k$ $(k>1)$ 向坐标原点收缩，则函数值 $k=x^2/2^2+y^2$ 逐步减小．故当椭圆最初与区域 D，即圆域 $x^2+y^2\leqslant4$ 切触于 $(0,\pm2)$ 时，函数 k 在区域 D 上取得的最大值 $k\,|_{(0,\pm2)}=(x^2/2^2+y^2)\,|_{(0,\pm2)}=4$；当椭圆收缩至坐标原点时，函数 k 在区域 D 上取得的最小值 $k\,|_{(0,0)}=(x^2/2^2+y^2)\,|_{(0,0)}=0$. 于是在区域 D 上

$$0\leqslant x^2/2^2+y^2\leqslant4,\quad 0\leqslant x^2+4y^2\leqslant16,\quad 9\leqslant x^2+4y^2+9\leqslant25,$$

所以

$$9\iint\limits_{D}\mathrm{d}x\mathrm{d}y\leqslant\iint\limits_{D}(x^2+4y^2+9)\mathrm{d}x\mathrm{d}y\leqslant25\iint\limits_{D}\mathrm{d}x\mathrm{d}y,$$

即 $9\cdot4\pi\leqslant\iint\limits_{D}(x^2+4y^2+9)\mathrm{d}x\mathrm{d}y\leqslant25\cdot4\pi$，　$36\pi\leqslant\iint\limits_{D}(x^2+4y^2+9)\mathrm{d}x\mathrm{d}y\leqslant100\pi$.

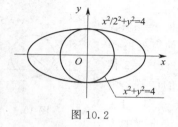

图 10.2

图 10.3

思考 若估计 $\iint\limits_{D}(x^2+9y^2+9)\mathrm{d}\sigma$ 的值，结果如何？估计 $\iint\limits_{D}(4x^2+y^2+9)\mathrm{d}\sigma$ 或 $\iint\limits_{D}(9x^2+y^2+9)\mathrm{d}\sigma$ 的值呢？能否用以上方程求解这些问题？

例 10.1.5 求二重积分 $\iint\limits_{D} f(x)f(y-x)\mathrm{d}x\mathrm{d}y$，其中 $f(x)=\begin{cases} a,0\leqslant x\leqslant 1 \\ 0,\text{其它} \end{cases}$ 且 $a>0$，D 表示全平面.

分析 $f(y-x)$ 是 $f(x)$ 的复合函数. 先求出该复合函数的表达式，才能得出被积函数. 此外，常数函数积分时，注意应用二重积分的几何意义简化运算.

解 如图 10.3. 因为 $f(y-x)=\begin{cases} a,0\leqslant y-x\leqslant 1 \\ 0,\text{其它} \end{cases}=\begin{cases} a,x\leqslant y\leqslant x+1 \\ 0,\text{其它} \end{cases}$，所以

$$f(x)f(y-x)=\begin{cases} a^2,(x,y)\in D_1 \\ 0,\text{其它} \end{cases}，\text{其中 } D_1=\{(x,y)\,|\,0\leqslant x\leqslant 1, x\leqslant y\leqslant x+1\}.$$

于是 $\iint\limits_{D} f(x)f(y-x)\mathrm{d}x\mathrm{d}y=\iint\limits_{D_1} a^2\mathrm{d}x\mathrm{d}y=a^2\iint\limits_{D_1}\mathrm{d}x\mathrm{d}y=a^2 S_{D_1}=a^2\cdot 1=a^2.$

思考 若二重积分为 $\iint\limits_{D} f(x)f(y-2x)\mathrm{d}x\mathrm{d}y$，结果如何？为 $\iint\limits_{D} f(x)f(y+x)\mathrm{d}x\mathrm{d}y$ 或 $\iint\limits_{D} f(x)f(y+2x)\mathrm{d}x\mathrm{d}y$ 呢？

例 10.1.6 设 $f(x,y)$ 是正方形区域 $D:-a\leqslant x,\ y\leqslant a$ 上的连续函数，求 $\lim\limits_{a\to 0}\dfrac{1}{a^2}\iint\limits_{D} f(x,y)\mathrm{d}\sigma.$

分析 关键是根据二重积分的中值定理，化掉极限表达式中的二重积分.

解 根据积分中值定理，存在 $(\xi,\eta)\in D$，使 $\iint\limits_{D} f(x,y)\mathrm{d}\sigma=4a^2 f(\xi,\eta)$，于是

$$\lim\limits_{a\to 0}\frac{1}{a^2}\iint\limits_{D} f(x,y)\mathrm{d}\sigma=\lim\limits_{a\to 0}\frac{4a^2 f(\xi,\eta)}{a^2}=4\lim\limits_{a\to 0}f(\xi,\eta)=4f(0,0).$$

思考 若 $f(x,y)$ 是正方形区域 $D:|x|+|y|\leqslant a$ 上的连续函数，结果如何？$f(x,y)$ 是圆形区域 $D:x^2+y^2\leqslant a^2$ 上的连续函数呢？

第二节　二重积分在直角坐标系下的计算

一、教学目标

掌握二重积分在直角坐标系下的计算方法，以及交换二次积分次序的方法.

二、考点题型

二重积分的计算*——二重积分性质与几何意义的运用，直角坐标系下的计算与积分次序的选择等；二次积分次序的交换.

三、例题分析

例 10.2.1 计算二重积分 $\iint\limits_{D} y\mathrm{e}^{xy}\mathrm{d}x\mathrm{d}y$，其中 D 为双曲线 $xy=1$ 及直线 $x=2$，$y=2$ 所围成的第一象限内的闭区域.

分析 D 既是 X-型积分区域，也是 Y-型积分区域，表示成哪种类型的区域都可以．但若用 X-型区域计算，被积函数先应对 y 积分，显然比较难．因此，采用 Y-型区域计算．

解 如图 10.4. 积分区域 D_Y：$\begin{cases} 1/2 \leqslant y \leqslant 2, \\ 1/y \leqslant x \leqslant 2, \end{cases}$ 于是

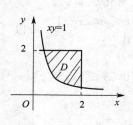

图 10.4

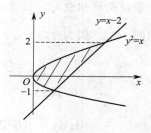

图 10.5

$$\iint\limits_{D} y\mathrm{e}^{xy}\mathrm{d}x\mathrm{d}y = \int_{\frac{1}{2}}^{2}\mathrm{d}y\int_{\frac{1}{y}}^{2}\mathrm{e}^{xy}\mathrm{d}(xy) = \int_{\frac{1}{2}}^{2}\mathrm{e}^{xy}\Big|_{x=\frac{1}{y}}^{2}\mathrm{d}y = \int_{\frac{1}{2}}^{2}(\mathrm{e}^{2y}-\mathrm{e})\mathrm{d}y$$

$$= \left(\frac{1}{2}\mathrm{e}^{2y}-\mathrm{e}y\right)\Big|_{\frac{1}{2}}^{2} = \frac{1}{2}\mathrm{e}^{4}-2\mathrm{e}-\frac{1}{2}\mathrm{e}+\frac{1}{2}\mathrm{e} = \frac{1}{2}\mathrm{e}^{4}-2\mathrm{e}.$$

思考 若二重积分为 $\iint\limits_{D} y^{2}\mathrm{e}^{xy}\mathrm{d}x\mathrm{d}y$，结果如何？为 $\iint\limits_{D} x\mathrm{e}^{xy}\mathrm{d}x\mathrm{d}y$ 或 $\iint\limits_{D} x^{2}\mathrm{e}^{xy}\mathrm{d}x\mathrm{d}y$ 呢？

例 10.2.2 计算二重积分 $\iint\limits_{D} xy\mathrm{d}x\mathrm{d}y$，其中 D 是由抛物线 $y^{2}=x$ 与直线 $y=x-2$ 所围成的闭区域．

分析 由于平行于 y 轴的直线穿过积分区域时，边界曲线的方程不同，故若先对 y 积分必须将区域分块，而先对 x 积分不必分块，因此利用后者计算较为简单，此外，为确定积分限，需要求出两曲线的交点．

解 如图 10.5. 由 $\begin{cases} y^{2}=x, \\ y=x-2, \end{cases}$ 求得两曲线的交点为 $(4,2)$，$(1,-1)$，故 D_Y：$\begin{cases} -1 \leqslant y \leqslant 2, \\ y^{2} \leqslant x \leqslant y+2. \end{cases}$ 于是

$$\iint\limits_{D} xy\mathrm{d}x\mathrm{d}y = \int_{-1}^{2}\mathrm{d}y\int_{y^{2}}^{y+2} xy\mathrm{d}x = \frac{1}{2}\int_{-1}^{2}(-y^{5}+y^{3}+4y^{2}+4y)\mathrm{d}y = \frac{45}{8}.$$

思考 (i) 若积分为 $\iint\limits_{D}(x+y)\mathrm{d}x\mathrm{d}y$，结果如何？(ii) 若 D 是由抛物线 $y^{2}=x$ 与直线 $y=kx-b$（$k>0$，$b\geqslant 0$）围成的闭区域，以上两题结果如何？D 是由抛物线 $y^{2}=x$ 与直线 $x+y=a$（$a>0$）围成的闭区域呢？(iii) 利用先对 y、后对 x 的积分次序计算以上各题．

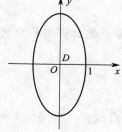

图 10.6

例 10.2.3 计算二重积分 $\iint\limits_{D}(xy^{2}+1)\mathrm{d}x\mathrm{d}y$，其中 D：$4x^{2}+y^{2}\leqslant 4$.

分析 此题有多种解法，可以在直角坐标系下直接计算，但若考虑到积分区域的对称性、被积函数的奇偶性并结合二重积分的几何意义，可很方便地得到结果．

解 如图 10.6. 因为积分区域 D 关于 y 轴对称，而函数 $f(x,y)=$

xy^2 是关于 x 的奇函数，所以 $\iint\limits_D xy^2\mathrm{d}x\mathrm{d}y=0$；又由二重积分的几何意义知 $\iint\limits_D \mathrm{d}x\mathrm{d}y=2\pi$，故

$$\iint\limits_D (xy^2+1)\mathrm{d}x\mathrm{d}y=\iint\limits_D xy^2\mathrm{d}x\mathrm{d}y+\iint\limits_D \mathrm{d}x\mathrm{d}y=2\pi.$$

思考 (i) 若积分区域为 $D:2|x|+|y|\leqslant1$，结果如何？$D:a|x|+b|y|\leqslant1$ $(a>0,$
$b>0)$ 呢？(ii) 在直角坐标系下直接计算以上各题.

例 10.2.4 计算二重积分 $\iint\limits_D (|x|+|y|)\mathrm{d}x\mathrm{d}y$，其中 $D:|x|+$
$|y|\leqslant1.$

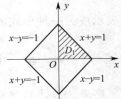

图 10.7

分析 被积函数 $|x|+|y|$ 含有绝对值，是分段函数，要去掉绝对值才能计算. 注意，利用积分区域的对称性及被积函数的奇偶性可以简化计算.

解 如图 10.7. 记 D_1 为区域 D 在第一象限的部分，则 $D_{1X}:\begin{cases}0\leqslant x\leqslant1\\0\leqslant y\leqslant1-x\end{cases}$. 由于积分区域关于坐标原点对称，而被积函数 $|x|+|y|$ 又是关于 x、y 的偶函数，故

$$\iint\limits_D (|x|+|y|)\mathrm{d}x\mathrm{d}y=4\iint\limits_{D_1} (|x|+|y|)\mathrm{d}x\mathrm{d}y=4\int_0^1 \mathrm{d}x\int_0^{1-x}(x+y)\mathrm{d}y=\frac{4}{3}.$$

思考 (i) 若二重积分为 $\iint\limits_D |x|\mathrm{d}x\mathrm{d}y$ 或 $\iint\limits_D |xy|\mathrm{d}x\mathrm{d}y$，结果如何？为 $\iint\limits_D (a|x|+b|y|)$
$\mathrm{d}x\mathrm{d}y$ 呢？(ii) 若积分区域为 $D:x^2+y^2\leqslant1$，以上各题结果如何？

例 10.2.5 将积分 $I=\int_0^1 \mathrm{d}x\int_x^1 \sin y^2\mathrm{d}y$ 化为另一种次序的积分并计算其值.

分析 按如下的四步进行：首先根据积分限写出积分区域不等式；其次将积分区域中的不等式看成等式，从而画出区域边界曲线和区域图；再次写出另一种形式的积分区域；最后写出并计算另一种次序的二次积分.

解 如图 10.8. 根据积分限，得积分区域 $D_X:\begin{cases}0\leqslant x\leqslant1\\x\leqslant y\leqslant1\end{cases}$；由 $y=x$，$y=1$ 及 $x=0$ 画出区域图，于是另一种形式的积分区域 $D_Y:\begin{cases}0\leqslant y\leqslant1\\0\leqslant x\leqslant y\end{cases}$. 所以

$$I=\int_0^1 \sin y^2\mathrm{d}y\int_0^y \mathrm{d}x=\int_0^1 y\sin y^2\mathrm{d}y=\frac{1}{2}\int_0^1 \sin y^2\mathrm{d}(y^2)$$

$$=-\frac{1}{2}\left[\cos(y^2)\right]_0^1=\frac{1}{2}(1-\cos1).$$

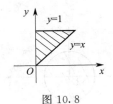

图 10.8

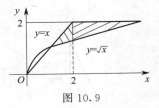

图 10.9

例 10.2.6 计算二次积分 $\int_1^2 \mathrm{d}x\int_{\sqrt{x}}^x \sin\frac{\pi x}{2y}\mathrm{d}y+\int_2^4 \mathrm{d}x\int_{\sqrt{x}}^2 \sin\frac{\pi x}{2y}\mathrm{d}y.$

分析 注意到两个二次积分的被积函数相同，若按题中给出先对 y 积分，因被积函数

关于 y 没有初等函数的原函数表达式而无法进行. 故要计算积分, 必须先交换积分次序. 为此, 先作出积分区域的草图, 再确定积分限.

解 如图 10.9. 积分区域由两部分 $D_{1X}:\begin{cases}1\leqslant x\leqslant 2\\\sqrt{x}\leqslant y\leqslant x\end{cases}$ 和 $D_{2X}:\begin{cases}2\leqslant x\leqslant 4\\\sqrt{x}\leqslant y\leqslant 2\end{cases}$ 构成, 于是分别由 $y=\sqrt{x}$, $y=x$, $x=2$ 和 $y=\sqrt{x}$, $y=2$, $x=2$ 画出两块区域. 显然, 两区域一起可以表示成另一种形式的区域 $D_Y:\begin{cases}1\leqslant y\leqslant 2\\y\leqslant x\leqslant y^2\end{cases}$. 故

$$原式=\int_1^2\mathrm{d}y\int_y^{y^2}\sin\frac{\pi x}{2y}\mathrm{d}x=\int_1^2\frac{2y}{\pi}\left[-\cos\frac{2\pi x}{2y}\right]_y^{y^2}\mathrm{d}y=\int_1^2\frac{2y}{\pi}\left(-\cos\frac{\pi y}{2}+\cos\frac{\pi}{2}\right)\mathrm{d}y=\frac{4}{\pi^3}(2+\pi).$$

思考 若计算积分 $\int_1^2\mathrm{d}x\int_{\sqrt{x}}^x\cos\frac{\pi x}{2y}\mathrm{d}y+\int_2^4\mathrm{d}x\int_{\sqrt{x}}^2\cos\frac{\pi x}{2y}\mathrm{d}y$, 结果如何?

第三节　二重积分在极坐标系下的计算

一、教学目标

掌握二重积分在极坐标系下的计算方法以及直角坐标系下与极坐标系下二次积分互化的方法.

二、考点题型

二重积分的计算* ——极坐标系下的计算与积分次序的交换, 坐标系的选择与转化等.

三、例题分析

例 10.3.1 计算二重积分 $\iint\limits_D y\sqrt{x^2+y^2}\,\mathrm{d}x\mathrm{d}y$, 其中 D 直线 $y=x$, $y=\sqrt{3}\,x$, $x=2$ 所围成的闭区域.

分析 被积函数含 x^2+y^2, 积分区域为直线所围成区域, 都可尝试用极坐标计算的情形.

解 如图 10.10. 在极坐标系下, 积分区域可表示成 $D:\begin{cases}\pi/4\leqslant\theta\leqslant\pi/3\\0\leqslant r\leqslant 2\sec\theta\end{cases}$. 故

$$原式=\int_{\pi/4}^{\pi/3}\sin\theta\mathrm{d}\theta\int_0^{2\sec\theta}r^2\cdot r\mathrm{d}r=\frac{1}{4}\int_{\pi/4}^{\pi/3}\sin\theta\cdot r^4\Big|_0^{2\sec\theta}\mathrm{d}\theta=4\int_{\pi/4}^{\pi/3}\frac{\sin\theta}{\cos^4\theta}\mathrm{d}\theta$$

$$=-4\int_{\pi/4}^{\pi/3}\frac{\mathrm{d}(\cos\theta)}{\cos^4\theta}=\frac{4}{3}\cdot\frac{1}{\cos^3\theta}\Big|_{\pi/4}^{\pi/3}=\frac{4}{3}(2^3-1)=\frac{28}{3}.$$

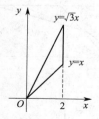

图 10.10

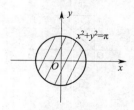

图 10.11

思考　(i) 若积分为 $\displaystyle\iint_D y(x^2+y^2)\mathrm{d}x\mathrm{d}y$，结果如何？(ii) 用直角坐标计算以上各题，并与极坐标计算方法进行比较；(iii) 选择适当的坐标计算二重积分 $\displaystyle\iint_D x\sqrt{x^2+y^2}\,\mathrm{d}x\mathrm{d}y$ 和 $\displaystyle\iint_D x(x^2+y^2)\mathrm{d}x\mathrm{d}y$.

例 10.3.2　计算二重积分 $\displaystyle\iint_D \mathrm{e}^{-(x^2+y^2-\pi)}\sin(x^2+y^2)\mathrm{d}x\mathrm{d}y$，其中 $D=\{(x,y)\mid x^2+y^2\leqslant\pi\}$.

分析　被积函数含 x^2+y^2，积分区域为圆域，宜用极坐标计算．注意被积函数中含有一个常因数，可以提到积分符号的外边来．

解　如图 10.11．在极坐标系下，积分区域可表示成 $D:\begin{cases}0\leqslant\theta\leqslant2\pi\\0\leqslant r\leqslant\sqrt{\pi}\end{cases}$．故

$$\text{原式}=\mathrm{e}^{\pi}\iint_D \mathrm{e}^{-(x^2+y^2)}\sin(x^2+y^2)\mathrm{d}x\mathrm{d}y=\mathrm{e}^{\pi}\int_0^{2\pi}\mathrm{d}\theta\int_0^{\sqrt{\pi}}\mathrm{e}^{-r^2}\sin r^2\cdot r\,\mathrm{d}r$$

$$\xlongequal{r^2=t}\frac{1}{2}\mathrm{e}^{\pi}\int_0^{2\pi}\mathrm{d}\theta\int_0^{\pi}\mathrm{e}^{-t}\sin t\,\mathrm{d}t=\pi\mathrm{e}^{\pi}\int_0^{\pi}\mathrm{e}^{-t}\sin t\,\mathrm{d}t=\frac{\pi}{2}(1+\mathrm{e}^{\pi}).$$

思考　(i) 若二重积分为 $\displaystyle\iint_D \mathrm{e}^{-(x^2+y^2-\pi)}\mathrm{d}x\mathrm{d}y$，结果如何？(ii) 利用本例及 (i) 中结果，计算 $\displaystyle\iint_D \mathrm{e}^{-(x^2+y^2-\pi)}\cos(x^2+y^2)\mathrm{d}x\mathrm{d}y$；(iii) 若积分区域 D 为圆 $x^2+y^2\leqslant\pi$ 的上半部分或其在第一象限的部分，结果如何？

例 10.3.3　计算二重积分 $\displaystyle\iint_D \frac{\sqrt{x^2+y^2}}{\sqrt{4a^2-x^2-y^2}}\mathrm{d}\sigma$，其中 D 是由曲线 $y=-a+\sqrt{a^2-x^2}$ 与直线 $y=-x$ 围成的闭区域（其中 $a>0$）．

分析　曲线 $y=-a+\sqrt{a^2-x^2}$ 是圆 $x^2+(y+a)^2=a^2$ 的上半圆周．由于积分区域是圆的一部分，且被积函数含 x^2+y^2，宜用极坐标，因而要将边界曲线方程改写为极坐标形式，再确定积分限．

解　如图 10.12．将 $x=r\cos\theta$，$y=r\sin\theta$ 代入圆 $y=-a+\sqrt{a^2-x^2}$ 的方程，得其极坐标方程 $r=-2a\sin\theta$，而 $y=-x$ 的极坐标方程为 $\theta=-\dfrac{\pi}{4}$，因此积分区域为 $D:$
$\begin{cases}-\dfrac{\pi}{4}\leqslant\theta\leqslant0\\0\leqslant r\leqslant-2a\sin\theta\end{cases}$．故

$$\text{原式}=\int_{-\frac{\pi}{4}}^{0}\mathrm{d}\theta\int_0^{-2a\sin\theta}\frac{r}{\sqrt{4a^2-r^2}}\cdot r\,\mathrm{d}r\xlongequal{r=2a\sin t}\int_{-\frac{\pi}{4}}^{0}\mathrm{d}\theta\int_0^{-\theta}2a^2(1-\cos2t)\mathrm{d}t$$

$$=a^2\int_{-\frac{\pi}{4}}^{0}(\sin2\theta-2\theta)\mathrm{d}\theta=a^2\left(\frac{\pi^2}{16}-\frac{1}{2}\right).$$

思考　(i) 若区域 D 是整个圆域 $x^2+(y+a)^2\leqslant a^2$，结果如何？(ii) 若 D 是圆域 $x^2+(y+a)^2\leqslant a^2$（$a>0$）在直线 $y=-x$ 下方的部分，试用以上两题结果计算该问题；(iii) 在以上三种情形下计算两二重积分 $\displaystyle\iint_D \frac{\sqrt{4a^2-x^2-y^2}}{\sqrt{x^2+y^2}}\mathrm{d}\sigma$ 和 $\displaystyle\iint_D \frac{\sqrt{a^2-x^2-y^2}}{\sqrt{x^2+y^2}}\mathrm{d}\sigma$.

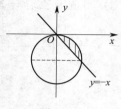 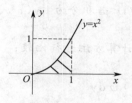

图 10.12 　　　　　　　　　　　　　　 图 10.13

例 10.3.4　将直角坐标系下的二次积分 $\int_0^1 dx \int_0^{x^2} f(x,y)dy$ 化为极坐标系下的二次积分.

分析　本题为二重积分的变量替换.首先要确定二次积分（二重积分）的积分区域,作出草图.其次将积分区域的边界曲线方程改写为极坐标系下的形式,确定积分限,最后写出积分在极坐标系下的表达式.

解　根据累次积分限,写出积分区域 D_X：$\begin{cases} 0 \leqslant x \leqslant 1 \\ 0 \leqslant y \leqslant x^2 \end{cases}$,并据此画出积分区域图（如图 10.13）.分别将 $x = r\cos\theta$,$y = r\sin\theta$ 代入积分区域边界曲线的方程,得出相应的区域边界曲线的极坐标方程 $y = 0 \Rightarrow \theta = 0$；$x = 1 \Rightarrow r\cos\theta = 1 \Rightarrow r = \sec\theta$；$y = x^2 \Rightarrow r\sin\theta = r^2\cos^2\theta \Rightarrow r = \tan\theta\sec\theta$.于是得积分区域在极坐标下的表达式 D：$\begin{cases} 0 \leqslant \theta \leqslant \dfrac{\pi}{4} \\ \sec\theta \leqslant r \leqslant \tan\theta\sec\theta \end{cases}$.故

$$\int_0^1 dx \int_0^{x^2} f(x,y)dy = \int_0^{\frac{\pi}{4}} d\theta \int_{\tan\theta\sec\theta}^{\sec\theta} f(r\cos\theta, r\sin\theta)r dr.$$

思考　(i) 若二次积分为 $\int_0^1 dx \int_0^x f(x,y)dy$,结果如何？(ii) 若 $f(x,y) = \sin(x^2 + y^2)$ 或 $f(x,y) = e^{x^2+y^2}$,分别求出以上两题的结果.

例 10.3.5　累次积分 $\int_0^{\frac{\pi}{2}} d\theta \int_0^{\cos\theta} f(r\cos\theta, r\sin\theta)r dr$ 可以写成（　　　）.

A. $\int_0^1 dy \int_0^{\sqrt{y-y^2}} f(x,y)dx$ 　　　　　　B. $\int_0^1 dy \int_0^{\sqrt{1-y^2}} f(x,y)dx$

C. $\int_0^1 dx \int_0^1 f(x,y)dy$ 　　　　　　　　D. $\int_0^1 dx \int_0^{\sqrt{x-x^2}} f(x,y)dy$

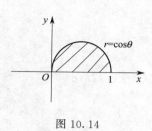

图 10.14

分析　关键是根据极坐标系下的累次积分限画出积分区域,并把区域表示成直角坐标下的"X-型"或"Y-型"区域.注意,回想一下是怎样将二重积分化为极坐标系下的累次积分的,并逆向思考这个问题.

解　选择 D.根据累次积分限可以得出积分区域 D：$\begin{cases} 0 \leqslant \theta \leqslant \dfrac{\pi}{2} \\ 0 \leqslant r \leqslant \cos\theta \end{cases}$.由 $r = \cos\theta$,即 $r^2 = r\cos\theta$,即 $x^2 + y^2 = x$,再根据 θ 的范围易知积分区域是圆 $x^2 + y^2 = x$ 在第一象限的部分（如图 10.14）.其在直角坐标下可表示成 D_X：$\begin{cases} 0 \leqslant x \leqslant 1 \\ 0 \leqslant y \leqslant \sqrt{x-x^2} \end{cases}$,故选择 D.

思考　(i) 若累次积分为 $\int_0^{\frac{\pi}{2}}\mathrm{d}\theta\int_0^{\sin\theta}f(r\cos\theta,r\sin\theta)r\,\mathrm{d}r$，结果如何？ (ii) 若选项 B 正确，则相应的累次积分怎样？

例 10.3.6　求曲面 $z=\sqrt{6-x^2-y^2}$ 和 $z=x^2+y^2$ 所围成的立体的体积.

分析　先求立体在 xOy 面上的投影区域，从而确定体积公式中的积分区域；再列出体积的表达式并采用相应的方法计算.

解　由 $\begin{cases}z=\sqrt{6-x^2-y^2}\\z=x^2+y^2\end{cases}\Rightarrow z=2\Rightarrow x^2+y^2=2$，于是立体在 xOy 面上的投影区域为

$D:\begin{cases}0\leqslant\theta\leqslant2\pi\\0\leqslant r\leqslant\sqrt{2}\end{cases}$. 故所求体积

$$V=\iint\limits_{D}\left[\sqrt{6-x^2-y^2}-(x^2+y^2)\right]\mathrm{d}x\,\mathrm{d}y=\int_0^{2\pi}\mathrm{d}\theta\int_0^{\sqrt{2}}\left(\sqrt{6-r^2}-r^2\right)r\,\mathrm{d}r$$

$$=2\pi\left[-\frac{1}{3}(6-r^2)^{\frac{3}{2}}-\frac{1}{4}r^4\right]_0^{\sqrt{2}}=\left(4\sqrt{6}-\frac{32}{3}\right)\pi.$$

思考　若求曲面 $z=6-x^2-y^2$ 和 $z=x^2+y^2$ 所围成的立体的体积，结果如何？求曲面 $z=6-x^2-2y^2$ 和 $z=2x^2+y^2$ 所围成的立体的体积呢？

第四节　习题课一

例 10.4.1　计算二重积分 $I=\iint\limits_{D}\dfrac{x}{y^2}\mathrm{d}x\,\mathrm{d}y$，其中 D 是 $y=x$，$y=\dfrac{1}{x}$，$y=2$ 所围成的闭区域.

分析　被积函数和积分区域都适合用直角坐标计算. 这里，D 既是 X-型积分区域，也是 Y-型积分区域. 但由于 D 下方的边界曲线由分段曲线所构成，所以用 X-型积分区域计算也要将该区域分成两块，而采用 Y-型积分区域计算就可以避免分块的问题.

解　如图 10.15. 将 D 表示成 Y-型区域 D_Y：$1\leqslant y\leqslant2$，$1/y\leqslant x\leqslant y$，则

$$I=\int_1^2\frac{1}{y^2}\mathrm{d}y\int_{1/y}^y x\,\mathrm{d}x=\frac{1}{2}\int_1^2\frac{1}{y^2}x^2\bigg|_{1/y}^y\mathrm{d}y=\frac{1}{2}\int_1^2\left(1-\frac{1}{y^4}\right)\mathrm{d}y$$

$$=\frac{1}{2}\left(y+\frac{1}{3y^3}\right)\bigg|_1^2=\frac{1}{2}\left(2+\frac{1}{24}-1-\frac{1}{3}\right)=\frac{17}{48}.$$

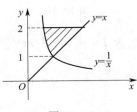

图 10.15

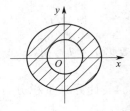

图 10.16

思考　(i) 若积分为 $I=\iint\limits_{D}\dfrac{y}{x^2}\mathrm{d}x\,\mathrm{d}y$，结果如何？为 $I=\iint\limits_{D}\dfrac{x^2}{y^3}\mathrm{d}x\,\mathrm{d}y$ 呢？ (ii) 若 D 是 $y=x^2$，$y=\dfrac{1}{x}$，$y=2$ 所围成的闭区域，计算以上各题.

例 10.4.2 计算二重积分 $I = \iint\limits_D \dfrac{\sin^2\sqrt{x^2+y^2}}{\sqrt{x^2+y^2}}\mathrm{d}x\,\mathrm{d}y$，其中 D 是环形区域：$\pi^2 \leqslant x^2 + y^2 \leqslant 4\pi^2$.

分析 被积函数和积分区域都适合用极坐标计算.

解 如图 10.16. 积分区域可以表示成 D：$0 \leqslant \theta \leqslant 2\pi$，$\pi \leqslant r \leqslant 2\pi$，故

$$I = \int_0^{2\pi}\mathrm{d}\theta\int_\pi^{2\pi}\frac{\sin^2 r}{r}\cdot r\,\mathrm{d}r = 2\pi\int_\pi^{2\pi}\sin^2 r\,\mathrm{d}r = \pi\int_\pi^{2\pi}(1-\cos 2r)\mathrm{d}r$$

$$= \pi\left(r - \frac{1}{2}\sin 2r\right)\Big|_\pi^{2\pi} = \pi^2.$$

思考 若积分为 $I = \iint\limits_D \dfrac{\cos^2\sqrt{x^2+y^2}}{\sqrt{x^2+y^2}}\mathrm{d}x\,\mathrm{d}y$，结果如何？为 $I = \iint\limits_D \dfrac{\sin^3\sqrt{x^2+y^2}}{\sqrt{x^2+y^2}}\mathrm{d}x\,\mathrm{d}y$ 或 $I = \iint\limits_D \dfrac{\cos^3\sqrt{x^2+y^2}}{\sqrt{x^2+y^2}}\mathrm{d}x\,\mathrm{d}y$ 呢？

例 10.4.3 计算二重积分 $I = \iint\limits_D (x^2 + xy\mathrm{e}^{x^2+y^2})\mathrm{d}x\,\mathrm{d}y$，其中：(1) D 为圆域 $x^2 + y^2 \leqslant 1$；(2) D 为直线 $y = x$，$y = -1$，$x = 1$ 所围成的区域.

分析 被积函数由两部分的和构成根据积分区域和每部分函数的特点，利用不同的坐标系计算. 注意，利用积分性质可简化计算.

解 (1) 如图 10.17. 由积分区域关于坐标原点的对称性和被积函数的奇偶性，得

$$I = \iint\limits_D x^2\mathrm{d}x\,\mathrm{d}y + \iint\limits_D xy\mathrm{e}^{x^2+y^2}\mathrm{d}x\,\mathrm{d}y = \frac{1}{2}\iint\limits_D(x^2+y^2)\mathrm{d}x\,\mathrm{d}y + 0 = \frac{1}{2}\int_0^{2\pi}\mathrm{d}\theta\int_0^1 r^3\mathrm{d}r = \frac{\pi}{4};$$

(2) 如图 10.18. 添加辅助线 $y = -x$，将 D 分为 D_1，D_2，利用对称性，得

$$I = \iint\limits_D x^2\mathrm{d}x\,\mathrm{d}y + \iint\limits_{D_1} xy\mathrm{e}^{x^2+y^2}\mathrm{d}x\,\mathrm{d}y + \iint\limits_{D_2} xy\mathrm{e}^{x^2+y^2}\mathrm{d}x\,\mathrm{d}y = \int_{-1}^1 x^2\mathrm{d}x\int_{-1}^x\mathrm{d}y + 0 + 0 = \frac{2}{3}.$$

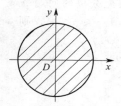

图 10.17

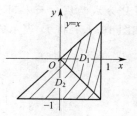

图 10.18

思考 若积分为 $I = \iint\limits_D (x^2 + y\mathrm{e}^{x^2+y^2})\mathrm{d}x\,\mathrm{d}y$，结果如何？为 $I = \iint\limits_D (x^2 + x\mathrm{e}^{x^2+y^2})\mathrm{d}x\,\mathrm{d}y$ 呢？

例 10.4.4 计算二重积分 $\iint\limits_D y\,\mathrm{d}x\,\mathrm{d}y$，其中 D 是由直线 $x = -2$，$y = 0$，$y = 2$ 及曲线 $x = -\sqrt{2y-y^2}$ 所围成的闭区域.

分析 被积函数为一次函数，积分区域由直线段和圆弧所围成，直角坐标和极坐标均可用，关键是在相应的坐标系下如何表示积分区域.

解 如图 10.19. 设 D' 是圆弧 $x = -\sqrt{2y-y^2}$ 与 y 轴所围成的区域，于是原积分可以表示成 $D+D'$ 与 D' 上的两积分之差. 由于 $D+D'$：$-2 \leqslant x \leqslant 0$，$0 \leqslant y \leqslant 2$；$D$：$\pi/2 \leqslant \theta \leqslant \pi$，

$0 \leqslant r \leqslant 2\sin\theta$. 故

$$原式 = \iint\limits_{D+D'} y\mathrm{d}x\mathrm{d}y - \iint\limits_{D} y\mathrm{d}x\mathrm{d}y = \int_{-2}^{0}\mathrm{d}x\int_{0}^{2} y\mathrm{d}y - \int_{\frac{\pi}{2}}^{\pi}\sin\theta\mathrm{d}\theta\int_{0}^{2\sin\theta} r^2\mathrm{d}r$$

$$= 4 - \frac{8}{3}\int_{\frac{\pi}{2}}^{\pi}\sin^4\theta\mathrm{d}\theta = 4 - \frac{8}{3}\int_{0}^{\frac{\pi}{2}}\cos^4\theta\mathrm{d}\theta = 4 - \frac{8}{3}\cdot\frac{3}{4}\cdot\frac{1}{2}\cdot\frac{\pi}{2} = 4 - \frac{\pi}{2}.$$

思考　(i) 若二重积分为 $\iint\limits_{D} x\mathrm{d}x\mathrm{d}y$ 或 $\iint\limits_{D} xy\mathrm{d}x\mathrm{d}y$，结果如何？ (ii) 若 D 是由直线 $x=-2$，$y=0$，$y=2$ 及曲线 $x=\sqrt{2y-y^2}$ 所围成的平面区域，以上各题结果如何？

例 10.4.5　计算二次积分 $\int_{0}^{\frac{\pi}{3}}\mathrm{d}y\int_{y}^{\frac{\pi}{3}}\frac{\sin^2 x}{x}\mathrm{d}x$ 的值.

分析　因为被积函数 $\frac{\sin^2 x}{x}$ 的原函数不是初等函数，故 $\int_{y}^{\frac{\pi}{3}}\frac{\sin^2 x}{x}\mathrm{d}x$ 无法求出. 但若采用另一种次序的积分，则可避免这个问题. 因此，先交换积分，再计算.

解　如图 10.20. 积分区域为 $D_Y:0\leqslant y\leqslant\pi/3$，$y\leqslant x\leqslant\pi/3$，表示成另一种类型的积分区域 $D_X:0\leqslant x\leqslant\pi/3$，$0\leqslant y\leqslant x$，故

$$\int_{0}^{\frac{\pi}{3}}\mathrm{d}y\int_{y}^{\frac{\pi}{3}}\frac{\sin^2 x}{x}\mathrm{d}x = \int_{0}^{\frac{\pi}{3}}\frac{\sin^2 x}{x}\mathrm{d}x\int_{0}^{x}\mathrm{d}y = \int_{0}^{\frac{\pi}{3}}\sin^2 x\mathrm{d}x = \frac{1}{2}\int_{0}^{\frac{\pi}{3}}(1-\cos 2x)\mathrm{d}x$$

$$= \frac{1}{2}\left(x - \frac{1}{2}\sin 2x\right)\Big|_{0}^{\frac{\pi}{3}} = \frac{\pi}{6} - \frac{\sqrt{3}}{4}.$$

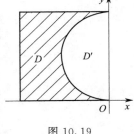　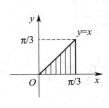　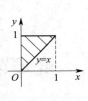　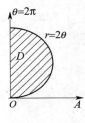

图 10.19　　　　　图 10.20　　　　　图 10.21　　　　　图 10.22

例 10.4.6　计算二重积分 $I = \iint\limits_{D} \mathrm{e}^{-y^2}\mathrm{d}x\mathrm{d}y$，其中 D 是由直线 $y=x$，$y=1$，$x=0$ 围成.

分析　本题若先对 y 积分，积分无法进行. 只能先对 x 积分.

解　如图 10.21. 积分区域为 $D_X:0\leqslant x\leqslant 1$，$x\leqslant y\leqslant 1$，于是

$$I = \iint\limits_{D} \mathrm{e}^{-y^2}\mathrm{d}x\mathrm{d}y = \int_{0}^{1}\mathrm{e}^{-y^2}\int_{0}^{y}\mathrm{d}x = \int_{0}^{1} y\mathrm{e}^{-y^2}\mathrm{d}y = -\frac{1}{2}\int_{0}^{1}\mathrm{e}^{-y^2}\mathrm{d}(-y^2)$$

$$= -\frac{1}{2}\mathrm{e}^{-y^2}\Big|_{0}^{1} = \frac{1}{2}\left(1-\frac{1}{e}\right).$$

思考　若二重积分 $I = \iint\limits_{D}\sin y^2\mathrm{d}x\mathrm{d}y$，结果如何？为 $I = \iint\limits_{D}\cos y^2\mathrm{d}x\mathrm{d}y$ 呢？

例 10.4.7　证明 $\int_{0}^{\pi}\mathrm{d}y\int_{0}^{y} f(\sin x)\mathrm{d}x = \int_{0}^{\pi} xf(\sin x)\mathrm{d}x$，其中 $f(u)$ 在 $[0,1]$ 上连续.

分析　从等式两端的被积函数来看，若从左端向右端推证，应先交换积分次序.

证明 将 Y-型区域 D_Y：$0 \leqslant y \leqslant \pi$，$0 \leqslant x \leqslant y$ 改写成 X-型区域 D_X：$0 \leqslant x \leqslant \pi$，$x \leqslant y \leqslant \pi$. 于是

$$\int_0^\pi \mathrm{d}y \int_0^y f(\sin x)\mathrm{d}x = \int_0^\pi \mathrm{d}x \int_x^\pi f(\sin x)\mathrm{d}y = \int_0^\pi y f(\sin x)\Big|_x^\pi \mathrm{d}x$$

$$= \int_0^\pi (\pi - x)f(\sin x)\mathrm{d}x = \int_0^\pi t f[\sin(\pi - t)]\mathrm{d}t \quad (\text{令 } x = \pi - t)$$

$$= \int_0^\pi t f(\sin t)\mathrm{d}t = \int_0^\pi x f(\sin x)\mathrm{d}x.$$

思考 对二次积分 $\int_0^\pi \mathrm{d}y \int_0^y f(\cos x)\mathrm{d}x$，写出类似的结论，并给出结论的证明.

例 10.4.8 计算极限 $\displaystyle\lim_{x \to 0} \frac{\displaystyle\int_0^x \mathrm{d}u \int_0^{u^2} \arctan(1+t)\mathrm{d}t}{x(1 - \cos x)}$.

分析 此极限属于 $\dfrac{0}{0}$ 型，可先用无穷小替代，再用洛必达法则消去积分.

解 原式 $= \displaystyle\lim_{x \to 0} \frac{\displaystyle\int_0^x \mathrm{d}u \int_0^{u^2} \arctan(1+t)\mathrm{d}t}{x \cdot (x^2/2)} = 2\lim_{x \to 0} \frac{\displaystyle\int_0^x \arctan(1+t)\mathrm{d}t}{3x^2}$

$$= \frac{2}{3}\lim_{x \to 0} \frac{\arctan(1+x^2) \cdot 2x}{2x} = \frac{2}{3} \cdot \frac{\pi}{4} = \frac{\pi}{6}.$$

思考 若极限为 $\displaystyle\lim_{x \to 0} \frac{\displaystyle\int_0^x \mathrm{d}u \int_0^u \arctan(1+t^2)\mathrm{d}t}{x(1 - \cos x)}$，结果如何？为 $\displaystyle\lim_{x \to 0} \frac{\displaystyle\int_0^{2x} \mathrm{d}u \int_0^{u^2} \arctan(1+t)\mathrm{d}t}{x(1 - \cos x)}$

或 $\displaystyle\lim_{x \to 0} \frac{\displaystyle\int_0^{x^2} \mathrm{d}u \int_0^u \arctan(1+t)\mathrm{d}t}{x(1 - \cos x)}$ 或 $\displaystyle\lim_{x \to 0} \frac{\displaystyle\int_0^{x^2} \mathrm{d}u \int_0^{2u} \arctan(1+t)\mathrm{d}t}{x(1 - \cos x)}$ 呢？

第五节　三重积分

一、教学目标

了解三重积分的概念与性质，掌握三重积分在直角坐标系的计算方法；了解柱面坐标的概念以及柱面坐标与极坐标之间的联系，掌握三重积分在柱面坐标系的计算方法；知道球面坐标的概念以及球面坐标与柱面坐标之间的区别，会用球面坐标系计算三重积分.

二、考点题型

三重积分在直角坐标系下的计算*；三重积分在柱面坐标系下的计算*；三重积分在球面坐标系下的计算.

三、例题分析

例 10.5.1 计算三重积分 $I = \iiint\limits_\Omega y^2 z^3 \mathrm{d}v$，其中 Ω 是由三坐标面与平面 $x + y = 1$，$z = 1$ 所围成的闭区域.

分析 区域与被积函数都适合用直角坐标计算，且采用 $z \to y \to x$ 的积分顺序计算比较简单.

解 如图 10.23. 积分区域可以表示成 Ω：$0 \leqslant y \leqslant 1$，$0 \leqslant x \leqslant 1-y$，$0 \leqslant z \leqslant 1$，所以

$$I = \int_0^1 y^2 \mathrm{d}y \int_0^{1-y} \mathrm{d}x \int_0^1 z^3 \mathrm{d}z = \frac{1}{4} \int_0^1 y^2 [x]_0^{1-y} \mathrm{d}y = \frac{1}{4} \int_0^1 y^2 (1-y) \mathrm{d}y$$

$$= \frac{1}{4} \int_0^1 (y^2 - y^3) \mathrm{d}x = \frac{1}{4} \left[\frac{1}{3} y^3 - \frac{1}{4} y^4 \right]_0^1 = \frac{1}{4} \left(\frac{1}{3} - \frac{1}{4} \right) = \frac{1}{48}.$$

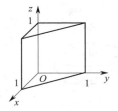

图 10.23

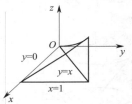

图 10.24

思考 （i）若三重积分为 $I = \iiint\limits_{\Omega} xy^2 z^3 \mathrm{d}v$，结果如何？为 $I = \iiint\limits_{\Omega} x^2 yz^3 \mathrm{d}v$ 呢？（ii）采用三种以上的积分顺序计算以上各题.

例 10.5.2 计算三重积分 $\iiint\limits_{\Omega} (xy^2 - z) \mathrm{d}v$，其中 Ω 为曲面 $z = xy$，$y = x$，$x = 1$，$z = 0$ 所围成的闭区域.

分析 在积分区域图不易画出的情形下，将积分区域处投影到某坐标面上，再在该投影区域上的任意点处，用代数分析的方法得出积分区域任意点另一坐标的变化范围. 这样，投影区域的表示式和该坐标的表达式合起来，就可以得出积分区域的表达式.

解 如图 10.24. 由 $z = xy$ 和 $z = 0$，得 $x = 0$，$y = 0$. 因此，Ω 为曲面 $z = xy$，$y = x$，$x = 1$，$x = 0$，$y = 0$ 和 $z = 0$ 所围成的闭区域，且 Ω 在 xOy 面上的投影是直线 $y = x$，$x = 1$，$y = 0$ 所围成的区域 D_{xy}：$0 \leqslant x \leqslant 1$，$0 \leqslant y \leqslant x$. 显然，对任意的 $(x,y) \in D_{xy}$，有 $0 \leqslant z \leqslant xy$. 于是积分区域可表示成 Ω：$0 \leqslant x \leqslant 1$，$0 \leqslant y \leqslant x$，$0 \leqslant z \leqslant xy$，故

$$\text{原式} = \int_0^1 x \mathrm{d}x \int_0^x y^2 \mathrm{d}y \int_0^{xy} \mathrm{d}z - \int_0^1 \mathrm{d}x \int_0^x \mathrm{d}y \int_0^{xy} z \mathrm{d}z$$

$$= \int_0^1 x^2 \mathrm{d}x \int_0^x y^3 \mathrm{d}y - \frac{1}{2} \int_0^1 x^2 \mathrm{d}x \int_0^x y^2 \mathrm{d}y$$

$$= \frac{1}{4} \int_0^1 x^6 \mathrm{d}x - \frac{1}{6} \int_0^1 x^5 \mathrm{d}x = \frac{1}{28} - \frac{1}{36} = \frac{1}{126}.$$

思考 （i）若积分为 $\iiint\limits_{\Omega} (x^2 y - z) \mathrm{d}v$，结果如何？（ii）若 Ω 为曲面 $z = xy$，$y = x$，$x = -1$，$z = 0$ 所围成的闭区域，以上两题结果如何？

例 10.5.3 计算三重积分 $\iiint\limits_{\Omega} (x^2 + y^2) \mathrm{d}x\mathrm{d}y\mathrm{d}z$，其中 Ω 是由锥面 $z = \frac{h}{R}\sqrt{x^2 + y^2}$ 与平面 $z = h$ $(h > 0)$ 所围成的闭区域.

分析 积分区域由锥面与平面构成，被积函数含 $x^2 + y^2$，可以用所谓的柱面坐标系下的投影法计算：即将区域 Ω 投影到 xOy 面上，并用该坐标面上的极坐标表示投影区域，再与区域 Ω 的 z 坐标直角坐标系下的表达式一起就是区域 Ω 在柱面坐标系下的表达式.

解 如图 10.25. 联立 $z = \frac{h}{R}\sqrt{x^2 + y^2}$，$z = h$，消去 z 得 $x^2 + y^2 = R^2$，于是 Ω 在 xOy 面上的投影区域为 D_{xy}：$x^2 + y^2 \leqslant R^2$，且 $\frac{h}{R}\sqrt{x^2 + y^2} \leqslant z \leqslant h$，故 Ω 在柱面坐标系下可以表

示成 Ω：$0 \leqslant \theta \leqslant 2\pi$，$0 \leqslant r \leqslant R$，$\dfrac{h}{R}r \leqslant z \leqslant h$．故

$$原式 = \int_0^{2\pi} d\theta \int_0^R r^2 \cdot r\,dr \int_{\frac{h}{R}r}^h dz = 2\pi \int_0^R r^3 \left(h - \frac{h}{R}r \right) dr = 2\pi h \left(\frac{1}{4}r^4 - \frac{1}{R} \cdot \frac{1}{5}r^5 \right) \Big|_0^R$$

$$= 2\pi h \left(\frac{1}{4}R^4 - \frac{1}{5}R^4 \right) = \frac{1}{10}\pi R^4 h.$$

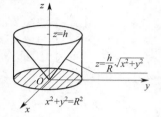

图 10.25

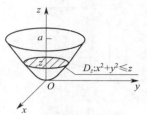

图 10.26

思考 （i）若积分为 $\iiint\limits_\Omega \sqrt{x^2 + y^2}\,dx\,dy\,dz$，结果如何？（ii）若 Ω 是由旋转抛物面 $z = x^2 + y^2$ 与平面 $z = h$（$h > 0$）所围成的闭区域，以上两题结果如何？

例 10.5.4 计算三重积分 $\iiint\limits_\Omega z\,dv$，其中 Ω 是旋转抛物面 $z = x^2 + y^2$ 和平面 $z = a$（$a > 0$）所围成的闭区域．

分析 被积函数是一元函数，可以用所谓的柱面坐标下的截面法计算：将区域 Ω 投影到 z 轴上，再在该投影区间上任取一点，作平行于 xOy 平面的截面，那么由二重积分的几何意义，该截面上的二重积分等于截面的面积．

解 如图 10.26．将 Ω 朝 z 轴投影得 $0 \leqslant z \leqslant a$，在 $[0, a]$ 上任取一点 z，过该点作垂直于 z 轴的平面，与 Ω 所成的截面为 D_z：$x^2 + y^2 \leqslant z$，该区域的面积为 $\pi \sqrt{z}^2$．于是

$$原式 = \int_0^a z\,dz \iint_{D_z} dx\,dy = \int_0^a z \cdot \pi \sqrt{z}^2\,dz = \pi \int_0^a z^2\,dz = \frac{1}{3}\pi a^3.$$

思考 （i）若三重积分为 $\iiint\limits_\Omega z^2\,dx\,dy\,dz$，结果如何？（ii）若 Ω 是由锥面 $z = \sqrt{x^2 + y^2}$ 与平面 $z = a$（$a > 0$）所围成，以上两题结果如何？（iii）用投影法计算以上两题．

例 10.5.5 计算三重积分 $\iiint\limits_\Omega (x^2 + 3y^2 - 2z)\,dx\,dy\,dz$，其中 Ω 是由曲面 $z = x^2 + y^2$ 和 $z = 1$ 所围成的闭区域．

分析 可用柱面坐标系下的投影法计算．注意，利用积分区域关于 xOz，yOz 平面的对称性，对被积函数作适当的变形，可简化积分运算．

解 如图 10.27．积分区域可表示成 Ω：$0 \leqslant \theta \leqslant 2\pi$，$0 \leqslant r \leqslant 1$，$r^2 \leqslant z \leqslant 1$．因为 Ω 关于坐标面 xOz，yOz 对称，所以 $\iiint\limits_\Omega x^2\,dx\,dy\,dz = \iiint\limits_\Omega y^2\,dx\,dy\,dz$．于是

$$原式 = \iiint\limits_\Omega (2x^2 + 2y^2 - 2z)\,dx\,dy\,dz = \int_0^{2\pi} d\theta \int_0^1 r\,dr \int_{r^2}^1 (2r^2 - 2z)\,dz$$

$$= 2\pi \int_0^1 r \left[2r^2 z - z^2 \right]_{r^2}^1 dr = 2\pi \int_0^1 r(2r^2 - 1 - r^4)\,dr$$

$$= 2\pi \left[\frac{1}{2}r^4 - \frac{1}{2}r^2 - \frac{1}{6}r^5 \right]_0^1 = -\frac{\pi}{3}.$$

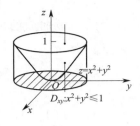

图 10.27

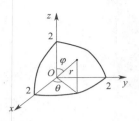

图 10.28

思考　(i) 若三重积分为 $\iiint\limits_{\Omega}(x^2-3y^2-2z)\mathrm{d}x\mathrm{d}y\mathrm{d}z$，结果如何？（ii）若 Ω 是由锥面 $z=\sqrt{x^2+y^2}$ 与平面 $z=1$ 所围成的闭区域，以上两题结果如何？

例 10.5.6　计算三重积分 $\iiint\limits_{\Omega}xyz\mathrm{d}x\mathrm{d}y\mathrm{d}z$，其中 Ω 是球面 $x^2+y^2+z^2=4$ 所围区域的第一卦限部分．

分析　Ω 是球体的一部分，用球面坐标或柱面坐标计算都比较简单．注意，使用球面坐标通常只用 $r\to\varphi\to\theta$ 的积分顺序，其它积分顺序很少用到．

解　如图 10.28. 积分区域可以表示成 Ω：$0\leqslant\theta\leqslant\dfrac{\pi}{2}$，$0\leqslant\varphi\leqslant\dfrac{\pi}{2}$，$0\leqslant r\leqslant 2$，故

$$
\begin{aligned}
原式&=\iiint\limits_{\Omega}r\sin\varphi\cos\theta\cdot r\sin\varphi\sin\theta\cdot r\cos\varphi\cdot r^2\sin\varphi\mathrm{d}r\mathrm{d}\varphi\mathrm{d}\theta\\
&=\iiint\limits_{\Omega}r^5\sin^3\varphi\cdot\cos\varphi\cdot\sin\theta\cos\theta\mathrm{d}r\mathrm{d}\varphi\mathrm{d}\theta\\
&=\int_0^{\frac{\pi}{2}}\sin\theta\cos\theta\mathrm{d}\theta\int_0^{\frac{\pi}{2}}\sin^3\varphi\cos\varphi\mathrm{d}\varphi\int_0^2 r^5\mathrm{d}r=\frac{4}{3}.
\end{aligned}
$$

思考　(i) 若三重积分为 $\iiint\limits_{\Omega}(x^2+y^2)z\mathrm{d}x\mathrm{d}y\mathrm{d}z$，结果如何？（ii）用柱面坐标计算计算以上各题．

第六节　重积分的应用

一、教学目标

会用重积分计算曲面的面积、平面薄片与空间立体的质心和转动惯量，平面薄片对质心的引力，空间立体对质心的引力等几何、物理问题．

二、考点题型

曲面面积的求解；质心的求解；旋动惯量的求解；简单引力问题的求解．

三、例题分析

例 10.6.1　求锥面 $z=\sqrt{x^2+y^2}$ 被柱面 $z^2=2x$ 所截下部分的面积．

分析　可直接应用曲面面积公式求解．即先将曲面投影到某坐标面上，确定投影区域，求出曲面关于该坐标面的面积微元，从而得出曲面面积的表达式；其次，选择适当的方法计算曲面的面积．

解 曲线 $\begin{cases} z^2=x^2+y^2 \\ z^2=2x \end{cases}$ 关于 xOy 面的投影柱面为 $x^2+y^2=2x$，故曲面的投影区域为

$D_{xy}: \begin{cases} x^2+y^2\leqslant 2x \\ z=0 \end{cases}$. 又面积微元

$$dS=\sqrt{1+z_x^2+z_y^2}\,dx\,dy=\sqrt{1+\frac{x^2}{x^2+y^2}+\frac{y^2}{x^2+y^2}}\,dx\,dy=\sqrt{2}\,dx\,dy,$$

于是 $$S=\iint\limits_{D_{xy}}dS=\iint\limits_{D_{xy}}\sqrt{2}\,dx\,dy=\sqrt{2}\iint\limits_{D_{xy}}dx\,dy=\sqrt{2}\,\pi.$$

思考 若求球面 $z=\sqrt{3-x^2-y^2}$ 被柱面 $z^2=2x$ 所截下两部分的面积，结果如何？

例 10.6.2 求球面 $x^2+y^2+z^2=a^2$ 被平面 $z=-\frac{\sqrt{3}}{2}a$，$z=\frac{\sqrt{3}}{2}a$ 所夹部分的面积.

分析 将曲面投影到坐标面上时，必须要求曲面关于该坐标面的投影是一一的. 否则，要分成多块满足该要求的曲面来计算. 注意，有时应用对称性可以避免分块计算的问题.

解 显然，球面 $z=\pm\sqrt{a^2-x^2-y^2}$ 到 xOy 面的投影不是一一的，但它夹在平面 $z=-\frac{\sqrt{3}}{2}a$，$z=\frac{\sqrt{3}}{2}a$ 部分关于 xOy 面对称，故所求面积等于上半部分面积的两倍. 上方部分在 xOy 面的投影区域为 $a^2-\left(\frac{\sqrt{3}}{2}a\right)^2\leqslant x^2+y^2\leqslant a^2$，即 $a^2/4\leqslant x^2+y^2\leqslant a^2$. 又面积微元

$$dS=\sqrt{1+z_x^2+z_y^2}\,dx\,dy=\sqrt{1+\frac{x^2}{a^2-x^2-y^2}+\frac{y^2}{a^2-x^2-y^2}}\,dx\,dy=\frac{a}{\sqrt{a^2-x^2-y^2}}dx\,dy,$$

于是 $$A=2\iint\limits_{a^2/4\leqslant x^2+y^2\leqslant a^2}\frac{a}{\sqrt{a^2-x^2-y^2}}dx\,dy=2\int_0^{2\pi}d\theta\int_{a/2}^a\frac{a}{\sqrt{a^2-r^2}}r\,dr$$
$$=-4a\pi\sqrt{a^2-r^2}\Big|_{a/2}^a=2\sqrt{3}\,\pi a^2.$$

思考 若求旋转抛物面 $z=x^2+y^2$ 被平面 $z=1$，$z=4$ 所夹部分的面积，结果如何？该曲面被平面 $z=2x+1$，$z=2x+4$ 所夹部分的面积呢？

例 10.6.3 设均匀薄片所占的平面闭区域 D 是平面区域 $\sin\theta\leqslant r\leqslant 2\sin\theta$，求薄片的重心的坐标.

分析 可直接应用重心坐标公式求解. 注意，平面区域 D 由极坐标不等式给出，若不易确定，将其转化成直角坐标系下的不等式，则比较容易.

解 平面区域为 $r^2\geqslant r\sin\theta$，$r^2\leqslant 2r\sin\theta$，即 $x^2+y^2\geqslant y$，$x^2+y^2\leqslant 2y$，即两圆 $x^2+y^2=y$，$x^2+y^2=2y$ 所围成的区域. 于是由区域的对称性，有 $\bar{x}=0$；而

$$\bar{y}=\frac{1}{A}\iint\limits_D y\,d\sigma=\frac{4}{3\pi}\int_0^\pi \sin\theta\,d\theta\int_{\sin\theta}^{2\sin\theta}r^2\,dr=\frac{28}{9\pi}\int_0^\pi\sin^4\theta\,d\theta=\frac{56}{9\pi}\int_0^{\frac{\pi}{2}}\sin^4\theta\,d\theta=\frac{56}{9\pi}\cdot\frac{3}{4}\cdot\frac{1}{2}\cdot\frac{\pi}{2}=\frac{7}{6},$$

所以薄片的重心的坐标为 $\left(0,\ \frac{7}{6}\right)$.

思考 若薄片不是均匀的，区域 D 上任意一点的密度等于这点到坐标原点的平方，结果如何？

例 10.6.4 计算 $\iint\limits_D(x+y)\,dx\,dy$，其中 D 是圆域 $x^2+y^2\leqslant x+y$.

分析　此题可在极坐标下求解，但若灵活运用平面图形的形心坐标公式将会很简便.

解　因为圆域 $D:\left(x-\dfrac{1}{2}\right)^2+\left(y-\dfrac{1}{2}\right)^2\leqslant\dfrac{1}{2}$ 的形心坐标和面积分别为

$$\bar{x}=\frac{1}{2},\ \bar{y}=\frac{1}{2},\ A=\frac{\pi}{2},$$

故由重心的坐标公式，可得

$$\iint\limits_{D}(x+y)\mathrm{d}x\mathrm{d}y=\iint\limits_{D}x\mathrm{d}x\mathrm{d}y+\iint\limits_{D}y\mathrm{d}x\mathrm{d}y=(\bar{x}+\bar{y})A=\frac{\pi}{2}.$$

思考　若 D 是椭圆域 $x^2+4y^2\leqslant x+4y$，是否可以用以上方法求解？是，写出解答过程与结果；否，说明理由.

例 10.6.5　设均匀薄片（面密度为常数1）所占闭区域 $D:\dfrac{x^2}{a^2}+\dfrac{y^2}{b^2}\leqslant1$，求其对 y 轴的转动惯量 I_y.

分析　根据转动惯量公式计算即可.

解　$I_y=\iint\limits_{D}x^2\rho\mathrm{d}\sigma=4\int_0^a\mathrm{d}x\int_0^{\frac{b}{a}\sqrt{a^2-x^2}}x^2\mathrm{d}y=4\int_0^a\dfrac{b}{a}x^2\sqrt{a^2-x^2}\mathrm{d}x$　（令 $x=a\sin t$）

$$=\frac{4b}{a}\int_0^{\frac{\pi}{2}}a^2\sin^2t\cdot a\cos t\cdot a\cos t\mathrm{d}t=4a^3b\int_0^{\frac{\pi}{2}}(\sin^2t-\sin^4t)\mathrm{d}t$$

$$=4a^3b\left(\frac{1}{2}\cdot\frac{\pi}{2}-\frac{3}{4}\cdot\frac{1}{2}\cdot\frac{\pi}{2}\right)=\frac{\pi}{4}a^3b.$$

思考　若求薄片关于 x 轴的转动惯量 I_x，结果如何？关于坐标原点的转动惯量 I_O 呢？

例 10.6.6　求心形线 $r=a(1+\cos\theta)$ 所围成的图形关于极点的转动惯量.

分析　即求心形线 $r=a(1+\cos\theta)$ 所围成的图形关于坐标原点的转动惯量，还是用直角坐标系下的转动惯量公式，但用极坐标较易计算.

解　积分区域 $D:0\leqslant\theta\leqslant2\pi$，$0\leqslant r\leqslant a(1+\cos\theta)$，于是

$$I_O=\iint\limits_{D}(x^2+y^2)\mathrm{d}x\mathrm{d}y=\int_0^{2\pi}\mathrm{d}\theta\int_0^{a(1+\cos\theta)}r^2\cdot r\mathrm{d}r=\frac{1}{4}a^4\int_0^{2\pi}(1+\cos\theta)^4\mathrm{d}\theta$$

$$=\frac{1}{4}a^4\int_0^{2\pi}\left(2\cos^2\frac{\theta}{2}\right)^4\mathrm{d}\theta=4a^4\int_0^{2\pi}\cos^8\frac{\theta}{2}\mathrm{d}\theta\xlongequal{\theta=2t}8a^4\int_0^{\pi}\cos^8t\mathrm{d}t$$

$$=16a^4\int_0^{\frac{\pi}{2}}\cos^8t\mathrm{d}t=16a^4\cdot\frac{7}{8}\cdot\frac{5}{6}\cdot\frac{3}{4}\cdot\frac{1}{2}\cdot\frac{\pi}{2}=\frac{35}{16}\pi a^4.$$

思考　(i) 若求心形线 $r=a(1-\cos\theta)$ 所围成的图形关于极点的转动惯量，结果如何？(ii) 若求转动惯量 I_x，I_y，以上两题结果如何？

第七节　习题课二

例 10.7.1　计算三重积分 $\iiint\limits_{\Omega}z\mathrm{d}v$，其中 Ω 为柱面 $x^2+y^2=2x$ 和平面 $z=0$，$z=1+y$ 所围成的闭区域.

分析　被积函数是一元函数，似乎用截面法比较简单. 但由于平行于 xOy 面的平面与 Ω 的截面不规则，不易求截面的面积，降低了该方法的可行性，因此用投影法求解.

解　Ω 在 xOy 面上的投影为 $D_{xy}:x^2+y^2\leqslant2x$，即 $D_{xy}:-\dfrac{\pi}{2}\leqslant\theta\leqslant\dfrac{\pi}{2}$，$0\leqslant r\leqslant2\cos\theta$.

又因为在 D_{xy} 上，$0 \leqslant z \leqslant 1+y$，所以积分区域可以表示成 Ω：$-\dfrac{\pi}{2} \leqslant \theta \leqslant \dfrac{\pi}{2}$，$0 \leqslant r \leqslant 2\cos\theta$，$0 \leqslant z \leqslant 1+r\sin\theta$. 故

$$原式 = \int_{-\frac{\pi}{2}}^{\frac{\pi}{2}} d\theta \int_0^{2\cos\theta} r\,dr \int_0^{1+r\sin\theta} z\,dz = \frac{1}{2}\int_{-\frac{\pi}{2}}^{\frac{\pi}{2}} d\theta \int_0^{2\cos\theta} r(1+r\sin\theta)^2\,dr$$

$$= \frac{1}{2}\int_{-\frac{\pi}{2}}^{\frac{\pi}{2}} d\theta \int_0^{2\cos\theta} (r+2r^2\sin\theta+r^3\sin^2\theta)\,dr$$

$$= \frac{1}{2}\int_{-\frac{\pi}{2}}^{\frac{\pi}{2}} (2\cos^2\theta+\frac{16}{3}\cos^3\theta\sin\theta+4\cos^4\theta\sin^2\theta)\,d\theta$$

$$= \int_0^{\frac{\pi}{2}} (2\cos^2\theta+4\cos^4\theta-\cos^6\theta)\,d\theta$$

$$= 2 \cdot \frac{1}{2} \cdot \frac{\pi}{2} + 4 \cdot \frac{3}{4} \cdot \frac{1}{2} \cdot \frac{\pi}{2} - 4 \cdot \frac{5}{6} \cdot \frac{3}{4} \cdot \frac{1}{2} \cdot \frac{\pi}{2} = \frac{5}{8}\pi.$$

思考 若三重积分为 $\iiint\limits_{\Omega} x\,dv$，结果如何？为 $\iiint\limits_{\Omega} y\,dv$ 呢？

例 10.7.2 计算三重积分 $\iiint\limits_{\Omega} (x^2+y^2+z^2)\,dx\,dy\,dz$，其中 Ω 由 $x^2+y^2+z^2=z$ 围成.

分析 被积函数中有 $x^2+y^2+z^2$，而 Ω 又是一个球体，用球面坐标计算比较适合.

解 积分区域是一个球心在 z 轴 $\dfrac{1}{2}$ 处，半径为 $\dfrac{1}{2}$ 的球体 Ω：$x^2+y^2+\left(z-\dfrac{1}{2}\right)^2 \leqslant \dfrac{1}{4}$. 显然，该球体与 xOy 面相切，且用球面坐标公式可化为 $0 \leqslant r \leqslant \cos\varphi$，所以积分区域可表示成 Ω：$0 \leqslant \theta \leqslant 2\pi$，$0 \leqslant \varphi \leqslant \dfrac{\pi}{2}$，$0 \leqslant r \leqslant \cos\varphi$. 故

$$原式 = \iiint\limits_{\Omega} r^2 \cdot r^2\sin\varphi\,dr\,d\theta\,d\varphi = \int_0^{2\pi} d\theta \int_0^{\frac{\pi}{2}} \sin\varphi\,d\varphi \int_0^{\cos\varphi} r^4\,dr$$

$$= \frac{2}{5}\pi \int_0^{\frac{\pi}{2}} \sin\varphi\cos^5\varphi\,d\varphi = \frac{\pi}{15}.$$

思考 (i) 是否可以将该积分化为 $\iiint\limits_{\Omega} (x^2+y^2+z^2)\,dx\,dy\,dz = \iiint\limits_{\Omega} z\,dV$？是，给出解答；否，说明理由；(ii) 若三重积分为 $\iiint\limits_{\Omega} (x^2+y^2+z^2)^2\,dx\,dy\,dz$，结果如何？

例 10.7.3 计算三重积分 $\iiint\limits_{\Omega} (x^2+y^2+z)\,dV$，其中 Ω 是由曲线 $x^2=2z$，$y=0$ 绕 z 轴旋转一周而成的曲面与平面 $z=4$ 所围成的立体.

分析 被积函数中出现 x^2+y^2，可用柱面坐标计算；由旋转曲面的定义可知该曲面为旋转抛物面.

解 旋转抛物面的方程为 $z=\dfrac{x^2+y^2}{2}$，联立 $z=\dfrac{x^2+y^2}{2}$，$z=4$，消去 z 得积分区域在 xOy 面上的投影区域 D_{xy}：$x^2+y^2 \leqslant 8$，且在 D_{xy} 上，$\dfrac{x^2+y^2}{2} \leqslant z \leqslant 4$. 故在柱面坐标系下，积分区域可表示成 Ω：$0 \leqslant \theta \leqslant 2\pi$，$0 \leqslant r \leqslant 2\sqrt{2}$，$r^2/2 \leqslant z \leqslant 4$. 于是

$$原式 = \int_0^{2\pi} d\theta \int_0^{2\sqrt{2}} r\,dr \int_{r^2/2}^4 (r^2+z)\,dz = 2\pi \int_0^{2\sqrt{2}} [r^3(4-r^2/2)+r(8-r^4/8)]\,dr = \frac{256}{3}\pi.$$

思考　(i) 若三重积分为 $\iiint\limits_{\Omega}(x^2+y^2+z^2)\mathrm{d}V$，结果如何？为 $\iiint\limits_{\Omega}(\sqrt{x^2+y^2}+z)\mathrm{d}V$ 呢？

(ii) Ω 是由直线 $x=2z$，$y=0$ 绕 z 轴旋转一周而成的曲面与平面 $z=4$ 所围成的立体，以上各题结果如何？

例 10.7.4　求三重积分 $\iiint\limits_{\Omega}(x+z)\mathrm{d}V$，其中 Ω 是由曲面 $z=\sqrt{x^2+y^2}$ 与 $z=\sqrt{1-x^2-y^2}$ 所围的闭区域.

分析　区域是锥面与球面所围成，使用柱面坐标和球面坐标计算均可. 注意，由于 Ω 关于坐标面的对称性，可先进行简化计算.

解　由于 Ω 关于坐标面 yOz 对称，且被积函数中有关于 x 的奇函数，所以

$$\iiint\limits_{\Omega}(x+z)\mathrm{d}V=\iiint\limits_{\Omega}x\,\mathrm{d}V+\iiint\limits_{\Omega}z\,\mathrm{d}V=\iiint\limits_{\Omega}z\,\mathrm{d}V.$$

在球面坐标系下，积分区域可以表示成 Ω：$0\leqslant\theta\leqslant2\pi$，$\pi/4\leqslant\varphi\leqslant\pi/2$，$0\leqslant r\leqslant1$，于是

$$原式=\int_0^{2\pi}\mathrm{d}\theta\int_{\pi/4}^{\pi/2}\sin\varphi\cos\varphi\,\mathrm{d}\varphi\int_0^1 r\cdot r^2\,\mathrm{d}r=\frac{\pi}{2}\int_{\pi/4}^{\pi/2}\sin\varphi\cos\varphi\,\mathrm{d}\varphi=\frac{\pi}{8}.$$

思考　(i) 若三重积分为 $\iiint\limits_{\Omega}(y+z)\mathrm{d}V$，结果如何？为 $\iiint\limits_{\Omega}(x+y+z)\mathrm{d}V$ 呢？(ii) 若 Ω 是球体 $x^2+y^2+z^2=1$ 在锥面 $z=\sqrt{x^2+y^2}$ 之下的闭区域，以上各题结果如何？(iii) 分别用柱面坐标系下的投影法和截面法计算以上各题.

例 10.7.5　设半径为 R 的球面 Σ 的球心在定球面 $x^2+y^2+z^2=a^2$ $(a>0)$ 上，问 R 取何值时，球面 Σ 在定球面内部的那部分面积最大？

分析　先合理地设定曲面 Σ 的方程以及曲面关于某坐标面的投影区域；再根据公式，求出曲面面积的表达式；最后求面积的最值.

解　由球面的中心对称性，不妨设球面 Σ 的方程为 $x^2+y^2+(z-a)^2=R^2$，即 $z=a-\sqrt{R^2-x^2-y^2}$，于是面积微元为 $\mathrm{d}S=\sqrt{1+z_x^2+z_y^2}\,\mathrm{d}x\,\mathrm{d}y=\dfrac{R}{\sqrt{R^2-x^2-y^2}}\,\mathrm{d}x\,\mathrm{d}y$. 又由 $\begin{cases}x^2+y^2+(z-a)^2=R^2\\x^2+y^2+z^2=a^2\end{cases}$ 求得球面 Σ 在定球面内部的部分在 xOy 面上的投影区域为 $D=\left\{(x,y)\,\middle|\,x^2+y^2\leqslant R^2-\dfrac{R^4}{4a^2}\right\}$，故所求面积

$$S=\iint\limits_{D}\frac{R}{\sqrt{R^2-x^2-y^2}}\,\mathrm{d}x\,\mathrm{d}y=\int_0^{2\pi}\mathrm{d}\theta\int_0^{\sqrt{R^2-\frac{R^4}{4a^2}}}\frac{R}{\sqrt{R^2-r^2}}r\,\mathrm{d}r=2\pi R^2\left(1-\frac{R}{2a}\right).$$

令 $S'=4\pi R-\dfrac{3\pi}{a}R^2=0$，得唯一驻点 $R=\dfrac{4}{3}a$，且 $S''\left(\dfrac{4}{3}a\right)=-4\pi<0$，所以当 $R=\dfrac{4}{3}a$ 时，S 取得最大值.

思考　设半轴分别为 R，R，b 的椭球面 Σ 的中心在定球面 $x^2+y^2+z^2=a^2$ $(a>0)$ 上，问 R 取何值时，椭球面 Σ 在定球面内部的那部分面积最大？

例 10.7.6　设 Ω 为上半球体 $0\leqslant z\leqslant\sqrt{R^2-x^2-y^2}$，求三重积分 $\iiint\limits_{\Omega}(2x^2+2x-y^2)\mathrm{d}v$.

分析　积分区域为半球体，用球面坐标计算比较适合. 注意，利用函数的奇偶性和积分为区域关于坐标面的对称性，可简化运算.

解　在球面坐标系下，积分区域可表示成 Ω：$0\leqslant\theta\leqslant2\pi$，$0\leqslant\varphi\leqslant\dfrac{\pi}{2}$，$0\leqslant r\leqslant R$，由积分

区域关于 xOz，yOz 面的对称性，有 $\iiint\limits_{\Omega} 2x \, \mathrm{d}v = 0$，$\iiint\limits_{\Omega} x^2 \, \mathrm{d}v = \iiint\limits_{\Omega} y^2 \, \mathrm{d}v$，故

$$原式 = \iiint\limits_{\Omega} x^2 \, \mathrm{d}v = \int_0^{2\pi} \mathrm{d}\theta \int_0^{\frac{\pi}{2}} \sin\varphi \, \mathrm{d}\varphi \int_0^R r^2 \cos^2\theta \sin^2\varphi \cdot r^2 \, \mathrm{d}\theta$$

$$= \int_0^{2\pi} \cos^2\theta \, \mathrm{d}\theta \int_0^{\frac{\pi}{2}} \sin^3\varphi \, \mathrm{d}\varphi \int_0^R r^4 \, \mathrm{d}\theta = 4 \cdot \frac{1}{2} \cdot \frac{\pi}{2} \cdot \frac{2}{3} \cdot \frac{R^5}{5} = \frac{2}{15}\pi R^5.$$

思考 (i) 若三重积分为 $\iiint\limits_{\Omega} (2x^2 + 2y - y^2) \mathrm{d}v$，结果如何？ (ii) 若积分区域为 $\sqrt{x^2+y^2} \leqslant z \leqslant \sqrt{R^2-x^2-y^2}$，以上两题结果如何？

例 10.7.7 求曲面 $(x^2+y^2+z^2)^2 = a^2 x$ 所围立体的体积.

分析 关键是通过观察曲面方程，建立体积的累次积分表达式. 显然，曲面中含有 $x^2+y^2+z^2$，用球面坐标表示该区域比较方便.

解 在球面坐标系下，曲面方程为 $r = \sqrt[3]{a^2\sin\varphi\cos\theta}$. 又 $x \geqslant 0$，而 y，z 仅含平方项，故所求体积为第一卦限部分体积的四倍. 而故积分区域第一卦限部分可表示成 $0 \leqslant \theta \leqslant \pi/2$，$0 \leqslant \varphi \leqslant \pi/2$，$0 \leqslant r \leqslant \sqrt[3]{a^2\sin\varphi\cos\theta}$，故

$$V = \iiint\limits_{\Omega} \mathrm{d}V = 4\int_0^{\frac{\pi}{2}} \mathrm{d}\theta \int_0^{\frac{\pi}{2}} \sin\varphi \, \mathrm{d}\varphi \int_0^{\sqrt[3]{a^2\sin\varphi\cos\theta}} r^2 \, \mathrm{d}r = \frac{4}{3}\int_0^{\frac{\pi}{2}} \mathrm{d}\theta \int_0^{\frac{\pi}{2}} \sin\varphi \cdot a^2\sin\varphi\cos\theta \, \mathrm{d}\varphi$$

$$= \frac{4}{3}a^2 \int_0^{\frac{\pi}{2}} \cos\theta \, \mathrm{d}\theta \int_0^{\frac{\pi}{2}} \sin^2\varphi \, \mathrm{d}\varphi = \frac{1}{3}\pi a^2.$$

思考 求曲面 $(x^2+y^2+z^2)^2 = a^2|x|$ 所围立体的体积.

例 10.7.8 证明：抛物面 $z = x^2+y^2+1$ 上任意一点的切平面与抛物面 $z = x^2+y^2$ 所围成立体的体积恒为定值.

分析 先求任意点的切平面的方程，再求切平面与抛物面所围成立体的体积.

证明 设 $P_0(x_0, y_0, z_0)$ 是抛物面 $z = x^2+y^2+1$ 上任意一点，则这点的法向量 $\boldsymbol{n} = (2x, 2y, -1)|_{P_0} = (2x_0, 2y_0, -1)$，切平面为 $2x_0(x-x_0) + 2y_0(y-y_0) - (z-z_0) = 0$，即 $z = 2x_0 x + 2y_0 y - x_0^2 - y_0^2 + 1$.

由 $\begin{cases} z = x^2+y^2 \\ z = 2x_0 x + 2y_0 y - x_0^2 - y_0^2 + 1 \end{cases}$ 求得切平面与抛物面 $z = x^2+y^2$ 所围成立体在 xOy 面上的投影区域为 D：$(x-x_0)^2 + (y-y_0)^2 \leqslant 1$，故切平面与抛物面 $z = x^2+y^2$ 所围成立体的体积

$$V = \iint\limits_{D} [(2x_0 x + 2y_0 y - x_0^2 - y_0^2 + 1) - (x^2+y^2)] \mathrm{d}x\mathrm{d}y = \iint\limits_{D} [1 - (x-x_0)^2 - (y-y_0)^2] \mathrm{d}x\mathrm{d}y$$

$$= \iint\limits_{x^2+y^2 \leqslant 1} (1 - x^2 - y^2) \mathrm{d}x\mathrm{d}y = \int_0^{2\pi} \mathrm{d}\theta \int_0^1 (1-r^2) r \, \mathrm{d}r = 2\pi \left[\frac{1}{2}r^2 - \frac{1}{4}r^2\right]_0^1 = \frac{\pi}{2} \text{ 为定值}.$$

思考 对于抛物面 $z = 2x^2+y^2+1$ 上任意一点的切平面与抛物面 $z = x^2+y^2$ 所围成立体的体积，是否有类似的结论？对于抛物面 $z = 2x^2+y^2+1$ 上任意一点的切平面与抛物面 $z = 2x^2+y^2$ 所围成立体的体积呢？

1. 设函数当 $f(x,y)$ 在区域 D：$x^2+y^2 \leqslant 4$ 上非负，则 $\iint\limits_{D} f(x,y)\mathrm{d}\sigma$ 在几何上表示

_____；若 $f(x,y)=1$，则 $\iint\limits_{D} f(x,y)\mathrm{d}\sigma = $ _____.

2. 已知二元函数 $f(x,y)$ 在 D 上连续，当 $(x,y) \in D$ 时，有 $(x,-y) \in D$，即 D 关于 x 轴对称，又 $f(x,-y)=-f(x,y)$，即 $f(x,y)$ 是 y 的奇函数，则 $\iint\limits_{D} f(x,y)\mathrm{d}\sigma = $ ____.

3. 估计二重积分 $I = \iint\limits_{|x|+|y| \leqslant 1} e^{-x^2-y^2}\mathrm{d}x\mathrm{d}y$ 的值，则（　　）.

A. $2e^{-1} \leqslant I \leqslant 2$；　　　　　　B. $4e^{-1} \leqslant I \leqslant 4$；

C. $4e^{-1} \leqslant I \leqslant 2e^{-1}$；　　　　D. $2 \leqslant I \leqslant 4$.

4. 设 $\iint\limits_{D} f(x,y)\mathrm{d}\sigma = S$，其中 S 为闭区域 D 的面积，则以下结论中正确的个数是（　　）.

i. 存在 (ξ, η)，使 $f(\xi, \eta)=1$；

ii. 以 D 为底，$f(x,y)$ 为曲顶的曲顶柱体的体积为 S；

iii. 密度为 $f(x,y),(x,y) \in D$ 的薄片的质量为 S.

A. 0；　　　　B. 1；　　　　C. 2；　　　　D. 3.

5. 估计二重积分 $\iint\limits_{D}(x^2+y^2)\mathrm{d}\sigma$ 的值，其中 D：$x^2+y^2\leqslant 1$.

6. 比较二重积分 $\iint\limits_{D_1}(x^2+y^2)^3\mathrm{d}\sigma$ 与 $\iint\limits_{D_2}(x^2+y^2)^3\mathrm{d}\sigma$ 之间的大小，其中 D_1：$-1\leqslant x\leqslant 1$，$-2\leqslant y\leqslant 2$；D_2：$0\leqslant x\leqslant 1$，$0\leqslant y\leqslant 2$.

7. 设 $f(x,y)=2+\sqrt{1-x^2-y^2}$，$D=\{(x,y)\mid x^2+y^2\leqslant 1\}$，利用二重积分的几何意义，求二重积分 $\iint\limits_{D}f(x,y)\mathrm{d}x\mathrm{d}y$ 的值，并求 $(\xi,\eta)\in D$ 上所有满足 $\iint\limits_{D}f(x,y)\mathrm{d}x\mathrm{d}y=\pi f(\xi,\eta)$ 的点集；特别当 $\eta=0$ 时，求相应的点.

1. 改变二次积分的积分次序：$\displaystyle\int_0^1 \mathrm{d}y \int_y^{\sqrt{y}} f(x,y)\,\mathrm{d}x =$ _____ .

2. 设 D 由 $y = x^2$ 与 $y = 8 - x^2$ 所围成，则二重积分 $\displaystyle\iint\limits_D xy^2\,\mathrm{d}x\,\mathrm{d}y =$ ____ .

3. 由曲面 $z = 1 - x^2 - y^2$，平面 $y = x$，$y = \sqrt{3}\,x$，$z = 0$ 所围成的立体位于第一卦限的体积 $V = (\quad)$.

　A. $\dfrac{\pi}{12}$;　　　　B. $\dfrac{\pi}{16}$;　　　　C. $\dfrac{\pi}{24}$;　　　　D. $\dfrac{\pi}{48}$.

4. 二重积分 $\displaystyle\int_0^a \mathrm{d}y \int_0^y e^{a-x} f(x)\,\mathrm{d}x = (\quad)$.

　A. $-\displaystyle\int_0^a y e^y f(a-y)\,\mathrm{d}y$;　　　　B. $\displaystyle\int_0^a y e^y f(a-y)\,\mathrm{d}y$;

　C. $-\displaystyle\int_0^a (a-x) e^x f(x)\,\mathrm{d}x$;　　　　D. $\displaystyle\int_0^a (a-y) e^y f(y)\,\mathrm{d}y$.

5. 计算二重积分 $\iint\limits_{D} \sqrt{xy - y^2}\,\mathrm{d}x\mathrm{d}y$，其中 D 是以 $(0，0)$，$(10，1)$，$(1，1)$ 为顶点的三角形区域.

6. 计算二次积分 $\int_0^1 \mathrm{d}x \int_0^{\sqrt{1-x^2}} \sqrt{1 - x^2 - y^2}\,\mathrm{d}y$.

7. 计算二重积分 $\iint\limits_{D} (x + x^3 y^2)\,\mathrm{d}\sigma$，其中 D 为上半圆域 $x^2 + y^2 \leqslant 4$，$y \geqslant 0$.

1. 设 D 是 $x^2 + y^2 = 1$ 所围成的闭区域，则二重积分 $\iint\limits_{D} \sqrt{1 - x^2 - y^2}\, \mathrm{d}x\,\mathrm{d}y =$ ＿＿＿＿＿＿

2. 设 D 是 $x^2 + y^2 \leqslant 1$，则二重积分 $\iint\limits_{D} \mathrm{e}^{x^2 + y^2}\, \mathrm{d}x\,\mathrm{d}y =$ ＿＿＿＿＿＿．

3. 设 $f(x, y)$ 为连续函数，则二次积分 $\int_0^{\frac{\pi}{4}} \mathrm{d}\theta \int_0^1 f(r\cos\theta, r\sin\theta) r\,\mathrm{d}r = ($　　$)$．

A. $\int_0^{\frac{\sqrt{2}}{2}} \mathrm{d}x \int_x^{\sqrt{1-x^2}} f(x, y)\,\mathrm{d}y$；

B. $\int_0^{\frac{\sqrt{2}}{2}} \mathrm{d}x \int_0^{\sqrt{1-x^2}} f(x, y)\,\mathrm{d}y$；

C. $\int_0^{\frac{\sqrt{2}}{2}} \mathrm{d}y \int_y^{\sqrt{1-y^2}} f(x, y)\,\mathrm{d}x$；

D. $\int_0^{\frac{\sqrt{2}}{2}} \mathrm{d}y \int_0^{\sqrt{1-y^2}} f(x, y)\,\mathrm{d}x$．

4. 把二次积分 $\int_0^2 \mathrm{d}x \int_0^x f\left(\sqrt{x^2 + y^2}\right) \mathrm{d}y$ 化为极坐标系下的二次积分为（　　）．

A. $\int_0^{\frac{\pi}{4}} \mathrm{d}\theta \int_0^{2\csc\theta} f(r) r\,\mathrm{d}r$；

B. $\int_0^{\frac{\pi}{4}} \mathrm{d}\theta \int_0^{2\sec\theta} f(r) r\,\mathrm{d}r$；

C. $\int_0^{\frac{\pi}{4}} \mathrm{d}\theta \int_0^{2\sin\theta} f(r) r\,\mathrm{d}r$；

D. $\int_0^{\frac{\pi}{4}} \mathrm{d}\theta \int_0^{2\cos\theta} f(r) r\,\mathrm{d}r$．

5. 设 D 为圆 $x^2 + y^2 = e$ 和 $x^2 + y^2 = e^2$ 所围成的环形闭区域，求 $\iint\limits_{D} \ln(x^2 + y^2) \mathrm{d}x\mathrm{d}y$.

6. 求二重积分 $\iint\limits_{D} \left(|x| + \dfrac{1}{\sqrt{x^2 + y^2}} \right) \mathrm{d}x\mathrm{d}y$，其中 D：$1/2 \leqslant |x| + |y| \leqslant 1$.

7. 求由球面 $x^2 + y^2 + z^2 = 4$ 和抛物面 $x^2 + y^2 = 3z$ 所围立体（在抛物面内部）的体积.

1. 设 D_1：$x^2+y^2\leqslant 1$，D_2：$x^2+y^2\leqslant 1$，$x\geqslant 0$，$y\geqslant 0$，则二重积分之间的关系是
$\displaystyle\iint\limits_{D_1}|xy|\,\mathrm{d}x\,\mathrm{d}y=\underline{\hspace{3cm}}\displaystyle\iint\limits_{D_2}|xy|\,\mathrm{d}x\,\mathrm{d}y.$

2. 把如下的二次积分化为另一种次序的二次积分，则 $\displaystyle\int_0^1\mathrm{d}x\int_0^{x^2}f(x,y)\,\mathrm{d}y+\int_1^3\mathrm{d}x\int_0^{\frac{3-x}{2}}$
$f(x,y)\,\mathrm{d}y=\underline{\hspace{4cm}}.$

3. 二重积分 $\displaystyle\iint\limits_D x\mathrm{e}^{-x^2-y^2}\,\mathrm{d}x\,\mathrm{d}y=($ 　　$)$，其中 D 为 $x^2+y^2\leqslant 1.$

A. $\pi\left(1-\dfrac{1}{\mathrm{e}}\right)$；　　　　B. $\pi\left(\dfrac{1}{\mathrm{e}}-1\right)$；　　　　C. $2\pi\mathrm{e}^{-1}$；　　　　D. $0.$

4. 设平面区域 $D=\{(x,y)\mid -1\leqslant x\leqslant 1,0\leqslant y\leqslant 1\}$，则二重积分 $\displaystyle\iint\limits_D\sqrt{|y-x^2|}\,\mathrm{d}x\,\mathrm{d}y=$
$($ 　　$).$

A. $\dfrac{2}{3}$；　　　　　　B. $\dfrac{11}{24}$；　　　　　　C. $\dfrac{1}{3}+\dfrac{\pi}{8}$；　　　　　　D. $\dfrac{1}{3}+\dfrac{\pi}{4}.$

5. 计算二重积分 $\int_{-1}^{1} \mathrm{d}x \int_{0}^{\sqrt{1-x^2}} \cos(x^2 + y^2)\mathrm{d}y$.

6. 设区域 D 为 $x^2 + y^2 \leqslant r^2$，函数 $f(x,y)$ 在 D 上连续，证明：$\lim\limits_{r \to 0} \dfrac{1}{\pi r^2} \iint\limits_{D} f(x,y)\mathrm{d}x\mathrm{d}y = f(0,0)$.

7. 设 D 是由直线 $x=0$，$y=1$ 及 $y=x$ 所围成的区域，计算 $\iint\limits_{D} x^2 \mathrm{e}^{-y^2} \mathrm{d}x\mathrm{d}y$.

1. 设 $I = \iiint\limits_{\Omega} f(x, y, z)\mathrm{d}x\mathrm{d}y\mathrm{d}z$，其中 Ω 是平面 $x+y+z=1$，$x=0$，$y=0$，$z=0$ 所围成的四面体，把 I 化为直角坐标系下的三次积分，则 $I = $ _____.

2. 设 $I = \iiint\limits_{\Omega} f(x, y, z)\mathrm{d}x\mathrm{d}y\mathrm{d}z$，其中 Ω 为 $x=1$，$x=2$，$z=0$，$y=x$，$z=y$ 所围的区域，用先一后二法把 I 化为直角坐标系下的积分为 $\iint\limits_{D_{xy}} \mathrm{d}x\mathrm{d}y \int_{c(x, y)}^{d(x, y)} f(x, y, z)\mathrm{d}z$，则 $c = $ _____，$d = $ _____，D_{xy} 为_____.

3. 设 $I_1 = \iiint\limits_{\Omega} [\ln(x+y+z+3)]^3 \mathrm{d}x\mathrm{d}y\mathrm{d}z$，$I_2 = \iiint\limits_{\Omega} (x+y+z)^2 \mathrm{d}x\mathrm{d}y\mathrm{d}z$，其中 Ω 是由平面 $x+y+z+1=0$，$x+y+z+2=0$ 及三个坐标面所围成的闭区域，则（　　　）.

A. $I_1 < I_2$；　　　　　　　　　　　　B. $I_1 > I_2$；

C. $I_1 = I_2$；　　　　　　　　　　　　D. I_1，I_2 之间的大小关系不能确定.

4. 设 $I = \iiint\limits_{\Omega} f(x, y, z)\mathrm{d}x\mathrm{d}y\mathrm{d}z$，其中 Ω 为 $x^2+y^2=2z$ 及 $z=2$ 所围成的区域，用先二后一法化为下列积分，正确的是（　　　）.

A. $\int_0^2 \mathrm{d}z \iint\limits_{x^2+y^2 \leqslant 4} f(x, y, z)\mathrm{d}x\mathrm{d}y$；　　　　B. $\int_0^2 \mathrm{d}z \iint\limits_{x^2+y^2 \leqslant 2z} f(x, y, z)\mathrm{d}x\mathrm{d}y$；

C. $\int_0^2 \mathrm{d}z \iint\limits_{x^2+y^2 \leqslant 2} f(x, y, z)\mathrm{d}x\mathrm{d}y$；　　　　D. $\int_0^2 \mathrm{d}z \iint\limits_{x^2+y^2 \leqslant 1} f(x, y, z)\mathrm{d}x\mathrm{d}y$.

5. 计算三重积分 $\iiint\limits_{\Omega}(x^2+y^2)\mathrm{d}v$，其中 Ω 是由 $x^2+y^2=z^2$ 及 $z=2$ 所围成的闭区域.

6. 计算三重积分 $\iiint\limits_{\Omega}xy^2z^3\mathrm{d}x\mathrm{d}y\mathrm{d}z$，其中 Ω 是由 $z=xy$，$y=x$，$x=1$ 及 $z=0$ 所围成的闭区域.

7. 用球面坐标计算 $\iiint\limits_{\Omega}(x^2+y^2+z^2)\mathrm{d}v$，其中 Ω：$x^2+y^2+z^2\leqslant R^2$.

1. 已知长方体 Ω：$0 \leqslant x \leqslant a$，$0 \leqslant y \leqslant b$，$0 \leqslant z \leqslant c$ 在点 $(x，y，z)$ 处的密度 $\rho(x，y，z) = x + y + z$，则它的质量 $M = $_____.

2. 由 $y = \sqrt{2px}$，$x = x_0$，$y = 0$ 所围成的均匀薄片绕两坐标轴的转动惯量分别为 $M_x = $_____，$M_y = $_____.

3. 设均匀薄片所占的平面闭区域 D 是由两坐标轴与直线 $x + 2y = a$ 所围成区域，则此薄片的重心的坐标为（　　）.

A. $(\dfrac{a}{3}，\dfrac{a}{4})$；　　B. $(\dfrac{a}{3}，\dfrac{a}{6})$；　　C. $(\dfrac{a}{2}，\dfrac{a}{4})$；　　D. $(\dfrac{a}{4}，\dfrac{a}{6})$.

4. 均匀圆盘 D（m 为圆盘的质量，R 为其半径），对于其直径的转动惯量为（　　）.

A. $\dfrac{1}{2}mR^2$；　　B. $\dfrac{1}{2}mR^4$；　　C. $\dfrac{1}{4}mR^2$；　　D. $\dfrac{1}{4}mR^4$.

5. 求锥面 $x^2 + y^2 = z^2$ 被平面 $x = 0$，$x + y = 2a$，$y = 0$ 所截部分的面积.

6. 设密度为 1 的均匀长方体所占区域为 $\Omega = \{(x, y, z) \mid -a \leqslant x \leqslant a, -b \leqslant y \leqslant b, -c \leqslant z \leqslant c\}$ $(a, b, c > 0)$，求它对位于点 $M(0, 0, h)$ $(h > c)$ 处的单位质点的引力.

7. 半球 $x^2 + y^2 + z^2 \leqslant R^2$，$z \geqslant 0$ 之任一点的密度与该点到坐标原点之距离成正比，求半球的重心坐标.

第十一章　曲线积分与曲面积分

第一节　对弧长的曲线积分

一、教学目标

了解对弧长的曲线积分的概念与性质，对弧长的曲线积分的几何、物理意义. 掌握利用定积分计算对弧长的曲线积分的方法.

二、考点题型

对弧长的曲线积分的几何、物理意义；对弧长的曲线积分的计算方法*.

三、例题分析

例 11.1.1　计算曲线积分 $\int_{\Gamma} z \, ds$ ，其中 Γ 为 $x = t\cos t$ ，$y = t\sin t$ ，$z = t \, (0 \leqslant t \leqslant t_0)$.

分析　积分曲线的参数已知，可以直接转化成该参数的定积分计算.

解　由于 $ds = \sqrt{x'^2(t) + y'^2(t) + z'^2(t)} \, dt = \sqrt{(\cos t - t\sin t)^2 + (\sin t + t\cos t)^2 + 1} \, dt = \sqrt{2 + t^2} \, dt$ ，

于是原式 $= \int_0^{t_0} t\sqrt{2 + t^2} \, dt = \frac{1}{3}(2 + t^2)^{3/2} \Big|_0^{t_0} = \frac{1}{3}\left[(2 + t_0{}^2)^{3/2} - 2\sqrt{2}\right]$.

思考　若曲线积分为 $\int_{\Gamma} x \, ds$ 或 $\int_{\Gamma} y \, ds$ ，结果如何？ 为 $\int_{\Gamma}(x + z) \, ds$ 或 $\int_{\Gamma}(y + z) \, ds$ 或 $\int_{\Gamma}(x^2 + y^2) \, ds$ 呢？

例 11.1.2　设 L 是上半圆 $y = \sqrt{1 - x^2}$ 与 x 围成的区域的边界，计算曲线积分 $\oint_L (x^2 + y^2) \, ds$.

分析　曲线 L 是由上半圆和 x 轴上的部分组成的分段光滑的闭曲线，应根据各段的方程分别计算，再根据曲线积分对弧段的可加性得出结果. 注意，直接用圆的方程化简上半圆曲线积分的被积函数，就可以用几何意义计算该曲线积分，而不必转化成定积分.

解　设 L 在圆和 x 轴上的部分分别为 L_1 ，L_2 ，则 L_2：$y = 0 \, (x: -1 \sim 1)$ ，$ds = dx$. 于是原式 $= \int_{L_1}(x^2 + y^2) \, ds + \int_{L_2}(x^2 + y^2) \, ds = \int_{L_1} ds + \int_{-1}^{1} x^2 \, dx = \pi + \frac{2}{3}$.

思考　若曲线积分为 $\oint_L (x + y) \, ds$ ，结果如何？ 为 $\oint_L(x^3 + xy^2) \, ds$ 或 $\oint_L(x^2 y + y^3) \, ds$ 呢？

例 11.1.3　计算曲线积分 $\oint_L x^2 \, ds$ ，其中 L 为平面 $x + y + z = 0$ 与球面 $x^2 + y^2 + z^2 = a^2$ 的交线.

分析　由于仅已知曲线的隐式方程，直接用曲线的参数方程求解较难，而根据曲线的对称性可以避免曲线方程的参数化，从而简化求解的运算.

解　根据 L 的对称性，显然有 $\oint_L x^2 \, ds = \oint_L y^2 \, ds = \oint_L z^2 \, ds$ ，于是

$$\oint_L x^2 \, ds = \frac{1}{3}\oint_L (x^2 + y^2 + z^2) \, ds = \frac{1}{3}\oint_L a^2 \, ds = \frac{1}{3}a^2\oint_L ds = \frac{1}{3}a^2 \cdot 2\pi a = \frac{2}{3}\pi a^3 .$$

思考 (i) 若曲线积分为 $\oint_L (x^2+y^2)\mathrm{d}s$，结果如何？(ii) 求曲线积分 $\oint_L (lx^2+my^2+nz^2)\mathrm{d}s$，其中 l，m，n 为常数；(iii) 若 L 为平面 $x+y-z=0$ 与球面 $x^2+y^2+z^2=a^2$ 的交线，问还能用对称求解以上各题吗？(iv) 尝试用两种不同的参数化求解以上各种情境下的问题．

例 11.1.4 计算曲线积分 $\displaystyle\int_L \sqrt{x^2+y^2}\,\mathrm{d}s$，其中 L 为上半圆周 $x^2+y^2=ax$ $(y\geqslant 0)$．

分析 容易求出曲线 L 的参数方程和极坐标方程，因此可以用这两种方法求解，但用极坐标方程更容易．

解 如图 11.1. 因为曲线的极坐标方程为 $L: r=a\cos\theta$ $\left(0\leqslant\theta\leqslant\dfrac{\pi}{2}\right)$，于是 $x=r\cos\theta=a\cos^2\theta$，$y=r\sin\theta=a\sin\theta\cos\theta$，$x^2+y^2=a^2\cos^4\theta+a^2\sin^2\theta\cos^2\theta=a^2\cos^2\theta$，$\mathrm{d}s=\sqrt{r^2(\theta)+r'^2(\theta)}=a\,\mathrm{d}\theta$，所以 $\displaystyle\int_L \sqrt{x^2+y^2}\,\mathrm{d}s=\int_0^{\frac{\pi}{2}} a\cos\theta\cdot a\,\mathrm{d}\theta=a^2$．

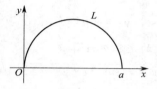

图 11.1

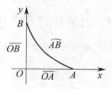

图 11.2

思考 (i) 若曲线积分为 $\displaystyle\int_L (x^2+y^2)\mathrm{d}s$，结果如何？(ii) L 为右半圆周 $x^2+y^2=ay$ $(x\geqslant 0)$，结果如何？左半圆 $x^2+y^2=ay(x\leqslant 0)$ 呢？(iii) 尝试用参数化求解以上各种情境下的问题．

例 11.1.5 计算曲线积分 $\oint_L (x-y)\mathrm{d}s$，其中 L 为曲线 $x^{\frac{2}{3}}+y^{\frac{2}{3}}=1$ 与坐标轴围成的第一象限区域的边界．

分析 L 是分段光滑的闭曲线，应分段计算，并根据曲线积分对弧段的可加性得出结果．其中坐标轴上的直线段应使用直角坐标方程，而星形线部分适合使用一般的参数方程．

解 如图 11.2. $L=\overline{OA}+\widehat{AB}+\overline{OB}$. 而 $\overline{OA}: y=0(0\leqslant x\leqslant 1)$，$\mathrm{d}s=\mathrm{d}x$，

$$\int_{\overline{OA}} (x-y)\mathrm{d}s=\int_0^1 x\,\mathrm{d}x=\frac{1}{2};$$

同理 $\displaystyle\int_{\overline{OB}} (x-y)\mathrm{d}s=\int_0^1 -y\,\mathrm{d}y=-\frac{1}{2}$；又 $\widehat{AB}: x^{\frac{2}{3}}+y^{\frac{2}{3}}=1$ $(x\geqslant 0, y\geqslant 0)$ 的参数方程为

$$x=\cos^3 t, y=\sin^3 t \ \left(0\leqslant t\leqslant\frac{\pi}{2}\right),$$

$$\mathrm{d}s=\sqrt{x_t'^2+y_t'^2}\,\mathrm{d}t=\sqrt{(-3\cos^2 t\sin t)^2+(3\sin^2 t\cos t)^2}\,\mathrm{d}t=3\sin t\cos t\,\mathrm{d}t,$$

$$\oint_L (x-y)\mathrm{d}s=3\int_0^{\frac{\pi}{2}} (\cos^3 t-\sin^3 t)\sin t\cos t\,\mathrm{d}t=-\frac{3}{5}\Big[\cos^5 t+\sin^5 t\Big]_0^{\frac{\pi}{2}}=0.$$

所以 $\displaystyle\oint_L (x-y)\mathrm{d}s=\int_{\overline{OA}} (x-y)\mathrm{d}s+\int_{\widehat{AB}} (x-y)\mathrm{d}s+\int_{\overline{OB}} (x-y)\mathrm{d}s=\frac{1}{2}+0-\frac{1}{2}=0.$

思考 若曲线积分为 $\oint_L (x+y)\mathrm{d}s$，结果如何？为 $\oint_L (ax+by)\mathrm{d}s$ 呢？

例 11.1.6 求八分之一的球面 $x^2+y^2+z^2=R^2$($x\geqslant0$，$y\geqslant0$，$z\geqslant0$)的边界曲线的重心，设曲线的密度 $\rho=1$.

分析 曲线由分段光滑曲线段构成，根据质量和坐标的公式分段计算. 但利用对称性，可以简化运算.

解 如图 11.3. 设边界曲线 $L=L_1+L_2+L_3$，其中 L_1，L_2，L_3 分别是 L 在三坐标面 xOy，yOz，zOx 上的部分，边界曲线的重心为 $(\bar{x}，\bar{y}，\bar{z})$. 则由对称性，可得曲线的质量

$$m=\oint_L \mathrm{d}s=\oint_{L_1+L_2+L_3}\mathrm{d}s=3\int_{L_1}\mathrm{d}s=3\cdot\frac{2\pi R}{4}=\frac{3}{2}\pi R，$$

曲线重心的坐标

$$\bar{x}=\bar{y}=\bar{z}=\frac{1}{m}\oint_L x\,\mathrm{d}s=\frac{1}{m}\oint_{L_1+L_2+L_3}x\,\mathrm{d}s=\frac{1}{m}\left(\int_{L_1}x\,\mathrm{d}s+\int_{L_2}x\,\mathrm{d}s+\int_{L_3}x\,\mathrm{d}s\right)$$

$$=\frac{1}{m}\left(\int_{L_1}x\,\mathrm{d}s+0+\int_{L_3}x\,\mathrm{d}s\right)=\frac{2}{m}\int_{L_1}x\,\mathrm{d}s=\frac{2}{m}\int_0^R x\,\frac{R}{\sqrt{R^2-x^2}}\mathrm{d}x=\frac{2}{m}R^2=\frac{4}{3\pi}R，$$

故所求重心的坐标为 $\left(\dfrac{4}{3\pi}R，\dfrac{4}{3\pi}R，\dfrac{4}{3\pi}R\right)$.

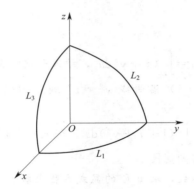

图 11.3

思考 (i) 若曲线不是均匀的，是否可以利用对称性求解? (ii) 若 L_1，L_2，L_3 的密度分别为 $\rho_1=1$，$\rho_2=2$，$\rho_3=3$，结果如何? 能在一定程度上利用曲线的对称性吗? (iii) 若 L 为八分之一的椭球面 $\dfrac{x^2}{a^2}+\dfrac{y^2}{b^2}+\dfrac{z^2}{c^2}=1$（$x\geqslant0$，$y\geqslant0$，$z\geqslant0$）的边界曲线，求解以上各种情境下的问题.

第二节 对坐标的曲线积分

一、教学目标

了解对坐标的曲线积分的概念，对坐标的曲线积分的物理意义. 掌握对坐标的曲线积分的性质和利用定积分计算对坐标的曲线积分的方法. 知道两类曲线积分之间的区别与联系.

二、考点题型

对坐标的曲线积分的计算方法*，对坐标的曲线积分的物理意义.

三、例题分析

例 11.2.1 计算曲线积分 $I = \int_L xy\,\mathrm{d}x$ ，其中 L 为从点 $A(1，-1)$ 沿曲线 $y^2 = x$ 到点 $B(1，1)$ 的弧段.

分析 显然，曲线 L 在 x 轴上的投影不是一一的，而在 y 轴上的投影是一一的. 因此，选择 x 为参数要将 L 分成两段，而选择 y 为参数就可以避免分段的问题.

解 如图 11.4. 取 y 为参数，则曲线的方程为 $x = y^2$（ y : $-1 \sim 1$ ）， $\mathrm{d}x = 2y\,\mathrm{d}y$. 于是

$$I = \int_L xy\,\mathrm{d}x = \int_{-1}^1 y^2 \cdot y \cdot 2y\,\mathrm{d}y = 2\int_{-1}^1 y^4\,\mathrm{d}y = \frac{2}{5} y^5 \Big|_{-1}^1 = \frac{4}{5} .$$

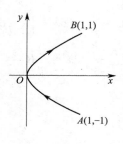

图 11.4

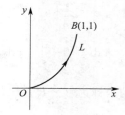

图 11.5

思考 （i）若曲线积分为 $I = \int_L (x+y)\,\mathrm{d}x$ ，结果如何？为 $I = \int_L x^2 y\,\mathrm{d}x$ 或 $I = \int_L xy^2\,\mathrm{d}x$ 呢？（ii）若 L 为从点 $A(1，-1)$ 沿曲线 $y^2 = x^3$ 到点 $B(1，1)$ 的弧段，计算以上各曲线积分.

例 11.2.2 计算曲线积分 $\int_L (1+x+y^3)\,\mathrm{d}x - (3x+y^2)\,\mathrm{d}y$ ，其中 L 是曲线 $y^3 = x^2$ 上从坐标原点到点 $B(1，1)$ 的有向弧段.

分析 选择 x 或 y 作为参数，求出 L 的显式方程求解.

解 如图 11.5. 取 x 为参数，则曲线的方程为 L ： $y = x^{\frac{2}{3}}$ （ x : $0 \sim 1$ ）， $\mathrm{d}y = \frac{2}{3} x^{-\frac{1}{3}}\,\mathrm{d}x$ ，于是

$$\int_L (1+x+y^3)\,\mathrm{d}x - (3x+y^2)\,\mathrm{d}y = \int_0^1 \Big[(1+x+x^2) - (3x+x^{\frac{4}{3}}) \cdot \frac{2}{3} x^{-\frac{1}{3}} \Big]\mathrm{d}x$$

$$= \int_0^1 \Big(1 - 2x^{\frac{2}{3}} + \frac{1}{3}x + x^2\Big)\mathrm{d}x = \Big[x - \frac{6}{5} x^{\frac{5}{3}} + \frac{1}{6} x^2 + \frac{1}{3} x^3 \Big]_0^1 = 1 - \frac{6}{5} + \frac{1}{6} + \frac{1}{3} = \frac{3}{10} .$$

思考 （i）选择 y 作为参数求解；（ii）若 L 是曲线 $y^3 = x^2$ 上从点 $A(-1，1)$ 到点 $B(1，1)$ 的有向弧段，利用以上两种方法求解.

例 11.2.3 计算曲线积分 $\oint_L x\,\mathrm{d}y$ ，其中 L 为由直线 $y = x$ 及抛物线 $y = x^2$ 所围成区域的整个正向边界.

分析 曲线由两个方程不同的段构成，且每段在两坐标轴的投影都是一一的，因此分两段计算.

解 如图 11.6. 两曲线 $y = x$ 与 $y = x^2$ 的交点为 $(0，0)$ ， $(1，1)$. 记 $L = L_1 + L_2$ ，其中 L_1 ： $y = x^2$ （ x : $0 \sim 1$ ）， $\mathrm{d}y = 2x\,\mathrm{d}x$ ， L_2 ： $y = x$ （ x : $1 \sim 0$ ）， $\mathrm{d}y = \mathrm{d}x$ ，于是由曲线积分对弧段的可加性，得

$$\oint_L x\,\mathrm{d}x = \int_{L_1} x\,\mathrm{d}y + \int_{L_2} x\,\mathrm{d}y = \int_0^1 x \cdot 2x\,\mathrm{d}x + \int_1^0 x\,\mathrm{d}x = 2\int_0^1 x^2\,\mathrm{d}x - \int_0^1 x\,\mathrm{d}x$$

$$= \frac{2}{3}x^3\Big|_0^1 - \frac{1}{2}x^2\Big|_0^1 = \frac{2}{3} - \frac{1}{2} = \frac{1}{6}.$$

图 11.6

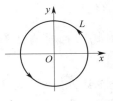

图 11.7

思考 若 L 为由直线 $y=x$ 及 $y=x^3$ 所围成区域的整个正向边界，结果如何？L 为由直线抛物线 $y=x^2$ 及 $y=x^3$ 所围成区域的整个正向边界呢？

例 11.2.4 计算曲线积分 $\oint_L \dfrac{-|x|\,\mathrm{d}x + |y|\,\mathrm{d}y}{2x^2 + y^2}$，其中 L 是圆周 $x^2 + y^2 = a^2$ 按逆时针绕向．

分析 尝试用圆的参数方程求解．

解 如图 11.7．圆周的参数方程为 $L: x = a\cos t, \ y = a\sin t \ (t: 0 \sim 2\pi)$，于是 $\mathrm{d}x = -a\sin t\,\mathrm{d}t, \mathrm{d}y = a\cos t\,\mathrm{d}t$．故

$$\text{原式} = \int_0^{2\pi} \frac{-|a\cos t| \cdot (-a\sin t) + |a\sin t| \cdot a\cos t}{2a^2\cos^2 t + a^2\sin^2 t}\,\mathrm{d}t = \int_0^{2\pi} \frac{|\cos t| \cdot \sin t + |\sin t| \cdot \cos t}{1 + \cos^2 t}\,\mathrm{d}t$$

$$= \int_0^{\frac{\pi}{2}} \frac{|\cos t| \cdot \sin t + |\sin t| \cdot \cos t}{1 + \cos^2 t}\,\mathrm{d}t + \int_{\frac{\pi}{2}}^{\pi} \frac{|\cos t| \cdot \sin t + |\sin t| \cdot \cos t}{1 + \cos^2 t}\,\mathrm{d}t$$

$$+ \int_{\pi}^{\frac{3\pi}{2}} \frac{|\cos t| \cdot \sin t + |\sin t| \cdot \cos t}{1 + \cos^2 t}\,\mathrm{d}t + \int_{\frac{3\pi}{2}}^{2\pi} \frac{|\cos t| \cdot \sin t + |\sin t| \cdot \cos t}{1 + \cos^2 t}\,\mathrm{d}t$$

$$= \int_0^{\frac{\pi}{2}} \frac{2\sin t\cos t}{1 + \cos^2 t}\,\mathrm{d}t + \int_{\pi}^{\frac{3\pi}{2}} \frac{-2\sin t\cos t}{1 + \cos^2 t}\,\mathrm{d}t = -\int_0^{\frac{\pi}{2}} \frac{\mathrm{d}(1 + \cos^2 t)}{1 + \cos^2 t} + \int_{\pi}^{\frac{3\pi}{2}} \frac{\mathrm{d}(1 + \cos^2 t)}{1 + \cos^2 t}$$

$$= -\ln(1 + \cos^2 t)\Big|_0^{\frac{\pi}{2}} + \ln(1 + \cos^2 t)\Big|_{\pi}^{\frac{3\pi}{2}} = -(\ln 1 - \ln 2) + (\ln 1 - \ln 2) = 0.$$

思考 若曲线积分为 $\oint_L \dfrac{-|x|\,\mathrm{d}x + |y|\,\mathrm{d}y}{kx^2 + y^2}\ (k \in \mathbf{R}^+)$，结果如何？

例 11.2.5 计算曲线积分 $\oint_L y^3\,\mathrm{d}x + x^3\,\mathrm{d}y$，其中 L 是椭圆 $x^2/4 + y^2 = 1$ 相应于 θ 从 0 到 2π 的一段弧．

分析 显然，可以用椭圆的参数方程来计算．

解 因为 $x = 2\cos\theta, \ y = \sin\theta, \ \theta: 0 \sim 2\pi, \ \mathrm{d}x = -2\sin\theta\,\mathrm{d}\theta, \ y = \cos\theta\,\mathrm{d}\theta$．于是

$$\text{原式} = \int_0^{2\pi} \sin^3\theta \cdot (-2\sin\theta\,\mathrm{d}\theta) + (2\cos\theta)^3 \cdot \cos\theta\,\mathrm{d}\theta$$

$$= -2\int_0^{2\pi} \sin^4\theta\,\mathrm{d}\theta + 8\int_0^{2\pi} \cos^4\theta\,\mathrm{d}\theta = -8\int_0^{\pi/2} \sin^4\theta\,\mathrm{d}\theta + 32\int_0^{\pi/2} \cos^4\theta\,\mathrm{d}\theta$$

$$= -8 \cdot \frac{3}{4} \cdot \frac{1}{2} \cdot \frac{\pi}{2} + 32 \cdot \frac{3}{4} \cdot \frac{1}{2} \cdot \frac{\pi}{2} = \frac{9}{2}\pi.$$

思考 （i）若曲线积分为 $\int_L y\mathrm{d}x + x\mathrm{d}y$，结果如何？为 $\int_L y^2\mathrm{d}x + x^2\mathrm{d}y$ 呢？（ii）若 L 为阿基米德螺线 $r = a\theta$ 相应于 θ 从 0 到 2π 的一段弧，以上各题的结果如何？

例 11.2.6 质点 P 沿着以 AB 为直径的圆周，从点 $A(-\sqrt{2}, -\sqrt{2})$ 按逆时针方向运动到点 $B(\sqrt{2}, \sqrt{2})$ 的过程中受到变力 $\boldsymbol{F}$ 的作用，$\boldsymbol{F}$ 的大小等于点 P 到坐标原点的距离，$\boldsymbol{F}$ 的方向垂直于 OP 且与 y 轴的正向的夹角小于 $\dfrac{\pi}{2}$，求变力 $\boldsymbol{F}$ 对质点所做的功．

分析 先根据力的大小与方向求出力的表达式，求出曲线的参数方程；再代入功的积分表达式并计算求出功的大小．

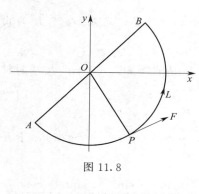

图 11.8

解 如图 11.8. 依题设，半圆的方程为 L：
$$\begin{cases} x = \sqrt{2}\cos t \\ y = \sqrt{2}\sin t \end{cases} (-\frac{3\pi}{4} \leqslant t \leqslant \frac{\pi}{4})，变力 \boldsymbol{F} = -y\boldsymbol{i} + x\boldsymbol{j}，故变力所做的功$$
$$W = \int_L \boldsymbol{F} \cdot \mathrm{d}\boldsymbol{s} = \int_L -y\mathrm{d}x + x\mathrm{d}y$$
$$= \int_{-\frac{3\pi}{4}}^{\frac{\pi}{4}} [-\sqrt{2}\sin t \cdot (-\sqrt{2}\sin t) + \sqrt{2}\cos t \cdot \sqrt{2}\cos t]\mathrm{d}t$$
$$= 2\int_{-\frac{3\pi}{4}}^{\frac{\pi}{4}} \mathrm{d}t = 2\pi$$

思考 若质点 P 沿着以 AB 为直径的圆周，从点 $A(-\sqrt{2}, -\sqrt{2})$ 按顺时针方向运动到点 $B(\sqrt{2}, \sqrt{2})$ 的过程中受到变力 $\boldsymbol{F}$ 的作用，结果如何？

第三节 格林公式

一、教学目标

1. 知道格林公式中平面区域的有关概念，掌握格林公式以及格林公式在计算曲线积分中的应用．

2. 理解曲线积分与路径无关的概念，沿任意闭曲面的曲面积分为零的条件．掌握曲线积分与路径无关在曲线积分计算中的应用．

二、考点题型

曲线积分的计算——格林公式的应用*；曲线积分与路径无关的证明，曲线积分的计算——曲线积分与路径无关性的应用*．

三、例题分析

例 11.3.1 求笛卡尔叶形线 $x^3 + y^3 = 3axy(a>0)$ 所围成图形的面积．

分析 尽管在笛卡尔叶形线 $x^3 + y^3 = 3axy(a>0)$ 中，变量 x, y 的取值范围均为 $(-\infty, +\infty)$，但就其所围成图形的面积而言，只须在所围成闭区域部分的范围内考虑问题即可，故设法求出笛卡尔叶形线在此部分的参数方程，再利用面积的曲线积分公式求解．

解 如图 11.9. 令 $y=tx$，则曲线的参数方程为 $L: x=\dfrac{3at}{1+t^3}$，$y=\dfrac{3at^2}{1+t^3}$（$0\leqslant t<+\infty$），于是 $\mathrm{d}x=\dfrac{3a(1-2t^3)}{(1+t^3)^2}\mathrm{d}t$，$\mathrm{d}y=\dfrac{3a(2t-t^4)}{(1+t^3)^2}\mathrm{d}t$. 故由曲线所围成图形面积公式，可得

$$A=\frac{1}{2}\oint_L x\,\mathrm{d}y-y\,\mathrm{d}x=\frac{1}{2}\int_0^{+\infty}\left[\frac{3at}{1+t^3}\cdot\frac{3a(2t-t^4)}{(1+t^3)^2}-\frac{3at^2}{1+t^3}\cdot\frac{3a(1-2t^3)}{(1+t^3)^2}\right]\mathrm{d}t$$

$$=\frac{9}{2}a^2\int_0^{+\infty}\frac{t^2}{(1+t^3)^2}\mathrm{d}t=-\frac{3}{2}a^2\cdot\frac{1}{1+t^3}\Big|_0^{+\infty}=\frac{3}{2}a^2.$$

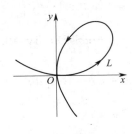

图 11.9

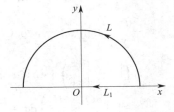

图 11.10

思考 （i）尝试利用面积公式 $A=\oint_L x\,\mathrm{d}y$ 或 $A=-\oint_L y\,\mathrm{d}x$ 求解，这两种解法是否可行？是否跟以上方法一样容易？（ii）若令 $y=t^2x$，能否用以上三种方法求解？（iii）尝试利用其它的参数化方法求解.

例 11.3.2 计算曲线积分 $\oint_L(2x-y+4)\mathrm{d}x+(5y+3x-6)\mathrm{d}y$，其中 L 是顶点为（0，0），（3，0）和（3，2）的三角形正向边界.

分析 这是分段光滑正向闭曲线的曲线积分，可直接用格林公式转化成二重积分计算.

解 原式 $=\iint_D(\dfrac{\partial Q}{\partial x}-\dfrac{\partial P}{\partial y})\mathrm{d}x\mathrm{d}y=\iint_D[3-(-1)]\mathrm{d}x\mathrm{d}y=4\iint_D\mathrm{d}x\mathrm{d}y=4\cdot\dfrac{1}{2}\cdot3\cdot2=12.$

思考 （i）若 L 是面积为 3 的任意三角形的正向边界，结果如何？L 是面积为 3 的任意长方形的正向边界呢？（ii）若 L 是顶点为（0，0），（3，0）和（3，2）的三角形外接圆正向边界，结果如何？

例 11.3.3 计算曲线积分 $\int_L(\mathrm{e}^x\sin y+x)\mathrm{d}x+(\mathrm{e}^x\cos y-\sin y)\mathrm{d}y$，其中 L 为圆周 $x=R\cos t$，$y=R\sin t$ 对应与 t 从 0 到 π 的一段弧.

分析 对于一些直接转化成定积分较难计算的问题，应检查曲线积分是否与路径无关；若是，再选择适当的路径计算.

解 如图 11.10. 因为 $P=\mathrm{e}^x\sin y+x$，$Q=\mathrm{e}^x\cos y-\sin y$，$\dfrac{\partial Q}{\partial x}=\mathrm{e}^x\cos y=\dfrac{\partial P}{\partial y}$，所以曲线积分与路径无关. 取 $L_1:y=0$，x 由 R 到 $-R$，则

$$原式=\int_{L_1}(\mathrm{e}^x\sin y+x)\mathrm{d}x+(\mathrm{e}^x\cos y-\sin y)\mathrm{d}y=\int_R^{-R}x\,\mathrm{d}x=0.$$

思考 （i）若曲线积分为 $\int_L(\mathrm{e}^x\sin y+y)\mathrm{d}x+(\mathrm{e}^x\cos y-\sin y)\mathrm{d}y$，结果如何？（ii）若

L 为椭圆 $x = R\cos t$，$y = 2R\sin t$ 对应与 t 从 0 到 π 的一段弧，分别计算以上两题中的曲线积分.

例 11.3.4 计算曲线积分 $\int_L [\sin^2(x+y) - y]\,dx - [\cos^2(x+y) - 100]\,dy$，其中 L 为曲线 $y = \pi - |x|$ 上从 $A(\pi, 0)$ 到 $B(-\pi, 0)$ 的一段折线.

分析 这是开折线 L 上的曲线积分，添加直线段 $\overrightarrow{BA}$，可以化为闭折线上的曲线积分，从而利用格林公式将其转化成闭折线所围成区域上的二重积分与线段 $\overrightarrow{BA}$ 上的曲线积分之差.

解 如图 11.11. 这里 $P = \sin^2(x+y) - y$，$Q = 100 - \cos^2(x+y)$，$\dfrac{\partial Q}{\partial x} = 2\sin(x+y)$ $\cos(x+y)$，$\dfrac{\partial P}{\partial y} = 2\sin(x+y)\cos(x+y) - 1$；$\overrightarrow{BA}$：$y = 0(x：-\pi \sim \pi)$，$dy = 0$. 因为

$$\left(\int_L + \int_{\overrightarrow{BA}} \right) [\sin^2(x+y) - y]\,dx - [\cos^2(x+y) - 100]\,dy$$

$$= \iint_D \left(\frac{\partial Q}{\partial x} - \frac{\partial P}{\partial y} \right)\,d\sigma = \iint_D d\sigma = \frac{1}{2} \cdot [\pi - (-\pi)] \cdot \pi = \pi^2,$$

$$\int_{\overrightarrow{BA}} [\sin^2(x+y) - y]\,dx - [\cos^2(x+y) - 100]\,dy$$

$$= \int_{-\pi}^{\pi} \sin^2 x\,dx = \int_0^\pi (1 - \cos 2x)\,dx = \left(x - \frac{1}{2}\sin 2x \right)\Big|_0^\pi = \pi,$$

故 $\int_L [\sin^2(x+y) - y]\,dx - [\cos^2(x+y) - 100]\,dy = \pi^2 - \pi.$

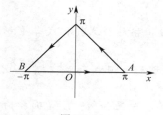

图 11.11

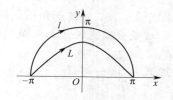

图 11.12

思考 若曲线 L 为下半圆 $x^2 + y^2 = \pi^2 (y \leqslant 0)$ 上从 $A(\pi, 0)$ 到 $B(-\pi, 0)$ 的一段弧，结果如何？

例 11.3.5 证明曲线积分：$\int_{(1,\ 0)}^{(2,\ 1)} (2xy - y^4 + 4)\,dx + (x^2 - 4xy^3)\,dy$ 在整个 xOy 平面内与路径无关，并计算积分的值.

分析 先验证 $\dfrac{\partial Q}{\partial x} = \dfrac{\partial P}{\partial y}$ 在整个 xOy 平面内恒成立；再按公式转化成点 $(1, 0)$ 到 $(2, 1)$ 的线段在两坐标轴上的投影线段上的定积分来计算.

解 因为 $\dfrac{\partial}{\partial x}(x^2 - 4xy^3) = 2x - 4y^3 = \dfrac{\partial}{\partial y}(2xy - y^4 + 4)$，所以曲线积分在整个 xOy 平面内与路径无关. 用 $(1, 0) \to (2, 0) \to (2, 1)$ 的折线段计算，则

$$\int_{(1,\ 0)}^{(2,\ 1)} (2xy - y^4 + 4)\,dx + (x^2 - 4xy^3)\,dy = \int_1^2 4\,dx + \int_0^1 (4 - 8y^3)\,dy = 4 + 4 - 2 = 6.$$

思考 (i) 若曲线积分为 $\int_{(1,0)}^{(2,1)}(2xy-y^4+4x)\mathrm{d}x+(x^2-4xy^3+y)\mathrm{d}y$ ，结果如何？
(ii) 分别用 $(1,0)\to(1,1)\to(2,1)$ 的折线段和 $(1,0)\to(2,1)$ 的直线段计算以上两曲线积分．

例 11.3.6 设 $\int_L\dfrac{(x-y)\mathrm{d}x+(x+y)\mathrm{d}y}{x^2+y^2}$ ，其中 L 是摆线 $x=t-\sin t-\pi$ ，$y=1-\cos t$ 上从 $t=0$ 到 $t=2\pi$ 的有向线段．证明该曲线积分与路径无关并求其值．

分析 只需证明 $\dfrac{\partial Q}{\partial x}\equiv\dfrac{\partial P}{\partial y}$ ．由于用曲线 L 的参数方程很难计算该曲线积分，因此根据曲线积分与路径无关，选择一条与此路径起点、终点均相同，能够简化该曲线积分的路径来计算．

解 如图 11.12．因为 $P=\dfrac{x-y}{x^2+y^2}$ ，$Q=\dfrac{x+y}{x^2+y^2}$ ，当 $(x,y)\neq(0,0)$ 时，$\dfrac{\partial Q}{\partial x}=\dfrac{y^2-x^2-2xy}{(x^2+y^2)^2}=\dfrac{\partial P}{\partial y}$ 恒成立，故曲线积分与路径无关．取 l：$x=\pi\cos\theta$ ，$y=\pi\sin\theta$ ，θ 由 $\pi\sim0$ ，则

$$\int_L\frac{(x-y)\mathrm{d}x+(x+y)\mathrm{d}y}{x^2+y^2}=\int_l\frac{(x-y)\mathrm{d}x+(x+y)\mathrm{d}y}{x^2+y^2}$$

$$=\int_\pi^0\frac{\pi^2\big[(\cos\theta-\sin\theta)(-\sin\theta)+(\cos\theta+\sin\theta)\cos\theta\big]}{\pi^2}\mathrm{d}\theta=-\pi.$$

思考 若曲线积分为 $\int_L\dfrac{(x-y)\mathrm{d}x+(x+y)\mathrm{d}y}{4x^2+y^2}$ ，应选择什么路径？结果如何？为 $\int_L\dfrac{(x-y)\mathrm{d}x+(x+y)\mathrm{d}y}{2x^2+y^2}$ 或 $\int_L\dfrac{(x-y)\mathrm{d}x+(x+y)\mathrm{d}y}{x^2+2y^2}$ 呢？

第四节 习题课一

例 11.4.1 计算曲线积分 $\oint_L(x^2+2xy-y^2+1)\mathrm{d}s$ ，其中 L 是顶点为 $O(0,0)$ ，$A(1,0)$ 和 $B(0,1)$ 所围成的三角形边界．

分析 L 是分段光滑的闭曲线，应分段计算，并根据曲线积分对弧段的可加性得出结果．由于各段均为直线段，因此适合使用直角坐标方程 $y=y(x)\ a\leqslant x\leqslant b$ 或 $x=x(y)$ $(a\leqslant y\leqslant d)$ 求解．

解 如图 11.13．$L=\overline{OA}+\overline{AB}+\overline{OB}$．而 $\overline{OA}$：$y=0(0\leqslant x\leqslant1)$ ，$\mathrm{d}s=\mathrm{d}x$ ，

$$\int_{\overline{OA}}(x^2+2xy-y^2+1)\mathrm{d}s=\int_0^1(x^2+1)\mathrm{d}x=\left[\frac{1}{3}x^3+x\right]_0^1=\frac{4}{3};$$

同理

$$\int_{\overline{OB}}(x^2+2xy-y^2+1)\mathrm{d}s=\int_0^1(-y^2+1)\mathrm{d}y=\frac{2}{3};$$

又 $\overline{AB}$：$y=1-x$ $(0\leqslant x\leqslant1)$ ，$\mathrm{d}s=\sqrt{2}\,\mathrm{d}x$ ，

$$\int_{\overline{AB}}(x^2+2xy-y^2+1)\mathrm{d}s=\sqrt{2}\int_0^1\big[x^2+2x(1-x)-(1-x)^2+1\big]\mathrm{d}x$$

$$=\sqrt{2}\int_0^1[-2x^2+4x]dx=\sqrt{2}\left[-\frac{2}{3}x^3+2x^2\right]_0^1=\frac{4\sqrt{2}}{3}.$$

所以

$$\oint_L(x^2+2xy-y^2+1)ds$$

$$=\left(\int_{\overline{OA}}+\int_{\overline{AB}}+\int_{\overline{OB}}\right)(x^2+2xy-y^2+1)ds=\frac{4}{3}+\frac{\sqrt{2}}{3}+\frac{2}{3}=2+\frac{4}{3}\sqrt{2}.$$

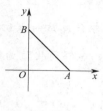

图 11.13

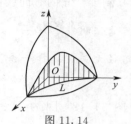

图 11.14

思考 若 L 为由三点 $O(0,0)$，$A(1,0)$ 和 $B(0,1)$ 所确定的圆形边界，结果如何？

例 11.4.2 计算曲线积分 $\oint_\Gamma\sqrt{5x^2+z^2}ds$，其中 Γ 为球面 $x^2+y^2+z^2=a^2$ 与平面 $2x-y=0$ 的交线.

分析 先将曲线的方程参数化，再利用参数方程求解.

解 由平面的方程得 $y=2x$，代入球面方程得

$$5x^2+z^2=a^2,\text{即 } x^2+\left(\frac{a}{\sqrt{5}}\right)^2=\left(\frac{z}{\sqrt{5}}\right)^2.$$

令 $x=\frac{a}{\sqrt{5}}\cos t$，$z=a\sin t$，得 $y=\frac{2a}{\sqrt{5}}\cos t$，于是曲线的参数方程为

$$\Gamma:x=\frac{a}{\sqrt{5}}\cos t,\ y=\frac{2a}{\sqrt{5}}\cos t,\ z=a\sin t\ (0\leqslant t\leqslant 2\pi),$$

$$ds=\sqrt{x_t'^2+y_t'^2+z_t'^2}\ dt=\sqrt{\left(-\frac{a}{\sqrt{5}}\sin t\right)^2+\left(-\frac{2a}{\sqrt{5}}\sin t\right)^2+(a\cos t)^2}\ dt=a\,dt,$$

故 $\oint_\Gamma\sqrt{5x^2+z^2}ds=\int_0^{2\pi}a\cdot a\,dt=2\pi a^2.$

思考 (i) 令 $x=\frac{a}{\sqrt{5}}\sin t$，$z=a\cos t$ 求解；(ii) 用 $x=\frac{1}{2}y$ 代入球面方程，再将曲线的方程参数化求解；(iii) 由曲线 Γ: $\begin{cases}x^2+y^2+z^2=a^2\\2x-y=0\end{cases}\Rightarrow\begin{cases}5x^2+z^2=a^2\\2x-y=0\end{cases}\Rightarrow\sqrt{5x^2+z^2}=a$，再用曲线积分的性质求解.

例 11.4.3 求柱面 $x^{\frac{2}{3}}+y^{\frac{2}{3}}=1$ 在球面 $x^2+y^2+z^2=1$ 内部分的面积.

分析 由对称性，所求面积等于第一卦限面积的 8 倍，而第一卦限的面积使用微元法可以求解.

解 如图 11.14，设柱面 $x^{\frac{2}{3}}+y^{\frac{2}{3}}=1$ $(x\geqslant 0,\ y\geqslant 0)$ 与坐标面 xOy 的交线为 L，取宽度为 ds、两边平行于 z 的曲边梯形，则所求面积的微元 $dA=zds$，于是所求面积

$$A=8\int_L zds=8\int_L\sqrt{1-x^2-y^2}ds.$$

又 L 的参数方程为 $x=\cos^3 t$，$y=\sin^3 t$（$0\leqslant t\leqslant\dfrac{\pi}{2}$），于是

$$ds=\sqrt{x_t'^2+y_t'^2}\,dt=\sqrt{(-3\cos^2 t\sin t)^2+(3\sin^2 t\cos t)^2}\,dt=3\sin t\cos t\,dt,$$

$$\sqrt{1-x^2-y^2}=\sqrt{1-\cos^6 t-\sin^6 t}=\sqrt{1-(\cos^2 t+\sin^2 t)(\cos^4 t-\sin^2 t\cos^2 t+\sin^2 t)}$$

$$=\sqrt{1-(\cos^4 t-\sin^2 t\cos^2 t+\sin^2 t)}=\sqrt{1-(\cos^2 t+\sin^2 t)^2+3\sin^2 t\cos^2 t}$$

$$=\sqrt{3\sin^2 t\cos^2 t}=\sqrt{3}\,|\sin t\cos t|,$$

故

$$A=24\sqrt{3}\int_0^{\frac{\pi}{2}}|\sin t\cos t|\sin t\cos t\,dt=24\sqrt{3}\int_0^{\frac{\pi}{2}}\sin^2 t\cos^2 t\,dt$$

$$=24\sqrt{3}\int_0^{\frac{\pi}{2}}(\sin^2 t-\sin^4 t)\,dt=24\sqrt{3}\left(\frac{1}{2}\cdot\frac{\pi}{2}-\frac{3}{4}\cdot\frac{1}{2}\cdot\frac{\pi}{2}\right)=\frac{3\sqrt{3}}{2}\pi.$$

思考　求柱面 $|x|+|y|=1$ 在球面 $x^2+y^2+z^2=1$ 内部分的面积.

例 11.4.4　求线段 $2|x|+|y|=a$，$|x|+2|y|=b$（$2b>a>\dfrac{b}{2}>0$）所夹部分图形的面积.

分析　已知线段所夹图形是两个镶嵌的菱形之间的部分，它由四个部分组成，每部分又关于坐标轴对称. 因此，只需利用曲线积分求出第一象限中与两坐标轴所围成的两个小部分的面积，就可以得出所求的面积.

解　如图 11.15. 设图形在第一象限中位于直线 $y=\dfrac{2b-a}{2a-b}x$ 两侧部分 D_1，D_2 的面积分别为 A_1，A_2；D_1，D_2 的正向边界分别为 $L'=L_1+L_2+L_3$，$L''=L_4+L_5+L_6$，其中 L_1，L_4 分别是 D_1，D_2 在 x，y 轴上的部分，L_2，L_5；L_3，L_6 分别是 D_1，D_2 在直线 $x+2y=b$ 和 $2x+y=a$ 上的部分.

由 $\begin{cases}2x+y=a\\x+2y=b\end{cases}$，求得两线段的交点 $\begin{cases}x=\dfrac{2a-b}{3}\\y=\dfrac{2b-a}{3}\end{cases}$. 由于 L_1：$y=0$（x：$\dfrac{a}{2}\sim b$），于是 $dy=0$，

故 $\displaystyle\int_{L_1}x\,dy=0$；$L_2$：$x=b-2y$（$y$：$0\sim\dfrac{2b-a}{3}$），于是

$$\int_{L_2}x\,dy=\int_0^{\frac{2b-a}{3}}(b-2y)\,dy=\left[by-y^2\right]_0^{\frac{2b-a}{3}}=\frac{1}{9}(a+b)(2b-a);$$

L_3：$x=\dfrac{a-y}{2}$（y：$\dfrac{2b-a}{3}\sim 0$），于是

$$\int_{L_3}x\,dy=\int_{\frac{2b-a}{3}}^0\frac{a-y}{2}\,dy=\frac{1}{2}\left[ay-\frac{1}{2}y^2\right]_{\frac{2b-a}{3}}^0=\frac{1}{36}(2b-7a)(2b-a).$$

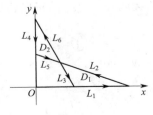

图 11.15

故
$$A_1 = \int_{L'} x\,dy = \int_{L_1} x\,dy + \int_{L_2} x\,dy + \int_{L_3} x\,dy$$

$$= \frac{1}{9}(a+b)(2b-a) + \frac{1}{36}(2b-7a)(2b-a) = \frac{1}{12}(2b-a)^2.$$

类似地
$$A_2 = \int_{L''} x\,dy = \int_{L_4} x\,dy + \int_{L_5} x\,dy + \int_{L_6} x\,dy = \frac{1}{12}(2a-b)^2.$$

故所求面积
$$A = 4(A_1+A_2) = \frac{1}{3}\left[(2b-a)^2 + (2a-b)^2\right].$$

思考 (i) 求线段 $2|x|+|y|=a$，$|x|+2|y|=b$ $(2b>a>\frac{b}{2}>0)$ 所围成的两个菱形公共部分的面积；(ii) 当 $a=b$ 时，以上两题的结果分别为多少？(iii) 用定积分或二重积分验证以上结果的正确性.

例 11.4.5 计算曲线积分 $\int_L \dfrac{(x+y)dy + (x-y)dx}{x^2+y^2}$，其中 L 是摆线 $r=e^\theta$ 相应于 θ 从 0 到 2π 的一段弧.

分析 当积分曲线为极坐标给出的曲线时，通常以极角作为参数，利用极坐标与直角坐标之间的关系 $x=r\cos\theta$，$y=r\sin\theta$，将曲线的极坐标方程转化成参数方程来计算.

解 因为 $x=r(\theta)\cos\theta = e^\theta\cos\theta$，$y=r(\theta)\sin\theta = e^\theta\sin\theta$，$\theta:0\sim2\pi$，所以 $dx = e^\theta(\cos\theta-\sin\theta)d\theta$，$dy = e^\theta(\sin\theta+\cos\theta)d\theta$，$\theta:0\sim2\pi$，于是

$$原式 = \int_0^{2\pi} \frac{e^{2\theta}(\cos\theta+\sin\theta)(\sin\theta+\cos\theta) + e^{2\theta}(\cos\theta-\sin\theta)(\cos\theta-\sin\theta)}{e^{2\theta}(\cos^2\theta+\sin^2\theta)}d\theta$$

$$= \int_0^{2\pi}\left[(\cos\theta+\sin\theta)^2 + (\cos\theta-\sin\theta)^2\right]d\theta$$

$$= 2\int_0^{2\pi}d\theta = 4\pi.$$

思考 (i) 若曲线积分为 $\int_L \dfrac{(x-y)dy+(x+y)dx}{x^2+y^2}$，结果如何？(ii) 若 L 是摆线 $r=e^{a\theta}$ 相应于 θ 从 0 到 2π 的一段弧，分别计算以上两曲线积分.

例 11.4.6 计算曲线积分 $\oint_L (x+y)^2dx + (x^2+y^2)dy$，其中 L 为曲线 $y=\sin x$ 与 $y=\cos x$ $(-\frac{3\pi}{4}\leqslant x\leqslant\frac{5\pi}{4})$ 围成区域的正向边界.

分析 曲线 L 是分段光滑的闭曲线，被积函数在曲线围成的闭区域上具有一阶连续偏导数，但由于该区域由两块小的闭区域构成，因此先将曲线积分化为两个闭曲线积分之和，再分别利用格林公式化为二重积分来计算.

解 如图 11.16. 记 $L=L_1+L_2$，其中 L_1、L_2 分别是当 $-\frac{3\pi}{4}\leqslant x\leqslant\frac{\pi}{4}$ 和 $\frac{\pi}{4}\leqslant x\leqslant\frac{5\pi}{4}$ 两曲线 $y=\sin x$ 与 $y=\cos x$ 所围成的区域 D_1，D_2 的正向边界. 由于

$$D_1:\begin{cases}-\frac{3\pi}{4}\leqslant x\leqslant\frac{\pi}{4}\\\sin x\leqslant y\leqslant\cos x\end{cases}, D_2:\begin{cases}\frac{\pi}{4}\leqslant x\leqslant\frac{5\pi}{4}\\\cos x\leqslant y\leqslant\sin x\end{cases},$$

$$\frac{\partial P}{\partial y} = \frac{\partial}{\partial y}[(x+y)^2] = 2(x+y), \frac{\partial Q}{\partial x} = \frac{\partial}{\partial x}(x^2+y^2) = 2x, \frac{\partial Q}{\partial x}-\frac{\partial P}{\partial y} = -2y,$$

故
$$原式 = \oint_{L_1}(x+y)^2dx+(x^2+y^2)dy + \oint_{L_2}(x+y)^2dx+(x^2+y^2)dy$$

$$=\iint\limits_{D_1}-2y\,\mathrm{d}x\,\mathrm{d}y+\iint\limits_{D_2}-2y\,\mathrm{d}x\,\mathrm{d}y=-2\int_{-\frac{3}{4}\pi}^{\frac{\pi}{4}}\mathrm{d}x\int_{\sin x}^{\cos x}y\,\mathrm{d}y-2\int_{\frac{\pi}{4}}^{\frac{5\pi}{4}}\mathrm{d}x\int_{\cos x}^{\sin x}y\,\mathrm{d}y$$

$$=-\int_{-\frac{3}{4}\pi}^{\frac{\pi}{4}}\cos 2x\,\mathrm{d}x+\int_{\frac{\pi}{4}}^{\frac{5\pi}{4}}\cos 2x\,\mathrm{d}x=-\frac{1}{2}\sin 2x\,\Big|_{-\frac{3}{4}\pi}^{\frac{\pi}{4}}+\frac{1}{2}\sin 2x\,\Big|_{\frac{\pi}{4}}^{\frac{5\pi}{4}}=0.$$

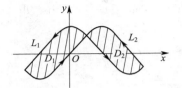

图 11.16　　　　　　　　　　　　　　图 11.17

思考　若 L 为曲线 $y=\sin x\,(0\leqslant x\leqslant 2\pi)$ 与 x 围成区域的正向边界，结果如何？

例 11.4.7　计算曲线积分 $\displaystyle\int_L[\mathrm{e}^x\sin y-b(x+y)]\mathrm{d}x+(\mathrm{e}^x\cos y-ax)\mathrm{d}y$，其中 a，b 为常数，L 为从点 $A(2a,0)$ 沿曲线 $y=\sqrt{2ax-x^2}$ 到坐标原点 $O\,(0,0)$ 的弧段．

分析　当积分曲线不是闭曲线且曲线积分与路径有关时，有时可以添加一些光滑的曲线段，与原积分曲线形成一条闭曲线，从而利用曲线积分的性质和格林公式将原曲线积分化为二重积分与一些简单曲线积分之差．

解　如图 11.17. 设 $\overline{OA}$：$y=0$（x：$0\sim 2a$），$\overline{OA}$ 与 L 所围成的区域为 D. 于是

$$\int_{\overline{OA}}[\mathrm{e}^x\sin y-b(x+y)]\mathrm{d}x+(\mathrm{e}^x\cos y-ax)\mathrm{d}y=\int_0^{2a}(0-bx)\mathrm{d}x=-\frac{b}{2}x^2\,\Big|_0^{2a}=-2a^2b;$$

$$\oint_{L+\overline{OA}}[\mathrm{e}^x\sin y-b(x+y)]\mathrm{d}x+(\mathrm{e}^x\cos y-ax)\mathrm{d}y$$

$$=\iint\limits_{D}\left\{\frac{\partial}{\partial x}(\mathrm{e}^x\cos y-ax)-\frac{\partial}{\partial y}[\mathrm{e}^x\sin y-b(x+y)]\right\}\mathrm{d}x\,\mathrm{d}y$$

$$=\iint\limits_{D}[(\mathrm{e}^x\cos y-a)-\mathrm{e}^x\cos y-b]\mathrm{d}x\,\mathrm{d}y=(b-a)\iint\limits_{D}\mathrm{d}x\,\mathrm{d}y=\frac{1}{2}\pi a^2(b-a).$$

故　　　　　原式 $=\left(\displaystyle\oint_{L+\overline{OA}}-\oint_{\overline{OA}}\right)[\mathrm{e}^x\sin y-b(x+y)]\mathrm{d}x+(\mathrm{e}^x\cos y-ax)\mathrm{d}y$

$$=\frac{1}{2}\pi a^2(b-a)-(-2a^2b)=a^2\left[\frac{1}{2}\pi(b-a)+2b\right].$$

思考　(i) 将原式化成两曲线积分 $\displaystyle\int_L\mathrm{e}^x\sin y\,\mathrm{d}x+\mathrm{e}^x\cos y\,\mathrm{d}y$ 与 $\displaystyle\int_L-b(x+y)\mathrm{d}x-ax\,\mathrm{d}y$ 之和，前一积分用与路径的无关性求解，后一个用参数化方法求解；(ii) L 为从点 $A(2a,0)$ 沿曲线 $y=\sin\dfrac{\pi}{2a}x$ 到坐标原点 $O(0,0)$ 的弧段，结果如何？

例 11.4.8　计算曲线积分 $\displaystyle\oint_L(x^2y\cos x+2xy\sin x-y^2\mathrm{e}^x)\mathrm{d}x+(x^2\sin x-2y\mathrm{e}^x+2x)\mathrm{d}y$，其中 L 为正向星形线 $x^{\frac{2}{3}}+y^{\frac{2}{3}}=a^{\frac{2}{3}}\,(a>0)$．

分析　被积函数由三种不同类型的函数所构成，曲线的参数化也很复杂，因此很难用参数化方法将其化为定积分，故尝试用格林公式化为二重积分，再设法用适当的方法计算．

解　设 L 所围成的区域为 D. 因为

$$\frac{\partial Q}{\partial y}-\frac{\partial P}{\partial y}=\frac{\partial}{\partial x}(x^2\sin x-2ye^x+2x)-\frac{\partial}{\partial y}(x^2y\cos x+2xy\sin x-y^2e^x)$$

$$=(2x\sin x+x^2\cos x-2ye^x+2)-(x^2\cos x+2x\sin x-2ye^x)=2,$$

所以

$$\oint_L(x^2y\cos x+2xy\sin x-y^2e^x)dx+(x^2\sin x-2ye^x)dy$$

$$=2\iint_D dxdy=2\oint_L xdy=2\int_0^{2\pi}a^3\cos^3 t\,d(a^3\sin^3 t)=6a^6\int_0^{2\pi}\sin^2 t\cos^4 t\,dt$$

$$=6a^6\int_0^{2\pi}(\cos^4 t-\cos^6 t)dt=24a^6\int_0^{\frac{\pi}{2}}(\cos^4 t-\cos^6 t)dt$$

$$=24a^6(\frac{3}{4}\cdot\frac{1}{2}\cdot\frac{\pi}{2}-\frac{5}{6}\cdot\frac{3}{4}\cdot\frac{1}{2}\cdot\frac{\pi}{2})=\frac{3}{4}\pi a^6.$$

思考 若曲线积分为 $\oint_L(x^2y\cos x+2xy\sin x-y^2e^x)dx+(x^2\sin x-2ye^x+x^2y)dy$ 或 $\oint_L(x^2y\cos x+2xy\sin x-y^2e^x-y)dx+(x^2\sin x-2ye^x+2x)dy$，结果如何？

第五节　第一类曲面积分

一、教学目标

了解对面积的曲面积分的概念与性质，对面积的曲面积分的几何、物理意义．掌握利用二重积分计算对面积的曲面积分的方法．

二、考点题型

第一类曲面积分的计算*；第一类曲面积分的几何、物理意义．

三、例题分析

例 11.5.1 计算曲面积分 $\iint_\Sigma(x+y+z)dS$，其中 Σ 是平面 $x+y+z=2$ 在第一卦限内的部分．

分析 曲面 Σ 在三个坐标面上的投影都是一一的，故可将其直接投影到某坐标面，转化成二重积分来计算．注意，被积函数 $x+y+z$ 满足 Σ 的方程，可用 Σ 的方程来化简．

解 因为 Σ：$z=2-x-y$，$z_x=-1$，$z_y=-1$，$dS=\sqrt{1+z_x^2+z_y^2}\,dxdy=\sqrt{3}\,dxdy$，$\Sigma$ 在 xOy 面上的投影区域 D_{xy}：$0\leq x\leq 2$，$0\leq y\leq 2-x$．故

$$原式=\iint_\Sigma 2dS=\iint_{D_{xy}}2\sqrt{3}\,dxdy=2\sqrt{3}\iint_{D_{xy}}dxdy=2\sqrt{3}\times\frac{1}{2}\times 2\times 2=4\sqrt{3}.$$

思考 （i）若曲面积分为 $\iint_\Sigma(x-y+z)dS$，结果如何？为 $\iint_\Sigma(x-y-z)dS$ 呢？（ii）将曲面 Σ 投影到 xOz 面上，计算以上各题．

例 11.5.2 计算曲面积分 $\iint_\Sigma zdS$，其中 Σ 为锥面 $z=\sqrt{x^2+y^2}$（$0\leq z\leq 1$）．

分析 曲面 Σ 在 xOy 面上的投影是一一的，而在其它两个坐标面上的投影都不是一一的，故可将其投影到 xOy 面上计算比较简单．

解　因为 $z_x=\dfrac{x}{\sqrt{x^2+y^2}}$，$z_y=\dfrac{y}{\sqrt{x^2+y^2}}$，$dS=\sqrt{z_x^2+z_y^2}\,dx\,dy=\sqrt{2}\,dx\,dy$，$\Sigma$ 在 xOy 面上的投影区域 D_{xy}：$x^2+y^2\leqslant1$. 故

$$\iint_{\Sigma}z\,dS=\iint_{D_{xy}}\sqrt{x^2+y^2}\,\sqrt{2}\,dx\,dy=\sqrt{2}\int_0^{2\pi}d\theta\int_0^1 r\cdot r\,dr=\sqrt{2}\cdot2\pi\cdot\frac{1}{3}=\frac{2\sqrt{2}\pi}{3}.$$

思考　若 Σ 为旋转抛物面 $z=x^2+y^2$（$0\leqslant z\leqslant1$），结果如何？

例 11.5.3.　计算曲面积分 $\displaystyle\iint_{\Sigma}\frac{1}{1+x^2+y^2+z^2}dS$，其中 Σ 是柱面 $x^2+y^2=a^2$ 介于两平面 $z=0$，$z=2$ 之间的部分.

分析　显然，要将 Σ 分成前、后或左、右两块，才能得到每块到坐标面 yOz 或 zOx 上的一一映射，即曲面块的显式方程. 因此，应分片计算，并根据曲面积分对曲面的可加性得出结果. 注意，根据对称性和曲面积分的性质化简，可以简化曲面积分的计算.

解　如图 11.18. 设 Σ_1 是 Σ 的前侧，则其方程为 Σ_1：$x=\sqrt{a^2-y^2}$，

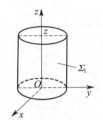

图 11.18

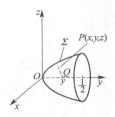

图 11.19

其中 $(y,z)\in D_{yz}$：$\begin{cases}-a\leqslant y\leqslant a\\0\leqslant z\leqslant2\end{cases}$. 于是 $\dfrac{\partial x}{\partial y}=-\dfrac{y}{\sqrt{a^2-y^2}}$，$\dfrac{\partial x}{\partial z}=0$，

$$dS=\sqrt{1+\left(\frac{\partial x}{\partial y}\right)^2+\left(\frac{\partial x}{\partial z}\right)^2}\,dy\,dz=\sqrt{1+\left(-\frac{y}{\sqrt{a^2-y^2}}\right)^2}\,dy\,dz=\frac{a}{\sqrt{a^2-y^2}}\,dy\,dz.$$

根据对称性和曲面积分的性质，得

$$\iint_{\Sigma}\frac{1}{1+x^2+y^2+z^2}dS=\iint_{\Sigma}\frac{1}{1+a^2+z^2}dS=2\iint_{\Sigma_1}\frac{1}{1+a^2+z^2}dS$$

$$=2\iint_{D_{yz}}\frac{1}{1+a^2+z^2}\cdot\frac{a}{\sqrt{a^2-y^2}}\,dy\,dz=2\int_{-a}^a\frac{a}{\sqrt{a^2-y^2}}\,dy\int_0^2\frac{1}{1+a^2+z^2}\,dz$$

$$=4a\left[\arcsin\frac{y}{a}\right]_0^a\cdot\frac{1}{\sqrt{1+a^2}}\left[\arctan\frac{z}{\sqrt{1+a^2}}\right]_0^2=\frac{2\pi a}{\sqrt{1+a^2}}\arctan\frac{2}{\sqrt{1+a^2}}.$$

思考　(i) 若曲面积分为 $\displaystyle\iint_{\Sigma}\frac{1}{1+x^2+z^2}dS$ 或 $\displaystyle\iint_{\Sigma}\frac{1}{1+y^2+z^2}dS$，结果如何？(ii) 将 Σ 分成左、右两块，计算以上各题.

例 11.5.4　计算曲面积分 $\displaystyle\oiint_{\Sigma}(3x^2-2y^2+z^2+2x+y-z)dS$，其中 Σ 是球面 $x^2+y^2+z^2=R^2$.

分析　这是隐式方程所确定的曲面的曲面积分，若用投影法计算，需要将曲面分块并利用每块的显式方程，求解较烦较难，而根据曲面的对称性和第一类曲面积分的几何意义，可

以避免以上问题，从而简化求解的运算.

解 根据 Σ 的对称性，有

$$\oiint_{\Sigma} x\,\mathrm{d}S = \oiint_{\Sigma} y\,\mathrm{d}S = \oiint_{\Sigma} z\,\mathrm{d}S = 0,$$

$$\oiint_{\Sigma} x^2\,\mathrm{d}S = \oiint_{\Sigma} y^2\,\mathrm{d}S = \oiint_{\Sigma} z^2\,\mathrm{d}S = \frac{1}{3}\oiint_{\Sigma}(x^2+y^2+z^2)\,\mathrm{d}S.$$

于是 原式 $= 3\oiint_{\Sigma} x^2\,\mathrm{d}S - 2\oiint_{\Sigma} y^2\,\mathrm{d}S + \oiint_{\Sigma} z^2\,\mathrm{d}S + 2\oiint_{\Sigma} x\,\mathrm{d}S + \oiint_{\Sigma} y\,\mathrm{d}S - \oiint_{\Sigma} z\,\mathrm{d}S$

$$= \oiint_{\Sigma}(x^2+y^2+z^2)\,\mathrm{d}S - \frac{2}{3}\oiint_{\Sigma}(x^2+y^2+z^2)\,\mathrm{d}S + \frac{1}{3}\oiint_{\Sigma}(x^2+y^2+z^2)\,\mathrm{d}S$$

$$= \frac{2}{3}\oiint_{\Sigma}(x^2+y^2+z^2)\,\mathrm{d}S = \frac{2}{3}\oiint_{\Sigma} R^2\,\mathrm{d}S$$

$$= \frac{2}{3}R^2\oiint_{\Sigma}\mathrm{d}S = \frac{2}{3}R^2 \cdot 4\pi R^2 = \frac{8}{3}\pi R^4.$$

思考 （i）尝试用投影法求解该题.（ii）若曲面积分为 $\oiint_{\Sigma}(ax^2+by^2+cz^2+2x+y-z)\,\mathrm{d}S$ 或 $\oiint_{\Sigma}(3x^2-2y^2+z^2+dx+ey+fz)\,\mathrm{d}S$ 或 $\oiint_{\Sigma}(ax^2+by^2+cz^2+dx+ey+fz)\,\mathrm{d}S$，其中 a，b，c，d，e，f 为常数，结果如何？

例 11.5.5 求旋转抛物面壳 Σ：$y=\frac{1}{2}(x^2+z^2)$ $\left(y\leqslant\frac{1}{2}\right)$ 的质量，设此壳任意一点 $P(x，y，z)$ 的密度 $\rho(x，y，z)$ 等于这点到 y 轴距离的平方.

分析 先求出 Σ 面密度函数 $\rho(x，y，z)$，再根据曲面质量公式计算.

解 如图 11.19.由于 $P(x，y，z)$ 在 y 上的投影为 $Q(0，y，0)$，故 Σ 面密度函数 $\rho(x,y,z)=(x-0)^2+(y-y)^2+(z-0)^2=x^2+z^2$.

又 Σ 在 xOz 平面上的投影为 D_{xz}：$x^2+z^2\leqslant 1$，$\dfrac{\partial y}{\partial x}=x$，$\dfrac{\partial y}{\partial z}=z$，$\mathrm{d}S=$

$\sqrt{1+\left(\dfrac{\partial y}{\partial x}\right)^2+\left(\dfrac{\partial y}{\partial z}\right)^2}\,\mathrm{d}x\mathrm{d}z=\sqrt{1+x^2+z^2}\,\mathrm{d}x\mathrm{d}z$. 于是 Σ 的质量

$$M = \iint_{\Sigma}\rho(x,y,z)\,\mathrm{d}S = \iint_{\Sigma}(x^2+z^2)\,\mathrm{d}S = \iint_{D_{xz}}(x^2+z^2)\sqrt{1+x^2+z^2}\,\mathrm{d}x\mathrm{d}z$$

$$= \int_0^{2\pi}\mathrm{d}\theta\int_0^1 r^2\sqrt{1+r^2}\cdot r\,\mathrm{d}r = \pi\int_0^1\left[(1+r^2)^{\frac{3}{2}}-(1+r^2)^{\frac{1}{2}}\right]\mathrm{d}(1+r^2)$$

$$= \pi\left[\frac{2}{5}(1+r^2)^{\frac{5}{2}}-\frac{2}{3}(1+r^2)^{\frac{3}{2}}\right]_0^1 = \frac{4}{15}\pi(\sqrt{2}+1).$$

思考 （i）若旋转抛物面壳为 Σ：$y=x^2+z^2$ $(y\leqslant 4)$，结果如何？（ii）若壳上任意一点 $P(x，y，z)$ 的密度 $\rho(x，y，z)$ 等于这点到 x 或 z 轴距离的平方，以上各题结果如何？

例 11.5.6 半径为 a 的均匀球面上每一点的密度等于该点到某一直径的距离，求球面关于该直径的转动惯量.

分析 先建立适当的直角坐标系，确定球面的方程和旋转轴，并求出球面的密度函数，再根据曲面绕坐标轴旋转的转动惯量公式计算.

解　如图 11.20. 以球心为坐标原点，旋转直径为 z 轴建立直角坐标系，则球面的方程为 Σ：$x^2+y^2+z^2=a^2$，球面的密度为 $\rho(x,y,z)=\sqrt{x^2+y^2}$，则所求转动惯量为

$$I_z=\iint\limits_{\Sigma}(x^2+y^2)\rho(x,y,z)\mathrm{d}S=\iint\limits_{\Sigma}(x^2+y^2)\sqrt{x^2+y^2}\mathrm{d}S.$$

记 Σ_1：$z=\sqrt{a^2-x^2-y^2}$，则 Σ_1 在 xOy 平面上的投影为 D_{xy}：$x^2+y^2\leqslant a^2$，

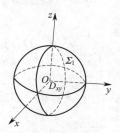

图 11.20

而

$$\frac{\partial z}{\partial x}=-\frac{x}{\sqrt{a^2-x^2-y^2}},\frac{\partial z}{\partial y}=-\frac{y}{\sqrt{a^2-x^2-y^2}},$$

$$\mathrm{d}S=\sqrt{1+\left(\frac{\partial z}{\partial x}\right)^2+\left(\frac{\partial z}{\partial y}\right)^2}\mathrm{d}x\mathrm{d}y=\frac{a}{\sqrt{a^2-x^2-y^2}}\mathrm{d}x\mathrm{d}y,$$

于是由对称性，得

$$I_z=2\iint\limits_{\Sigma_1}(x^2+y^2)\sqrt{x^2+y^2}\mathrm{d}S=2a\iint\limits_{D_{xy}}(x^2+y^2)\sqrt{\frac{x^2+y^2}{a^2-x^2-y^2}}\mathrm{d}x\mathrm{d}y$$

$$=2a\int_0^{2\pi}\mathrm{d}\theta\int_0^a\frac{r^3}{\sqrt{a^2-r^2}}\cdot r\mathrm{d}r=4\pi a\int_0^a\frac{r^4}{\sqrt{a^2-r^2}}\mathrm{d}r$$

$$\overset{r=a\sin t}{\underset{\mathrm{d}r=a\cos t\mathrm{d}t}{=\!=\!=}}4\pi a\int_0^{\frac{\pi}{2}}\frac{a^4\sin^4 t}{\sqrt{a^2-a^2\sin^2 t}}\cdot a\cos t\mathrm{d}t$$

$$=4\pi a^5\int_0^{\frac{\pi}{2}}\sin^4 t\mathrm{d}t=4\pi a^5\cdot\frac{3}{4}\cdot\frac{1}{2}\cdot\frac{\pi}{2}=\frac{3}{4}\pi^2 a^5.$$

思考　(i) 若球面上每一点的密度等于该点到某一直径距离的平方，结果如何？(ii) 将球面 Σ 投影到坐标面 yOz 或 zOx 上计算以上各题，是否可行？

第六节　第二类曲面积分

一、教学目标

了解对坐标的曲面积分的基本概念，对坐标的曲面积分的物理意义；掌握对坐标的曲面积分的基本性质和利用二重积分计算对坐标的曲面积分的方法．知道两类曲面积分之间的区别与联系．

二、考点题型

第二类曲面积分的计算*；第二类曲面积分的物理意义；第一类曲面积分与第二类曲面积分之间的关系．

三、例题分析

例 11.6.1　$I = \iint\limits_{\Sigma} x^2 z \, dx \, dy$，其中 Σ 为球面 $x^2 + y^2 + z^2 = R^2$ 的下半部分的下侧.

分析　显然，应将 Σ 投影到 xOy 面上来计算. 注意，在常见的空间直角坐标系中，具有"上正下负，右正左负，前正后负"，即曲面的法向量与坐标轴方向一致取"＋"号，相反取"－"号的定号规则.

解　如图 11.21. Σ：$z = -\sqrt{R^2 - x^2 - y^2}$ 在 xOy 面上的投影区域 D_{xy}：$x^2 + y^2 \leqslant R^2$，即 D_{xy}：$0 \leqslant r \leqslant R$，$0 \leqslant \theta \leqslant 2\pi$. 于是

$$I = -\iint\limits_{D} x^2 \cdot (-\sqrt{R^2 - x^2 - y^2}) \, dx \, dy = \iint\limits_{D} x^2 \sqrt{R^2 - x^2 - y^2} \, dx \, dy$$

$$= \int_0^{2\pi} \cos^2 \theta \, d\theta \int_0^R r^2 \sqrt{R^2 - r^2} \cdot r \, dr = 4 \int_0^{\pi/2} \cos^2 \theta \, d\theta \int_0^R r^3 \sqrt{R^2 - r^2} \, dr$$

$$= 4 \cdot \frac{1}{2} \cdot \frac{\pi}{2} \int_0^{\pi/2} R^3 \sin^3 t \sqrt{R^2 - R^2 \sin^2 t} \cdot R \cos t \, dt$$

$$= \pi R^5 \int_0^{\pi/2} \sin^3 t \cos^2 t \, dt = \pi R^5 \int_0^{\pi/2} (\sin^3 t - \sin^5 t) \, dt$$

$$= \pi R^5 \left(\frac{2}{3} - \frac{4}{5} \cdot \frac{2}{3} \right) = \frac{2}{15} \pi R^5.$$

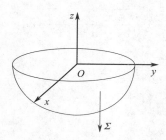

如图 11.21

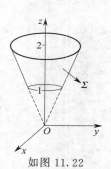

如图 11.22

思考　(i) 若曲面积分为 $I = \iint\limits_{\Sigma} x^2 y^2 z \, dx \, dy$，结果如何？(ii) 若 Σ 为球面 $x^2 + y^2 + z^2 = R^2$ 的上半部分的上侧，计算以上两曲面积分.

例 11.6.2　计算曲面积分 $I = \iint\limits_{\Sigma} \dfrac{e^z \, dx \, dy}{\sqrt{x^2 + y^2 + z^2}}$，其中 Σ 是锥面 $z = \sqrt{x^2 + y^2}$ 介于两平面 $z = 1$，$z = 2$ 之间部分的外侧.

分析　显然，Σ 到坐标面 xOy 的投影是一一的，因此可以直接投影到 xOy 面上求解.

解　如图 11.22. 因为 Σ：$z = \sqrt{x^2 + y^2}$ $(1 \leqslant x^2 + y^2 \leqslant 4)$，下侧. 故

$$I = \iint\limits_{\Sigma} \frac{e^z \, dx \, dy}{\sqrt{x^2 + y^2 + z^2}} = -\frac{1}{\sqrt{2}} \iint\limits_{D_{xy}} \frac{e^{\sqrt{x^2+y^2}} \, dx \, dy}{\sqrt{x^2 + y^2}} = -\frac{1}{\sqrt{2}} \int_0^{2\pi} d\theta \int_1^2 \frac{e^r}{r} \cdot r \, dr$$

$$= -\sqrt{2} \pi e^r \Big|_1^2 = -\sqrt{2} \pi e (1 - e).$$

思考　若曲面积分为 $I = \iint\limits_{\Sigma} \dfrac{e^z \, dy \, dz}{\sqrt{x^2+y^2+z^2}}$，结果如何？为 $I = \iint\limits_{\Sigma} \dfrac{e^z \, dz \, dx}{\sqrt{x^2+y^2+z^2}}$ 呢？

例 11.6.3　计算曲面积分 $\iint\limits_{\Sigma} \dfrac{x \, dx \, dz + z^2 \, dx \, dy}{x^2+y^2+z^2}$，其中 Σ 是柱面 $x^2+y^2=R^2$ 介于两平面 $z=R$，$z=-R(R>0)$ 之间部分的外侧.

分析　显然，Σ 到任一坐标面的投影都不是一一的，因此要将其分块，使每小块到某坐标面上的投影都是一一的；再利用投影法和曲面积分对曲面的可加性求解.

解　如图 11.23. 将 Σ 分成右、左两光滑的曲面，即 Σ_1：$y=\sqrt{R^2-x^2}$，右侧；Σ_2：$y=-\sqrt{R^2-x^2}$，左侧.

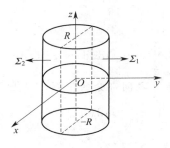

图 11.23

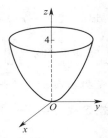

图 11.24

显然，Σ_1，Σ_2 在坐标表面 xOy 上的投影面积为零，故

$$\iint\limits_{\Sigma_1+\Sigma_2} \dfrac{z^2 \, dx \, dy}{x^2+y^2+z^2} = 0 \; ;$$

而
$$\iint\limits_{\Sigma} \dfrac{x \, dx \, dz}{x^2+y^2+z^2} = \iint\limits_{\Sigma_1+\Sigma_2} \dfrac{x \, dx \, dz}{R^2+z^2} = \iint\limits_{D_{xz}} \dfrac{\sqrt{R^2-x^2}}{R^2+z^2} dx \, dz - \iint\limits_{D_{xz}} \dfrac{-\sqrt{R^2-x^2}}{R^2+z^2} dx \, dz$$
$$= 2\iint\limits_{D_{xz}} \dfrac{\sqrt{R^2-x^2}}{R^2+z^2} dx \, dz = 2\int_{-R}^{R} \sqrt{R^2-x^2} \, dy \int_{-R}^{R} \dfrac{1}{R^2+z^2} dz$$
$$= 2\left[\dfrac{x}{2}\sqrt{R^2-x^2} + \dfrac{R^2}{2}\arcsin\dfrac{x}{R}\right]_{-R}^{R} \cdot \left[\dfrac{1}{R}\arctan\dfrac{z}{R}\right]_{-R}^{R} = \dfrac{1}{2}\pi^2 R$$

故　$\iint\limits_{\Sigma} \dfrac{x \, dx \, dz + z^2 \, dx \, dy}{x^2+y^2+z^2} = \dfrac{1}{2}\pi^2 R$.

思考　(i) 若曲面积分为 $\iint\limits_{\Sigma} \dfrac{y \, dz \, dx + z^2 \, dx \, dy}{x^2+y^2+z^2}$ 或 $\iint\limits_{\Sigma} \dfrac{x \, dy \, dz + y \, dz \, dx + z^2 \, dx \, dy}{x^2+y^2+z^2}$，结果如何？(ii) 若 Σ 是球面 $x^2+y^2+z^2=R^2$ 的外侧，以上各题结果如何？

例 11.6.4　计算曲面积分 $\iint\limits_{\Sigma}(x-y)\,dy\,dz + (x+y)\,dz\,dx + z^2\,dx\,dy$，其中 Σ 是抛物面 $z=x^2+y^2$ 被平面 $z=4$ 所割下部分的下侧.

分析　曲面积分需要将曲面 Σ 投影到三个坐标面上，但只有 xOy 面上可以直接投影，yOz，zOx 面上都要先分块，后投影，比较麻烦. 为此，利用曲面的法向量，将较难计算的面上的第二类曲面积分转化成较易计算的面上的第二类曲面积分，从而简化运算.

解　如图 11.24. 令 $F(x,y,z)=x^2+y^2-z$，则 Σ 的法向量为
$$\boldsymbol{n} = (F_x, F_y, F_z) = (2x, 2y, -1),$$

于是 Σ 下侧的单位法向量为

$$\boldsymbol{n}^\circ=(\cos\alpha,\cos\beta,\cos\gamma)=\frac{1}{\sqrt{1+4x^2+4y^2}}(2x,2y,-1).$$

由于 $\mathrm{d}S\cos\alpha=\mathrm{d}y\mathrm{d}z$，$\mathrm{d}S\cos\beta=\mathrm{d}z\mathrm{d}x$，$\mathrm{d}S\cos\gamma=\mathrm{d}x\mathrm{d}y$，所以

$$\mathrm{d}y\mathrm{d}z=\frac{\cos\alpha}{\cos\gamma}\mathrm{d}x\mathrm{d}y=-2x\mathrm{d}x\mathrm{d}y,\mathrm{d}z\mathrm{d}x=\frac{\cos\beta}{\cos\gamma}\mathrm{d}x\mathrm{d}y=-2y\mathrm{d}x\mathrm{d}y,$$

故　原式 $=\iint\limits_{\Sigma}[-2x(x-y)-2y(x+y)+z^2]\mathrm{d}x\mathrm{d}y$

$$=-\iint\limits_{D_{xy}}[-2x(x-y)-2y(x+y)+(x^2+y^2)^2]\mathrm{d}x\mathrm{d}y=\iint\limits_{D_{xy}}[2(x^2+y^2)-(x^2+y^2)^2]\mathrm{d}x\mathrm{d}y$$

$$=\int_0^{2\pi}\mathrm{d}\theta\int_0^2(2r^2-r^4)\cdot r\mathrm{d}r=2\pi\left[\frac{2}{4}r^4-\frac{1}{6}r^6\right]_0^2=-\frac{16}{3}\pi.$$

思考　(i) 若曲面积分为 $\iint\limits_{\Sigma}(x-y)\mathrm{d}y\mathrm{d}z+z^2\mathrm{d}x\mathrm{d}y$ 或 $\iint\limits_{\Sigma}(x+y)\mathrm{d}z\mathrm{d}x+z^2\mathrm{d}x\mathrm{d}y$，结果如何？(ii) 若 Σ 是抛物面 $z=x^2+y^2$ 介于两平面 $z=1$，$z=4$ 之间部分的下侧，以上各题结果如何？　(iii) 若 Σ 是 $z=\sqrt{x^2+y^2}$ 的上侧（下侧），将 $\iint\limits_{\Sigma}(x-y)\mathrm{d}y\mathrm{d}z+(x+y)\mathrm{d}z\mathrm{d}x+z^2\mathrm{d}x\mathrm{d}y$ 转化成 xOy 面上的曲面积分，以上各曲面积分结果如何？

例 11.6.5　计算曲面积分 $\oiint\limits_{\Sigma}(x+1)\mathrm{d}y\mathrm{d}z+y\mathrm{d}z\mathrm{d}x+z\mathrm{d}x\mathrm{d}y$，其中 Σ 是平面 $x+y+z=1$ 与三坐标面所围成的四面体表面的外侧.

分析　Σ 由四块分片光滑曲面构成，可用将各块曲面投影到个坐标面上分别计算，并用曲面积分对曲面的可加性求解. 注意，Σ 在平面 $x+y+z=1$ 上的部分在三坐标面上的积分可以转化到一个坐标面上来计算.

解　如图 11.25. 记 Σ_1，Σ_2，Σ_3，Σ_4 分别是 Σ 在坐标面 xOy，yOz，zOx 和平面 $x+y+z=1$ 上的部分，则由于 Σ_1 在 yOz，zOx 面上投影的面积为零，故

$$\iint\limits_{\Sigma_1}(x+1)\mathrm{d}y\mathrm{d}z=\iint\limits_{\Sigma_1}y\mathrm{d}z\mathrm{d}x=0，$$

又在 Σ_1 上 $z=0$，故 $\iint\limits_{\Sigma_1}z\mathrm{d}x\mathrm{d}y=0$，于是 $\iint\limits_{\Sigma_1}(x+1)\mathrm{d}y\mathrm{d}z+y\mathrm{d}z\mathrm{d}x+z\mathrm{d}x\mathrm{d}y=0$；

类似地　$\iint\limits_{\Sigma_3}(x+1)\mathrm{d}y\mathrm{d}z+y\mathrm{d}z\mathrm{d}x+z\mathrm{d}x\mathrm{d}y=0$；

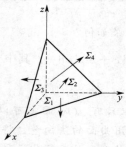

图 11.25

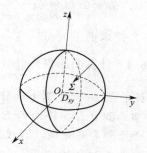

图 11.26

又因为 Σ_2 在 zOx，xOy 面上投影的面积为零，故

$$\iint\limits_{\Sigma_2} y\,\mathrm{d}z\,\mathrm{d}x = \iint\limits_{\Sigma_2} z\,\mathrm{d}x\,\mathrm{d}y = 0\,,$$

在 Σ_2 上 $x=0$，故 $\iint\limits_{\Sigma_2}(x+1)\mathrm{d}y\,\mathrm{d}z = \iint\limits_{\Sigma_2}\mathrm{d}y\,\mathrm{d}z = -\iint\limits_{D_{yz}}\mathrm{d}y\,\mathrm{d}z = -\dfrac{1}{2}$，于是

$$\iint\limits_{\Sigma_2}(x+1)\mathrm{d}y\,\mathrm{d}z + y\,\mathrm{d}z\,\mathrm{d}x + z\,\mathrm{d}x\,\mathrm{d}y = -\dfrac{1}{2}\,;$$

又因为 Σ_4 的单位法向量为 $\boldsymbol{n}^\circ=(\cos\alpha,\ \cos\beta,\ \cos\gamma)=\dfrac{1}{\sqrt{3}}(1,\ 1,\ 1)$，所以

$$\mathrm{d}y\,\mathrm{d}z = \dfrac{\cos\alpha}{\cos\gamma}\mathrm{d}x\,\mathrm{d}y = \mathrm{d}x\,\mathrm{d}y,\ \mathrm{d}z\,\mathrm{d}x = \dfrac{\cos\beta}{\cos\gamma}\mathrm{d}x\,\mathrm{d}y = \mathrm{d}x\,\mathrm{d}y,$$

于是
$$\iint\limits_{\Sigma_4}(x+1)\mathrm{d}y\,\mathrm{d}z + y\,\mathrm{d}z\,\mathrm{d}x + z\,\mathrm{d}x\,\mathrm{d}y = \iint\limits_{\Sigma_4}(x+y+z+1)\mathrm{d}x\,\mathrm{d}y$$
$$= \iint\limits_{D_{xy}}(1+1)\mathrm{d}x\,\mathrm{d}y = 2\iint\limits_{D_{xy}}\mathrm{d}x\,\mathrm{d}y = 2\cdot\dfrac{1}{2}=1.$$

故　原式 $\displaystyle\oiint\limits_{\Sigma_1+\Sigma_2+\Sigma_3+\Sigma_4}(x+1)\mathrm{d}y\,\mathrm{d}z + y\,\mathrm{d}z\,\mathrm{d}x + z\,\mathrm{d}x\,\mathrm{d}y = 0 - \dfrac{1}{2} + 0 + 1 = \dfrac{1}{2}.$

思考　(i) 若曲面积分为 $\displaystyle\oiint\limits_{\Sigma} y\,\mathrm{d}z\,\mathrm{d}x$ 或 $\displaystyle\oiint\limits_{\Sigma}(x+1)\mathrm{d}y\,\mathrm{d}z$ 或 $\displaystyle\oiint\limits_{\Sigma}(x+1)\mathrm{d}y\,\mathrm{d}z + y\,\mathrm{d}z\,\mathrm{d}x$ 或 $\displaystyle\oiint\limits_{\Sigma} y\,\mathrm{d}z\,\mathrm{d}x + cz\,\mathrm{d}x\,\mathrm{d}y$，结果如何？为 $\displaystyle\oiint\limits_{\Sigma}(ax+1)\mathrm{d}y\,\mathrm{d}z + by\,\mathrm{d}z\,\mathrm{d}x + cz\,\mathrm{d}x\,\mathrm{d}y$ 呢？(ii) 用投影到三坐标面上的方法计算 $\displaystyle\iint\limits_{\Sigma_4}(x+1)\mathrm{d}y\,\mathrm{d}z + y\,\mathrm{d}z\,\mathrm{d}x + z\,\mathrm{d}x\,\mathrm{d}y$.

例 11.6.6　计算曲面积分 $\displaystyle\oiint\limits_{\Sigma}(x^3+2xy^2)\mathrm{d}y\,\mathrm{d}z + (y^3+2yz^2)\mathrm{d}z\,\mathrm{d}x + (z^3+2zx^2)\mathrm{d}x\,\mathrm{d}y$，其中 Σ 是球面 $x^2+y^2+z^2=R^2$ 的内侧.

分析　利用投影法求解要用到曲面积分对曲面的可加性，较复杂. 现尝试用第一类曲面积分与第二类曲面积分之间的关系求解，从而避免以上问题.

解　如图 11.26. 令 $F(x,y,z)=x^2+y^2+z^2-R^2$，则 Σ 的法向量 $\boldsymbol{n}=(F_x,F_y,F_z)=(2x,2y,2z)$，于是 Σ 内侧的单位法向量为

$$\boldsymbol{n}^\circ=\left(-\dfrac{x}{\sqrt{x^2+y^2+z^2}},\ -\dfrac{y}{\sqrt{x^2+y^2+z^2}},\ -\dfrac{z}{\sqrt{x^2+y^2+z^2}}\right),$$

于是 $\cos\alpha=-\dfrac{x}{\sqrt{x^2+y^2+z^2}}$, $\cos\beta=-\dfrac{y}{\sqrt{x^2+y^2+z^2}}$, $\cos\gamma=-\dfrac{z}{\sqrt{x^2+y^2+z^2}}$.

根据两类曲面积分之间的关系及曲面积分的性质，得

$$原式 = \oiint\limits_{\Sigma}[(x^3+2xy^2)\cos\alpha + (y^3+2yz^2)\cos\beta + (z^3+2zx^2)\cos\gamma]\mathrm{d}S$$
$$= -\oiint\limits_{\Sigma}\dfrac{x(x^3+2xy^2)+y(y^3+2yz^2)+z(z^3+2zx^2)}{\sqrt{x^2+y^2+z^2}}\mathrm{d}S$$
$$= -\dfrac{1}{R}\oiint\limits_{\Sigma}[x(x^3+2xy^2)+y(y^3+2yz^2)+z(z^3+2zx^2)]\mathrm{d}S$$

$$= -\frac{1}{R}\oiint_{\Sigma}R^4 dS = -R^3\oiint_{\Sigma}dS = -R^3 \cdot 4\pi R^2 = -4\pi R^5.$$

思考 （i）若曲面积分为 $\oiint_{\Sigma}(x^3+2xy^2)dydz$ 或 $\oiint_{\Sigma}(x^3+2xy^2)dydz+(y^3+2yz^2)dzdx$，结果如何？为 $\oiint_{\Sigma}a(x^3+2xy^2)dydz+b(y^3+2yz^2)dzdx+c(z^3+2zx^2)dxdy$ $(a,b,c\in\mathbf{R})$ 呢？ （ii）若 Σ 是球面 $x^2+y^2+z^2=R^2$ 的外侧，以上各题结果如何？ （iii）尝试利用投影法和对称性求解以上各题.

第七节 高斯公式

一、教学目标

知道高斯公式中空间区域的有关概念，掌握两种形式的高斯公式以及高斯公式在计算曲面积分中的应用．知道曲面积分与曲面无关的概念，沿任意闭曲面的曲面积分为零的条件．会用曲面积分与曲面无关的条件计算一些曲面积分．知道两类曲面积分之间的区别与联系．知道通量与散度的概念．

二、考点题型

曲面积分的计算——高斯公式的应用*，曲面积分的计算——曲面积分与曲面无关的应用．

三、例题分析

例 11.7.1 计算曲面积分 $\oiint_{\Sigma}x\,dydz+y\,dzdx-z\,dxdy$，其中 Σ 是抛物面 $z=x^2+y^2$ 与平面 $z=1$ 所围成的立体表面的外侧.

分析 闭曲面积分，完全符合高斯公式的形式，可直接利用高斯公式计算.

解 如图 11.27. 这里 $P=x$，$Q=y$，$R=-z$，$\dfrac{\partial P}{\partial x}+\dfrac{\partial Q}{\partial y}+\dfrac{\partial R}{\partial z}=1+1-1=1$；$\Sigma$ 所围成的区域为 Ω：$0\leqslant\theta\leqslant2\pi$，$0\leqslant r\leqslant1$，$r^2\leqslant z\leqslant1$，故由高斯公式得

$$\text{原式}=\iiint_{\Omega}\left(\frac{\partial P}{\partial x}+\frac{\partial Q}{\partial y}+\frac{\partial R}{\partial z}\right)dxdydz=\iiint_{\Omega}dxdydz=\int_0^{2\pi}d\theta\int_0^1 r\,dr\int_{r^2}^1 dz=\frac{\pi}{2}.$$

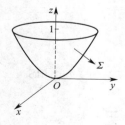

图 11.27

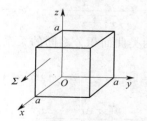

图 11.28

思考　(i) 若曲面积分为 $\oiint_{\Sigma}x^2\mathrm{d}y\mathrm{d}z+y^2\mathrm{d}z\mathrm{d}x-z^2\mathrm{d}x\mathrm{d}y$，结果如何？为 $\oiint_{\Sigma}x^2\mathrm{d}y\mathrm{d}z-y^2\mathrm{d}z\mathrm{d}x+z^2\mathrm{d}x\mathrm{d}y$ 呢？(ii) 若 Σ 是抛物面 $z=x^2+y^2$ 与平面 $z=1$ 所围成的立体表面的内侧，以上各曲面积分结果如何？

例 11.7.2　计算曲面积分 $\oiint_{\Sigma}(xz+y)\mathrm{d}x\mathrm{d}y+(x+yz)\mathrm{d}y\mathrm{d}z+(y+xy)\mathrm{d}z\mathrm{d}x$，其中 Σ 是立方体 $0\leqslant x,\ y,\ z\leqslant a$ 表面的外侧.

分析　高斯公式中各函数求偏导时，对哪个变量求偏导容易混淆. 可运用"与体积微元 $\mathrm{d}x\mathrm{d}y\mathrm{d}z$ 比较，曲面积分各项中的面积微元缺哪个变量的微分，该项的函数就对哪个变量求偏导"的方法来记，这样即使是一些未按高斯公式中的顺序写出的曲面积分或缺项的曲面积分，应用该公式也不会出错.

解　如图 11.28.Σ 所围成的区域为 Ω：$0\leqslant x,\ y,\ z\leqslant a$，故由高斯公式得

$$原式=\iiint_{\Omega}\left[\frac{\partial}{\partial x}(x+yz)+\frac{\partial}{\partial y}(y+xy)+\frac{\partial}{\partial z}(xz+y)\right]\mathrm{d}x\mathrm{d}y\mathrm{d}z=\iiint_{\Omega}(1+x+1+y)\mathrm{d}x\mathrm{d}y\mathrm{d}z$$

$$=2\iiint_{\Omega}x\mathrm{d}x\mathrm{d}y\mathrm{d}z+2\iiint_{\Omega}\mathrm{d}x\mathrm{d}y\mathrm{d}z=2\int_0^a x\mathrm{d}x\int_0^a\mathrm{d}y\int_0^a\mathrm{d}z+2a^3=a^4+2a^3=a^3(a+1).$$

思考　(i) 若曲面积分为 $\oiint_{\Sigma}(xz+y)\mathrm{d}x\mathrm{d}y+(x+yz)\mathrm{d}y\mathrm{d}z$，结果如何？为 $\oiint_{\Sigma}(x+yz)\mathrm{d}y\mathrm{d}z+(y+xy)\mathrm{d}z\mathrm{d}x$ 呢？(ii) 若 Σ 是锥面 $z=\sqrt{x^2+y^2}$ 与平面 $z=1$ 所围成的立体表面的外侧，以上各曲面积分结果如何？

例 11.7.3　计算曲面积分 $\iint_{\Sigma}x\mathrm{d}y\mathrm{d}z-2y\mathrm{d}z\mathrm{d}x+3z\mathrm{d}x\mathrm{d}y$，其中 Σ 是下半球面 $z=-\sqrt{1-x^2-y^2}$ 的下侧.

分析　对于一些非闭曲面积分，可以添加一个合适的曲面，将其转化成闭曲面积分与这个曲面的积分之差来计算. 注意，所添曲面的侧向应与原曲面的侧向一致.

解　如图 11.29. 令 Σ' 为圆面 $z=0$（$x^2+y^2\leqslant1$）的上侧，则因 Σ' 在 yOz 和 zOx 面上投影的面积均为零的线段且 $z=0$，故 $\iint_{\Sigma'}x\mathrm{d}y\mathrm{d}z-2y\mathrm{d}z\mathrm{d}x+3z\mathrm{d}x\mathrm{d}y=0$. 于是

$$原式=\oiint_{\Sigma+\Sigma'}x\mathrm{d}y\mathrm{d}z-2y\mathrm{d}z\mathrm{d}x+3z\mathrm{d}x\mathrm{d}y-\iint_{\Sigma'}x\mathrm{d}y\mathrm{d}z-2y\mathrm{d}z\mathrm{d}x+3z\mathrm{d}x\mathrm{d}y$$

$$=\iiint_{\Omega}\left[\frac{\partial}{\partial x}(x)+\frac{\partial}{\partial y}(-2y)+\frac{\partial}{\partial z}(3z)\right]\mathrm{d}x\mathrm{d}y\mathrm{d}z-0$$

$$=\iiint_{\Omega}(1-2+3)\mathrm{d}x\mathrm{d}y\mathrm{d}z=2\iiint_{\Omega}\mathrm{d}x\mathrm{d}y\mathrm{d}z=2\times\frac{2}{3}\pi\times1^3=\frac{4\pi}{3}.$$

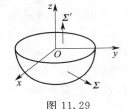

图 11.29

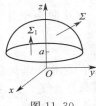

图 11.30

思考 (i) 若曲面积分为 $\iint\limits_{\Sigma}(x+y)\mathrm{d}y\mathrm{d}z-2y\mathrm{d}z\mathrm{d}x$，结果如何？为 $\iint\limits_{\Sigma}x^2\mathrm{d}y\mathrm{d}z-2y\mathrm{d}z\mathrm{d}x$ 呢？(ii) 若曲面 Σ 是上半球面 $z=\sqrt{1-x^2-y^2}$ 的上侧，计算以上各曲面积分．

例 11.7.4 验证曲面积分 $\iint\limits_{\Sigma}(x^2-2xy)\mathrm{d}y\mathrm{d}z+(y^2-2yz)\mathrm{d}z\mathrm{d}x+(z^2-2xz)\mathrm{d}x\mathrm{d}y$ 与曲面无关．若 Σ 为半球面 $x^2+y^2+(z-a)^2=a^2$ $(z\geqslant a)$ 的上侧，求该曲面积分．

分析 曲面积分中的 P，Q，R 都是多项式函数，在整个空间中有连续偏导数，只需验证它们分别对 x，y，z 的偏导数之和为零；其次，根据曲面积分与曲面的无关性，适当选择一个与 Σ 边界相同、侧向一致的曲面计算．

解 如图 11.30．因为

$$\frac{\partial}{\partial x}(x^2-2xy)+\frac{\partial}{\partial y}(y^2-2yz)+\frac{\partial}{\partial z}(z^2-2xz)=(2x-2y)+(2y-2z)+(2z-2x)=0,$$

所以该曲面积分与曲面无关．令 Σ_1：$z=a$ $(x^2+y^2\leqslant a^2)$，上侧，则

$$原式=\iint\limits_{\Sigma_1}(x^2-2xy)\mathrm{d}y\mathrm{d}z+(y^2-2yz)\mathrm{d}z\mathrm{d}x+(z^2-2xz)\mathrm{d}x\mathrm{d}y$$

$$=\iint\limits_{D_{xy}}(a^2-2ax)\mathrm{d}x\mathrm{d}y=a^2\cdot\pi a^2-2a\int_0^{2\pi}\mathrm{d}x\int_0^a r\cos\theta\cdot r\mathrm{d}r=\pi a^4.$$

思考 (i) 若曲面积分为 $\iint\limits_{\Sigma}(x^3-3xy^2)\mathrm{d}y\mathrm{d}z+(y^3-3yz^2)\mathrm{d}z\mathrm{d}x+(z^3-3zx^2)\mathrm{d}x\mathrm{d}y$，结果如何？(ii) 若曲面 Σ 是半球面 $x^2+y^2+(z-a)^2=a^2(y\leqslant 0)$ 的左侧，计算以上各曲面积分．

例 11.7.5 计算曲面积分 $I=\oiint\limits_{\Sigma}2xz\mathrm{d}y\mathrm{d}z+yz\mathrm{d}z\mathrm{d}x-z^2\mathrm{d}x\mathrm{d}y$，其中 Σ 是由曲面 $z=\sqrt{x^2+y^2}$ 与 $z=\sqrt{2-x^2-y^2}$ 所围成的立体表面的外侧．

分析 闭曲面积分，可直接用高斯公式转化成三重积分，再选择适当的坐标计算该三重积分即可．

解 将 Σ 所围成的立体表示成 Ω：$0\leqslant\theta\leqslant 2\pi$，$0\leqslant r\leqslant 1$，$r\leqslant z\leqslant\sqrt{2-r^2}$，于是由高斯公式可得

$$I=\iiint\limits_{\Omega}\left[\frac{\partial}{\partial x}(2xz)+\frac{\partial}{\partial y}(yz)+\frac{\partial}{\partial z}(-z^2)\right]\mathrm{d}v=\iiint\limits_{\Omega}z\mathrm{d}v=\int_0^{2\pi}\mathrm{d}\theta\int_0^1 r\mathrm{d}r\int_r^{\sqrt{2-r^2}}z\mathrm{d}z$$

$$=\pi\int_0^1 rz^2\Big|_r^{\sqrt{2-r^2}}\mathrm{d}r=2\pi\int_0^1(r-r^3)\mathrm{d}r=2\pi\left(\frac{r^2}{2}-\frac{r^4}{4}\right)\Big|_0^1=\frac{\pi}{2}.$$

思考 若 Σ 是两锥面 $z=\sqrt{x^2+y^2}$ 与 $z=2-\sqrt{x^2+y^2}$ 所围成的立体表面的外侧，结果如何？Σ 是旋转抛物面 $z=x^2+y^2$ 与锥面 $z=2-\sqrt{x^2+y^2}$ 所围成的区域呢？

例 11.7.6 计算曲面积分 $I=\iint\limits_{\Sigma}(x^3+az^2)\mathrm{d}y\mathrm{d}z+(y^3+bx^2)\mathrm{d}z\mathrm{d}x+(z^3+cy^2)\mathrm{d}x\mathrm{d}y$，其中 Σ 是上半球面 $z=\sqrt{c^2-x^2-y^2}$ $(c>0)$ 的上侧．

分析 该题不是闭曲面积分，添加一个与 Σ 边界相同的曲面，使其化为一个闭曲面积分与另一个曲面积分之差，进而利用高斯公式化为三重积分与另一个曲面积分之差．如果三重积分与另一个曲面积分都比较简单，就可以使用该方法．

解 如图 11.31．记 Σ_1：$z=0$ $(x^2+y^2\leqslant c^2)$，下侧；Σ 与 Σ_1 所围成的区域为 Ω．由于

Σ_1 在坐标面 yOz，zOx 上投影的面积均为零，故

$$\iint\limits_{\Sigma_1}(x^3+az^2)\mathrm{d}y\mathrm{d}z=\iint\limits_{\Sigma_1}(y^3+bx^2)\mathrm{d}z\mathrm{d}x=0,$$

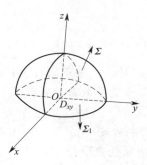

图 11.31

于是　$I_1=\iint\limits_{\Sigma_1}(x^3+az^2)\mathrm{d}y\mathrm{d}z+(y^3+bx^2)\mathrm{d}z\mathrm{d}x+(z^3+cy^2)\mathrm{d}x\mathrm{d}y$

$$=\iint\limits_{\Sigma_1}(z^3+cy^2)\mathrm{d}x\mathrm{d}y=-\iint\limits_{x^2+y^2\leqslant c^2}cy^2\mathrm{d}x\mathrm{d}y=-c\int_0^{2\pi}\sin^2\theta\mathrm{d}\theta\int_0^c r^3\mathrm{d}r=-\frac{1}{4}\pi c^5.$$

又 Ω：$0\leqslant\theta\leqslant2\pi$，$0\leqslant\varphi\leqslant\dfrac{\pi}{2}$，$0\leqslant r\leqslant c$，故由高斯公式得

$$I_2=\oiint\limits_{\Sigma+\Sigma_1}(x^3+az^2)\mathrm{d}y\mathrm{d}z+(y^3+bx^2)\mathrm{d}z\mathrm{d}x+(z^3+cy^2)\mathrm{d}x\mathrm{d}y$$

$$=\iiint\limits_{\Omega}\left[\frac{\partial}{\partial x}(x^3+az^2)+\frac{\partial}{\partial y}(y^3+bx^2)+\frac{\partial}{\partial z}(z^3+cy^2)\right]\mathrm{d}x\mathrm{d}y\mathrm{d}z$$

$$=3\iiint\limits_{\Omega}(x^2+y^2+z^2)\mathrm{d}x\mathrm{d}y\mathrm{d}z=3\int_0^{2\pi}\mathrm{d}\theta\int_0^{\frac{\pi}{2}}\sin\varphi\mathrm{d}\varphi\int_0^c r^2\cdot r^2\mathrm{d}r=\frac{6}{5}\pi c^5,$$

故　$I=I_2-I_1=\dfrac{6}{5}\pi c^5+\dfrac{1}{4}\pi c^5=\dfrac{29}{20}\pi c^5.$

　　思考　(i) 若曲面积分为 $I=\iint\limits_{\Sigma}(x^2+az^2)\mathrm{d}y\mathrm{d}z+(y^2+bx^2)\mathrm{d}z\mathrm{d}x+(z^2+cy^2)\mathrm{d}x\mathrm{d}y$，

结果如何？(ii) 若 Σ 是下半球面 $z=-\sqrt{c^2-x^2-y^2}$ $(c>0)$ 的下侧，以上各题结果如何？

是右半球面 $y=\sqrt{c^2-x^2-z^2}$ $(c>0)$ 的右侧或左半球面 $y=-\sqrt{c^2-x^2-z^2}$ $(c>0)$ 的左

侧呢？(iii) 若以下半球面 Σ_1：$z=-\sqrt{c^2-x^2-y^2}$ 的下侧为添加的曲面，那么 Σ_1 上的曲面

积分与 Σ 上的曲面积分之间是什么关系？(iv) 若 $c<0$，以上各题的结果如何？

第八节　斯托克斯公式

一、教学目标

　　知道斯托克斯公式中有关曲面的概念，了解斯托克斯公式与格林公式之间的联系；会用
斯托克斯公式计算一些曲线积分．知道环流量与旋度的概念．

二、考点题型

空间曲线积分的计算——斯托克斯公式的运用.

三、例题分析

例 11.8.1 计算曲线积分 $\oint_{\Gamma}(z-y)\mathrm{d}x+(x-z)\mathrm{d}y+(x-y)\mathrm{d}z$ ，其中 Γ 是柱面 $x^2+y^2=1$ 与平面 $x-y+z=2$ 的交线，且从 z 轴正向看去 Γ 取顺时针方向.

分析 关键是选择适当的以 Γ 为边界的曲面来计算. 注意，曲面的侧向与 Γ 的绕向要符合右手法则.

解 设 Σ 是平面 $x-y+z=2$ 上被柱面 $x^2+y^2=1$ 所割下的部分，下侧. Σ 在 xOy 面上的投影区域是 D：$x^2+y^2\leqslant1$. 由斯托克斯公式，得

$$\text{原式}=\iint_{\Sigma}\begin{vmatrix} \mathrm{d}y\mathrm{d}z & \mathrm{d}z\mathrm{d}x & \mathrm{d}x\mathrm{d}y \\ \dfrac{\partial}{\partial x} & \dfrac{\partial}{\partial y} & \dfrac{\partial}{\partial z} \\ z-y & x-z & x-y \end{vmatrix}=\iint_{\Sigma}2\mathrm{d}x\mathrm{d}y=-2\iint_{D}\mathrm{d}x\mathrm{d}y=-2\pi.$$

思考 （i）若曲线积分为 $\oint_{\Gamma}(z-2y)\mathrm{d}x+(x-2z)\mathrm{d}y+(x-2y)\mathrm{d}z$ ，结果如何？为 $\oint_{\Gamma}(az-by)\mathrm{d}x+(ax-bz)\mathrm{d}y+(ax-by)\mathrm{d}z$ 呢？（ii）若 Γ 是柱面 $x^2+y^2=1$ 与平面 $x+y+z=2$ 的交线，且从 z 轴正向看去 Γ 取顺时针方向，计算以上各题.

例 11.8.2 计算曲线积分 $\oint_{\Gamma}y\mathrm{d}x+z\mathrm{d}y+x\mathrm{d}z$ ，其中 Γ 是球面 $x^2+y^2+z^2=a^2$ 与平面 $x+y+z=0$ 的交线，且从 x 轴正方向看去 Γ 取逆时针方向.

分析 显然，Γ 是过球心的大圆，且在此圆域上法向量的方向余弦相等，因此用曲面微元形式的斯托克斯公式.

解 设 Σ 是平面 $x+y+z=0$ 上被球面 $x^2+y^2+z^2=a^2$ 所割下的部分，上侧，则其方向余弦 $\cos\alpha=\cos\beta=\cos\gamma=\sqrt{3}/3$. 故由斯托克斯公式，得

$$\text{原式}=\iint_{\Sigma}\begin{vmatrix} \cos\alpha & \cos\beta & \cos r \\ \dfrac{\partial}{\partial x} & \dfrac{\partial}{\partial y} & \dfrac{\partial}{\partial z} \\ y & z & x \end{vmatrix}\mathrm{d}S=\frac{\sqrt{3}}{3}\iint_{\Sigma}(-1-1-1)\mathrm{d}S=-\sqrt{3}\iint_{\Sigma}\mathrm{d}S=-\sqrt{3}\pi a^2.$$

思考 （i）若曲线积分为 $\oint_{\Gamma}y^2\mathrm{d}x+z^2\mathrm{d}y+x^2\mathrm{d}z$ ，结果如何？（ii）若 Γ 是球面 $x^2+y^2+z^2=a^2$ 与平面 $x+y+z=a/2$ 的交线，且从 x 轴正方向看去 Γ 取逆时针方向，以上两题结果如何？

例 11.8.3 计算曲线积分 $\oint_{\Gamma}x^2y\mathrm{d}x+y^2z\mathrm{d}y+z^2x\mathrm{d}z$ ，其中 Γ 为椭圆 $\dfrac{x^2}{a^2}+\dfrac{y^2}{b^2}=1$ ，$z=1$ ，且从 z 轴正方向看去，取逆时针方向.

分析 显然，以 Γ 为边界最简单的曲面是平面 $z=1$ 上的椭圆域 $\dfrac{x^2}{a^2}+\dfrac{y^2}{b^2}\leqslant1$ ，可用斯托克斯公式将曲线积分转化成该曲面上曲面积分. 注意，该曲面与 yOz 和 zOx 平面垂直，相应的两项曲面积分为零.

解 设 Σ 为平面 $z=1$ 上的椭圆域 $\dfrac{x^2}{a^2}+\dfrac{y^2}{b^2}\leqslant 1$ 的上侧，则由斯托克斯公式，并注意到 Σ 在坐标面 yOz 和 zOx 上投影的面积均为零，得

$$
\text{原式}=\iint\limits_{\Sigma}\begin{vmatrix} \mathrm{d}y\,\mathrm{d}z & \mathrm{d}z\,\mathrm{d}x & \mathrm{d}x\,\mathrm{d}y \\[4pt] \dfrac{\partial}{\partial x} & \dfrac{\partial}{\partial y} & \dfrac{\partial}{\partial z} \\[6pt] x^2 y & y^2 z & z^2 x \end{vmatrix}=\iint\limits_{\Sigma}-y^2\,\mathrm{d}y\,\mathrm{d}z-z^2\,\mathrm{d}z\,\mathrm{d}x-x^2\,\mathrm{d}x\,\mathrm{d}y=-\iint\limits_{\Sigma}x^2\,\mathrm{d}x\,\mathrm{d}y
$$

$$
=-\iint\limits_{D_{xy}}x^2\,\mathrm{d}x\,\mathrm{d}y=-4\int_0^a x^2\,\mathrm{d}x\int_0^{\frac{b}{a}\sqrt{a^2-x^2}}\mathrm{d}y=-\frac{4b}{a}\int_0^a x^2\sqrt{a^2-x^2}\,\mathrm{d}x
$$

$$
=-\frac{4b}{a}\int_0^{\pi/2}a^2\sin^2 t\cdot a\cos t\cdot a\cos t\,\mathrm{d}t=-4a^3 b\int_0^{\pi/2}\sin^2 t\cos^2 t\,\mathrm{d}t
$$

$$
=-4a^3 b\int_0^{\pi/2}(\sin^2 t-\sin^4 t)\,\mathrm{d}t=-4a^3 b\left(\frac{1}{2}\cdot\frac{\pi}{2}-\frac{3}{4}\cdot\frac{1}{2}\cdot\frac{\pi}{2}\right)=-\frac{1}{4}\pi a^3 b.
$$

思考 (i) Γ 为椭圆柱面 $\dfrac{x^2}{a^2}+\dfrac{y^2}{b^2}=1$ 与平面 $x+z=1$ 的交线，且从 z 轴正方向看去，取逆时针方向，结果如何？ (ii) 用曲线的参数参数方程转化成定积分计算以上两题．

例 11.8.4 计算曲线积分 $I=\oint_{\Gamma}(x+y)\mathrm{d}x+(y+z)\mathrm{d}y+(z+x)\mathrm{d}z$，其中 Γ 是柱面 $x^2+y^2=R^2$ 与平面 $x+2z=R$ 的交线，且从 x 轴正向看去，Γ 的方向是逆时针的．

分析 这是空间闭曲线积分，曲线张成的最简单的曲面是平面 $x+2z=R$ 上的椭圆，用斯托克斯公式求解比较容易；此外，由于柱面的参数方程与圆的参数方程形式上相同，据此容易求出曲线的参数方程，故也可以用曲线的参数方程求解．

解 如图 11.32. 设 Σ 为平面 $x+2z=R$ 上被柱面 $x^2+y^2=R^2$ 截下部分的上侧，则由斯托克斯公式，并注意到 Σ 在坐标面 zOx 上投影的面积为零，得

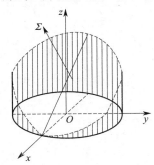

图 11.32

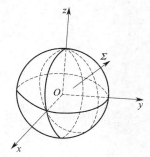

图 11.33

$$
I=\iint\limits_{\Sigma}\begin{vmatrix} \mathrm{d}y\,\mathrm{d}z & \mathrm{d}z\,\mathrm{d}x & \mathrm{d}x\,\mathrm{d}y \\[4pt] \dfrac{\partial}{\partial x} & \dfrac{\partial}{\partial y} & \dfrac{\partial}{\partial z} \\[6pt] x+y & y+z & z+x \end{vmatrix}=\iint\limits_{\Sigma}(0-1)\mathrm{d}y\,\mathrm{d}z+(0-1)\mathrm{d}z\,\mathrm{d}x+(0-1)\mathrm{d}x\,\mathrm{d}y
$$

$$
=-\iint\limits_{\Sigma}\mathrm{d}y\,\mathrm{d}z-\iint\limits_{\Sigma}\mathrm{d}x\,\mathrm{d}y=-\iint\limits_{D_{yz}}\mathrm{d}y\,\mathrm{d}z-\iint\limits_{D_{xy}}\mathrm{d}x\,\mathrm{d}y
$$

$$
=-\iint\limits_{y^2/R^2+\left(z-\frac{R}{2}\right)^2/\left(\frac{R}{2}\right)^2\leqslant 1}\mathrm{d}y\,\mathrm{d}z-\iint\limits_{x^2+y^2\leqslant R^2}\mathrm{d}x\,\mathrm{d}y=-\frac{1}{2}\pi R^2-\pi R^2=-\frac{3}{2}\pi R^2.
$$

思考 (i) 若曲线积分为 $I=\oint_{\Gamma}(x+ay)\mathrm{d}x+(y+bz)\mathrm{d}y+(z+cx)\mathrm{d}z$，结果如何？

(ii) 用曲线 Γ 的参数方程求解以上两题；(iii) 若 Γ 是锥面 $z=\sqrt{x^2+y^2}$ 与平面 $x+2z=R$ 的交线，以上两题结果如何？

例 11.8.5 计算曲线积分 $I=\oint_{\Gamma}(y^2-z^2)\mathrm{d}x+(z^2-x^2)\mathrm{d}y+(x^2-y^2)\mathrm{d}z$，其中 Γ 是球面 $x^2+y^2+z^2=4$ 与平面 $x+y+z=2$ 的交线，且从 x 轴正向看去，Γ 的方向是逆时针的.

分析 曲线张成的最简单的曲面是平面 $x+y+z=2$ 上的圆，可用斯托克斯公式转化成该圆域上的曲面积分来求解.

解 如图 11.33. 设 Σ 为平面 $x+y+z=2$ 上被球面 $x^2+y^2+z^2=4$ 截下部分的上侧，则 Σ 是一个圆. 设此圆的面积为 S，半径为 r，此圆圆心到坐标原点的距离为 d，则 $r^2+d^2=4$.

又显然 d 等于坐标原点到平面 $x+y+z=2$ 的距离，即

$$d=\frac{|1\cdot 0+1\cdot 0+1\cdot 0-2|}{\sqrt{1^2+1^2+1^2}}=\frac{2}{\sqrt{3}},$$

于是 $r^2=4-d^2=4-\left(\frac{2}{\sqrt{3}}\right)^2=\frac{8}{3}$，$S=\pi r^2=\frac{8}{3}\pi$. 又 Σ 上侧的单位法向量为

$$\boldsymbol{n}=(\cos\alpha,\cos\beta,\cos\gamma)=\left(\frac{1}{\sqrt{3}},\frac{1}{\sqrt{3}},\frac{1}{\sqrt{3}}\right),$$

故由斯托克斯公式，得

$$I=\iint_{\Sigma}\begin{vmatrix}\cos\alpha & \cos\beta & \cos\gamma\\ \dfrac{\partial}{\partial x} & \dfrac{\partial}{\partial y} & \dfrac{\partial}{\partial z}\\ y^2-z^2 & z^2-x^2 & x^2-y^2\end{vmatrix}\mathrm{d}S=\iint_{\Sigma}\begin{vmatrix}\dfrac{1}{\sqrt{3}} & \dfrac{1}{\sqrt{3}} & \dfrac{1}{\sqrt{3}}\\ \dfrac{\partial}{\partial x} & \dfrac{\partial}{\partial y} & \dfrac{\partial}{\partial z}\\ y^2-z^2 & z^2-x^2 & x^2-y^2\end{vmatrix}\mathrm{d}S$$

$$=\frac{1}{\sqrt{3}}\iint_{\Sigma}[-2(y+z)-2(z+x)-2(x+y)]\mathrm{d}S=-\frac{4}{\sqrt{3}}\iint_{\Sigma}(x+y+z)\mathrm{d}S$$

$$=-\frac{4}{\sqrt{3}}\iint_{\Sigma}2\mathrm{d}S=-\frac{8}{\sqrt{3}}\iint_{\Sigma}\mathrm{d}S=-\frac{8}{\sqrt{3}}S=-\frac{8}{\sqrt{3}}\cdot\frac{8}{3}\pi=-\frac{64}{3\sqrt{3}}\pi.$$

思考 (i) 若曲线积分为 $I=\oint_{\Gamma}(y^2-z^2)\mathrm{d}x+(z^2-x^2)\mathrm{d}y+(x^2-y^2)\mathrm{d}z$，结果如何？

(ii) 若 Γ 是球面 $x^2+y^2+z^2=4$ 与平面 $x+2y+3z=2$ 的交线，以上两题结果如何？(iii) 以上两题是否可用参数方程法求解？

例 11.8.6 计算曲面积分 $I=\oint_{\Gamma}(x+y)\mathrm{d}x+z\mathrm{d}y+z^2\mathrm{d}z$，其中 Γ 是坐标面与平面 $x+2y+3z=6$ 的交线，且从 x 轴正向看去取逆时针方向.

分析 曲线张成的最简单的曲面是平面 $x+2y+3z=6$ 被三坐标面所截下的三角形，可用斯托克斯公式转换成该三角形域上的曲面积分来求解.

解 设 Σ 为平面 $x+2y+3z=6$ 上被三坐标面所截下部分的上侧，则 Σ 是一个三角形。雇佣斯托克斯公式，得

$$I = \iint\limits_{\Sigma} \begin{vmatrix} \mathrm{d}y\,\mathrm{d}z & \mathrm{d}z\,\mathrm{d}x & \mathrm{d}x\,\mathrm{d}y \\ \dfrac{\partial}{\partial x} & \dfrac{\partial}{\partial y} & \dfrac{\partial}{\partial z} \\ x+y & z & z^2 \end{vmatrix} = \iint\limits_{\Sigma} -1 \cdot \mathrm{d}y\,\mathrm{d}z - 0 \cdot \mathrm{d}z\,\mathrm{d}x - 1 \cdot \mathrm{d}x\,\mathrm{d}y$$

$$= -\iint\limits_{\Sigma}\mathrm{d}y\,\mathrm{d}z - \iint\limits_{\Sigma}\mathrm{d}x\,\mathrm{d}y - \iint\limits_{\Sigma}\mathrm{d}y\,\mathrm{d}z - \iint\limits_{D_{xy}}\mathrm{d}x\,\mathrm{d}y = -\frac{1}{2}\cdot 3\cdot 2 - \frac{1}{2}\cdot 6\cdot 3 = -12.$$

思考 （i）若曲线积分为 $I = \oint\limits_{\Gamma}(x+y)\mathrm{d}x + (y+z)\mathrm{d}y + z^2\mathrm{d}z$ ，结果如何？（ii）Γ 是

三坐标面与平面 $\dfrac{x}{a} + \dfrac{y}{b} + \dfrac{z}{c} = 1$ 的交线，以上两题结果如何？

第九节　习题课二

例 11.9.1 计算曲面积分 $\iint\limits_{\Sigma}\dfrac{z}{\rho(x,y,z)}\mathrm{d}S$ ，其中 Σ 是椭球面 $\dfrac{x^2}{2} + \dfrac{y^2}{2} + z^2 = 1$ 的上半

部分，点 $P(x,y,z)\in\Sigma$ ，π 为 Σ 在点 P 处的切平面，$\rho(x,y,z)$ 为坐标原点 $O(0,$

$0,0)$ 到平面 π 的距离.

分析 先求出点 $P(x,y,z)\in\Sigma$ 的切平面 π ，并利用点到平面的距离公式求出 $\rho(x,$

$y,z)$ ，从而确定被积表达式；再用投影法计算此曲面积分.

解 设 (X,Y,Z) 是切平面 π 上任意一点，则 π 的方程为

$$\frac{x}{2}X + \frac{y}{2}Y + zZ = 1, \text{即 } xX + yY + 2zZ - 2 = 0.$$

由点到平面的距离公式，并注意到 $P(x,y,z)$ 满足椭球面 Σ 的方程，得

$$\rho(x,y,z) = \frac{|x\cdot 0 + y\cdot 0 + 2z\cdot 0 - 2|}{\sqrt{x^2+y^2+(2z)^2}} = \frac{2}{\sqrt{4-x^2-y^2}},$$

又 Σ 面的方程为 $z = \sqrt{1 - \dfrac{x^2}{2} - \dfrac{y^2}{2}}$ ，于是 Σ 在 xOy 平面上的投影为 $D_{xy}: x^2+y^2\leqslant 2$ ，

$$\frac{\partial z}{\partial x} = \frac{-x}{2\sqrt{1-\dfrac{x^2}{2}-\dfrac{y^2}{2}}} = -\frac{x}{\sqrt{2(2-x^2-y^2)}}, \frac{\partial z}{\partial y} = -\frac{y}{\sqrt{2(2-x^2-y^2)}},$$

$$\mathrm{d}S = \sqrt{1+\left(\frac{\partial z}{\partial x}\right)^2+\left(\frac{\partial z}{\partial y}\right)^2}\,\mathrm{d}x\,\mathrm{d}y = \sqrt{1+\frac{x^2}{2(2-x^2-y^2)}+\frac{y^2}{2(2-x^2-y^2)}}\,\mathrm{d}x\,\mathrm{d}y$$

$$= \sqrt{\frac{4-x^2-y^2}{2(2-x^2-y^2)}}\,\mathrm{d}x\,\mathrm{d}y,$$

所以 $\iint\limits_{\Sigma}\dfrac{z}{\rho(x,y,z)}\mathrm{d}S = \iint\limits_{D_{xy}}\sqrt{1-\dfrac{x^2}{2}-\dfrac{y^2}{2}}\cdot\dfrac{\sqrt{4-x^2-y^2}}{2}\cdot\sqrt{\dfrac{4-x^2-y^2}{2(2-x^2-y^2)}}\,\mathrm{d}x\,\mathrm{d}y$

$$= \frac{1}{4}\iint\limits_{D_{xy}}(4-x^2-y^2)\mathrm{d}x\,\mathrm{d}y = \frac{1}{4}\int_0^{2\pi}\mathrm{d}\theta\int_0^{\sqrt{2}}(4-r^2)r\,\mathrm{d}r = \frac{3}{2}\pi.$$

思考 （i）若曲面积分为 $\iint\limits_{\Sigma}z\rho(x,y,z)\mathrm{d}S$ ，结果如何？（ii）将 Σ 投影到 yOz 或 zOx

面上求解以上问题是否可行？是，给出解答；否，说明理由.

例 11.9.2 设 $f(x,y,z)$ 为连续函数，Σ 是平面 $x-y+z=1$ 在第四卦限部分的上侧，计算曲面积分 $\iint\limits_{\Sigma}[f(x,y,z)+x]\mathrm{d}y\mathrm{d}z+[2f(x,y,z)+y]\mathrm{d}z\mathrm{d}x+[f(x,y,z)+z]\mathrm{d}x\mathrm{d}y$.

分析 由于 $f(x,y,z)$ 为抽象函数，不便用投影法求解．但将其转化成第一曲面积分，若第一类曲面积分的被积函数 $P\cos\alpha+Q\cos\beta+R\cos\gamma$ 不含 $f(x,y,z)$，则问题可迎刃而解．

解 如图 11.34，Σ 上侧的单位法向量为

$$\boldsymbol{n}^\circ=(\cos\alpha,\cos\beta,\cos\gamma)=\left(\frac{1}{\sqrt{3}},-\frac{1}{\sqrt{3}},\frac{1}{\sqrt{3}}\right).$$

根据两类曲面积分之间的关系及曲面积分的性质，得

$$\text{原式}=\iint\limits_{\Sigma}\{[f(x,y,z)+x]\cos\alpha+[2f(x,y,z)+y]\cos\beta+[f(x,y,z)+z]\cos\gamma\}\mathrm{d}S$$

$$=\frac{1}{\sqrt{3}}\iint\limits_{\Sigma}\{[f(x,y,z)+x]-[2f(x,y,z)+y]+[f(x,y,z)+z]\}\mathrm{d}S$$

$$=\frac{1}{\sqrt{3}}\iint\limits_{\Sigma}(x-y+z)\mathrm{d}S=\frac{1}{\sqrt{3}}\iint\limits_{\Sigma}1\cdot\mathrm{d}S=\frac{S}{\sqrt{3}}=S\cos\gamma=S_{\triangle OAB}=\frac{1}{2}\cdot1\cdot1=\frac{1}{2}.$$

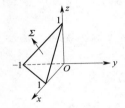

图 11.34

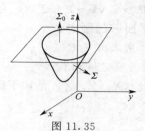

图 11.35

思考 若曲面积分为 $\iint\limits_{\Sigma}uf(x,y,z)\mathrm{d}y\mathrm{d}z+(u+v)f(x,y,z)\mathrm{d}z\mathrm{d}x+vf(x,y,z)\mathrm{d}x\mathrm{d}y$，结果如何？为 $\iint\limits_{\Sigma}[f(x,y,z)+ux]\mathrm{d}y\mathrm{d}z+[2f(x,y,z)+vy]\mathrm{d}z\mathrm{d}x+[f(x,y,z)+wz]\mathrm{d}x\mathrm{d}y$ 呢？

例 11.9.3 计算曲面积分 $\iint\limits_{\Sigma}y\mathrm{d}z\mathrm{d}x+(z+3-x)\mathrm{d}x\mathrm{d}y$，其中 Σ 是曲面 $z=(x-1)^2+y^2+1$ 被平面 $2x+z=3$ 所截下的部分，曲面上法向量与 z 轴正方向夹角为锐角．

分析 非闭曲面积分，且用投影法不易求解．添上平面被曲面所割下的部分，形成一个闭曲面，从而用高斯公式将该曲面积分转化成三重积分与平面所割部分的曲面积分之差．

解 如图 11.35，设 Σ_0 为平面 $2x+z=3$ 被曲面 $z=(x-1)^2+y^2+1$ 所围成部分，取上侧；$-\Sigma$ 表示曲面 Σ 取下侧，Σ 与 Σ_0 所围成区域为 Ω，它在 xOy 面上投影区域 D：$x^2+y^2\leqslant1$，由高斯公式，得

$$\oiint\limits_{-\Sigma+\Sigma_0}y\mathrm{d}z\mathrm{d}x+(z+3-x)\mathrm{d}x\mathrm{d}y=\iiint\limits_{\Omega}2\mathrm{d}v=2\iint\limits_{D}\mathrm{d}x\mathrm{d}y\int_{(x-1)^2+y^2+1}^{3-2x}\mathrm{d}z$$

$$=2\iint\limits_{D}(1-x^2-y^2)\mathrm{d}x\mathrm{d}y=2\int_0^{2\pi}\mathrm{d}\theta\int_0^1(1-r^2)r\mathrm{d}r=\pi,$$

而

$$\iint\limits_{\Sigma_0}y\mathrm{d}z\mathrm{d}x+(z+3-x)\mathrm{d}x\mathrm{d}y=\iint\limits_{\Sigma_0}(z+3-x)\mathrm{d}x\mathrm{d}y=\iint\limits_{D}(3-2x+3-x)\mathrm{d}x\mathrm{d}y$$

$$=6\iint\limits_{D}\mathrm{d}x\mathrm{d}y-3\iint\limits_{D}x\mathrm{d}x\mathrm{d}y=6\iint\limits_{D}\mathrm{d}x\mathrm{d}y=6\pi,$$

所以
$$\iint\limits_{\Sigma} y\,\mathrm{d}z\,\mathrm{d}x+(z+3-x)\,\mathrm{d}x\,\mathrm{d}y=6\pi-\pi=5\pi.$$

思考　若曲面积分为 $\iint\limits_{\Sigma} y\,\mathrm{d}z\,\mathrm{d}x+(z+3-x)\,\mathrm{d}y\,\mathrm{d}z$，结果如何？为曲面积分 $\iint\limits_{\Sigma} y\,\mathrm{d}x\,\mathrm{d}y+(z+3-x)\,\mathrm{d}y\,\mathrm{d}z$ 呢？

例 11.9.4　计算曲面积分 $\oiint\limits_{\Sigma} x^5\,\mathrm{d}y\,\mathrm{d}z+y^3\,\mathrm{d}z\,\mathrm{d}x+z^3\,\mathrm{d}x\,\mathrm{d}y$，其中 Σ 是球面 $x^2+y^2+z^2=1$ 表面的外侧.

分析　用投影法计算此曲面积分，关键是找到曲面到某坐标面上的一一映射，即曲面的显式方程. 显然，球面到任一坐标面的映射都不是一一的，因此要将球面分块，使每块球面到某坐标面上的映射是一一的.

解　如图 11.36. 将 Σ 分成上、下两个半球面：

Σ_1：$z=\sqrt{1-x^2-y^2}$，上侧；Σ_2：$z=-\sqrt{1-x^2-y^2}$，下侧

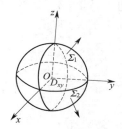

图 11.36

它们在坐标面 xOy 上的投影均为 D_{xy}：$x^2+y^2\leqslant1$.

于是
$$\begin{aligned}
\oiint\limits_{\Sigma} z^3\,\mathrm{d}x\,\mathrm{d}y&=\iint\limits_{\Sigma_1} z^3\,\mathrm{d}x\,\mathrm{d}y+\iint\limits_{\Sigma_2} z^3\,\mathrm{d}x\,\mathrm{d}y\\
&=\iint\limits_{D_{xy}}(\sqrt{1-x^2-y^2})^3\,\mathrm{d}x\,\mathrm{d}y-\iint\limits_{D_{xy}}(-\sqrt{1-x^2-y^2})^3\,\mathrm{d}x\,\mathrm{d}y\\
&=2\iint\limits_{D_{xy}}(1-x^2-y^2)^{\frac{3}{2}}\,\mathrm{d}x\,\mathrm{d}y=2\int_0^{2\pi}\mathrm{d}\theta\int_0^1(1-r^2)^{\frac{3}{2}}r\,\mathrm{d}r\\
&=-2\pi\int_0^1(1-r^2)^{\frac{3}{2}}\,\mathrm{d}(1-r^2)=-\frac{4\pi}{5}(1-r^2)^{\frac{5}{2}}\Big|_0^1=\frac{4\pi}{5};
\end{aligned}$$

由对称性，有 $\oiint\limits_{\Sigma} x^3\,\mathrm{d}y\,\mathrm{d}z=\dfrac{4\pi}{5}$，$\oiint\limits_{\Sigma} y^3\,\mathrm{d}z\,\mathrm{d}x=\dfrac{4\pi}{5}$.

所以 $\oiint\limits_{\Sigma} x^5\,\mathrm{d}y\,\mathrm{d}z+y^3\,\mathrm{d}z\,\mathrm{d}x+z^3\,\mathrm{d}x\,\mathrm{d}y=\dfrac{12\pi}{5}$.

思考　若曲面积分为 $\oiint\limits_{\Sigma} x^5\,\mathrm{d}y\,\mathrm{d}z+y^5\,\mathrm{d}z\,\mathrm{d}x+z^5\,\mathrm{d}x\,\mathrm{d}y$，结果如何？为 $\oiint\limits_{\Sigma} x^{2n+1}\,\mathrm{d}y\,\mathrm{d}z+y^{2n+1}\,\mathrm{d}z\,\mathrm{d}x+z^{2n+1}\,\mathrm{d}x\,\mathrm{d}y$ 呢？

例 11.9.5　计算曲面积分 $I=\iint\limits_{\Sigma}(x^2-2xy)\,\mathrm{d}y\,\mathrm{d}z+(y^2-2yz)\,\mathrm{d}z\,\mathrm{d}x+(z^2-2zx)\,\mathrm{d}x\,\mathrm{d}y$，其中 Σ 是曲面 $z=x^2+y^2$ 被平面 $x+y+z=0$ 所截下部分的外侧.

分析　当曲面积分与曲面 Σ 无关而只与曲面的边界有关，即 $\dfrac{\partial P}{\partial x}+\dfrac{\partial Q}{\partial y}+\dfrac{\partial R}{\partial z}=0$ 在包

含曲面 Σ 的区域上恒成立时，可以把 Σ 上的曲面积分转化成该区域中与 Σ 边界相同的简单曲面上的曲面积分.

  解 这里 $P=x^2-2xy$，$Q=y^2-2yz$，$R=z^2-2zx$，于是

$$\frac{\partial P}{\partial x}+\frac{\partial Q}{\partial y}+\frac{\partial R}{\partial z}=2x-2y+2y-2z+2z-2x=0$$

故该曲面积分与曲面无关.

  记 Σ_1 为平面 $x+y+z=0$ 被曲面 $z=x^2+y^2$ 所截下部分下侧，则

$$I=\iint\limits_{\Sigma_1}(x^2-2xy)\mathrm{d}y\mathrm{d}z+(y^2-2yz)\mathrm{d}z\mathrm{d}x+(z^2-2zx)\mathrm{d}x\mathrm{d}y.$$

  又由 $\mathrm{d}S=\cos\alpha\,\mathrm{d}y\mathrm{d}z=\cos\beta\,\mathrm{d}z\mathrm{d}x=\cos\gamma\,\mathrm{d}x\mathrm{d}y$ 和平面的单位法向量 $(\cos\alpha，\cos\beta，\cos\gamma)$ $=(\frac{1}{\sqrt{3}},\frac{1}{\sqrt{3}},\frac{1}{\sqrt{3}})$，可得 $\mathrm{d}y\mathrm{d}z=\mathrm{d}z\mathrm{d}x=\mathrm{d}x\mathrm{d}y$；由 $\begin{cases}z=x^2+y^2\\x+y+z=0\end{cases}$ 求得 Σ_1 在 xOy 面上的投影 $D_{xy}:\left(x+\frac{1}{2}\right)^2+\left(y+\frac{1}{2}\right)^2\leqslant\frac{1}{2}$，即 $D_{xy}:\begin{cases}\frac{3}{4}\pi\leqslant\theta\leqslant\frac{7}{4}\pi\\0\leqslant r\leqslant-(\sin\theta+\cos\theta)\end{cases}$，故

$$I=\iint\limits_{\Sigma_1}[(x^2-2xy)+(y^2-2yz)+(z^2-2zx)]\mathrm{d}x\mathrm{d}y$$

$$=-\iint\limits_{D_{xy}}[x^2-2xy+y^2-2y(-x-y)+(-x-y)^2-2x(-x-y)]\mathrm{d}x\mathrm{d}y$$

$$=-4\iint\limits_{D_{xy}}(x^2+y^2+xy)\mathrm{d}x\mathrm{d}y=-4\int_{\frac{3}{4}\pi}^{\frac{7}{4}\pi}(1+\sin\theta\cos\theta)\mathrm{d}\theta\int_0^{-(\sin\theta+\cos\theta)}r^3\mathrm{d}r$$

$$=-\int_{\frac{3}{4}\pi}^{\frac{7}{4}\pi}(1+\sin\theta\cos\theta)(\sin\theta+\cos\theta)^4\mathrm{d}\theta$$

$$\xlongequal[\mathrm{d}\theta=\mathrm{d}t]{\theta=t+\frac{3}{4}\pi}-\int_0^\pi\left[1+\sin\left(t+\frac{3}{4}\pi\right)\cos\left(t+\frac{3}{4}\pi\right)\right]\left[\sin\left(t+\frac{3}{4}\pi\right)+\cos\left(t+\frac{3}{4}\pi\right)\right]^4\mathrm{d}t$$

$$=-\left(\frac{\sqrt{2}}{2}\right)^4\int_0^\pi\left[1-\frac{1}{2}(\cos t-\sin t)(\cos t+\sin t)\right]\left[(\cos t-\sin t)-(\cos t+\sin t)\right]^4\mathrm{d}t$$

$$=-4\int_0^\pi\left(\frac{1}{2}\sin^4 t+\sin^6 t\right)\mathrm{d}t=-4\int_0^{\frac{\pi}{2}}(\sin^4 t+2\sin^6 t)\mathrm{d}t$$

$$=-4\left(\frac{3}{4}\cdot\frac{1}{2}\cdot\frac{\pi}{2}+2\cdot\frac{5}{6}\cdot\frac{3}{4}\cdot\frac{1}{2}\cdot\frac{\pi}{2}\right)=-2\pi.$$

  思考 (i) 用降次的方法计算 $\int_{\frac{3}{4}\pi}^{\frac{7}{4}\pi}(1+\sin\theta\cos\theta)(\sin\theta+\cos\theta)^4\mathrm{d}\theta$；(ii) 该方法与添面转化成三重积分与曲面积分之差的方法有什么区别与联系？

  例 11.9.6 设对于任意的光滑有向闭曲面 Σ，都有

$$I=\oiint\limits_{\Sigma}xf(x)\mathrm{d}y\mathrm{d}z-xyf(x)\mathrm{d}z\mathrm{d}x-zf'(x)\mathrm{d}x\mathrm{d}y=0,$$

其中函数 $f(x)$ 具有连续的一阶导数，且 $f(0)=1$，求 $f(x)$.

  分析 该曲面积分显然满足高斯公式条件，据此可以将题设条件转化成关于函数 $f(x)$ 的一个方程，从而求出 $f(x)$.

  解 这里 $P=xf(x)$，$Q=-xyf(x)$，$R=-zf'(x)$，于是

$$\frac{\partial P}{\partial x}+\frac{\partial Q}{\partial y}+\frac{\partial R}{\partial z}=f(x)+xf'(x)-xf(x)-f'(x)=(1-x)[f(x)-f'(x)],$$

记有向闭曲面 Σ 所围成的区域为 Ω，则由高斯公式及题设得

$$I=\pm\iiint\limits_{\Omega}(1-x)[f(x)-f'(x)]\mathrm{d}x\mathrm{d}y\mathrm{d}z=0.$$

由曲面 Σ 的任意性，有

$$(1-x)[f(x)-f'(x)]=0,\ 即\ f'(x)=f(x),\ 即\ \frac{\mathrm{d}f(x)}{f(x)}=\mathrm{d}x,$$

两边积分得　$\ln|f(x)|=x+C_1$，即 $f(x)=C\mathrm{e}^x$.

将 $f(0)=1$ 代入，得 $C=1$，故 $f(x)=\mathrm{e}^x$.

思考　(i) 题设条件"对于任意的光滑有向闭曲面 Σ 曲面积分 $I=0$"与"曲面积分与曲面无关而只与曲面的边界有关"是什么关系？(ii) 若对于任意的光滑有向闭曲面 Σ，都有 $I=\oiint\limits_{\Sigma}xf(x)\mathrm{d}y\mathrm{d}z-xyf(x)\mathrm{d}z\mathrm{d}x-zf(x)\mathrm{d}x\mathrm{d}y=0$，结果如何？若对于任意的光滑有向闭曲面 Σ 都有 $I=\oiint\limits_{\Sigma}f(x)\mathrm{d}y\mathrm{d}z-xyf(x)\mathrm{d}z\mathrm{d}x-zf(x)\mathrm{d}x\mathrm{d}y=0$ 呢？

例 11.9.7　计算三重积分 $\iiint\limits_{\Omega}(x^2+2y^2+3z^2)\mathrm{d}x\mathrm{d}y\mathrm{d}z$，其中 Ω 是上半椭球面 $z=\sqrt{2-\dfrac{x^2}{3}-\dfrac{2y^2}{3}}$ 与 $z=0$ 所围成的区域.

分析　把三重积分转化成曲面积分，并利用曲面积分化简；再利用高斯公式和三重积分的几何意义就可以求出结果.

解　记 Σ_1，Σ_2 分别为 Ω 在椭球面 $z=\sqrt{2-\dfrac{x^2}{3}-\dfrac{2y^2}{3}}$ 与 $z=0$ 上的边界曲面的外侧，把三重积分转化成曲面积分，再利用高斯公式，并注意到 Σ_2 上的曲面积分为零，得

$$\begin{aligned}原式&=\frac{1}{5}\oiint\limits_{\Sigma_1+\Sigma_2}(x^2+2y^2+3z^2)(x\mathrm{d}y\mathrm{d}z+y\mathrm{d}z\mathrm{d}x+z\mathrm{d}x\mathrm{d}y)\\&=\frac{1}{5}\iint\limits_{\Sigma_1}(x^2+2y^2+3z^3)(x\mathrm{d}y\mathrm{d}z+y\mathrm{d}z\mathrm{d}x+z\mathrm{d}x\mathrm{d}y)\\&=\frac{6}{5}\iint\limits_{\Sigma_1}x\mathrm{d}y\mathrm{d}z+y\mathrm{d}z\mathrm{d}x+z\mathrm{d}x\mathrm{d}y\\&=\frac{6}{5}\oiint\limits_{\Sigma_1+\Sigma_2}x\mathrm{d}y\mathrm{d}z+y\mathrm{d}z\mathrm{d}x+z\mathrm{d}x\mathrm{d}y=\frac{18}{5}\iiint\limits_{\Omega}\mathrm{d}x\mathrm{d}y\mathrm{d}z=\frac{18}{5}\cdot\frac{4\pi abc}{3}=\frac{24\pi abc}{5}.\end{aligned}$$

思考　(i) 若三重积分为 $\iiint\limits_{\Omega}\sqrt{x^2+2y^2+3z^2}\mathrm{d}x\mathrm{d}y\mathrm{d}z$ 或 $\iiint\limits_{\Omega}(x^2+2y^2+3z^2)^2\mathrm{d}x\mathrm{d}y\mathrm{d}z$，结果如何？为 $\iiint\limits_{\Omega}[(x^2+2y^2+3z^2)-1]^2\mathrm{d}x\mathrm{d}y\mathrm{d}z$ 呢？(ii) 若积分区域 Ω 为椭球体 $x^2+2y^2+3z^2\leqslant1$，以上各题结果如何？

例 11.9.8　利用曲面积分与三重积分之间的互化计算 $\oiint\limits_{\Sigma}x^3\mathrm{d}y\mathrm{d}z+y^3\mathrm{d}z\mathrm{d}x+z^3\mathrm{d}x\mathrm{d}y$，其中 Σ 是球体 Ω：$x^2+y^2+z^2\leqslant1$ 表面的外侧.

分析　这是闭曲面积分，利用高斯公式可以转化成三重积分；再把三重积分转化成另一

个曲面积分，并利用曲面积分化简；然后利用高斯公式和三重积分的几何意义就可以求出结果．

解　原式 $= 3\iiint\limits_{\Omega}(x^2+y^2+z^2)\mathrm{d}x\mathrm{d}y\mathrm{d}z$

$$= \frac{3}{5}\oiint\limits_{\Sigma}(x^2+y^2+z^2)(x\mathrm{d}y\mathrm{d}z+y\mathrm{d}z\mathrm{d}x+z\mathrm{d}x\mathrm{d}y)\left(\because x\frac{\partial f}{\partial x}+y\frac{\partial f}{\partial y}+z\frac{\partial f}{\partial z}=2f\right)$$

$$= \frac{3}{5}\oiint\limits_{\Sigma}x\mathrm{d}y\mathrm{d}z+y\mathrm{d}z\mathrm{d}x+z\mathrm{d}x\mathrm{d}y = \frac{9}{5}\iiint\limits_{\Omega}\mathrm{d}x\mathrm{d}y\mathrm{d}z = \frac{9}{5}\cdot\frac{4\pi}{3} = \frac{12}{5}\pi.$$

思考　(i) 若 Σ 是 Ω：$1\leqslant x^2+y^2+z^2\leqslant 4$ 表面的外侧，结果如何？(ii) 利用三重积分直接计算，从而验证以上各题计算的正确性；(iii) 解释为什么在三重积分中不能用 $x^2+y^2+z^2=1$ 代入，而在曲面积分中可以．

1. 设 L 为椭圆 $\dfrac{x^2}{4}+\dfrac{y^2}{3}=1$，其周长记为 a，则曲线积分 $\oint_L (2xy+3x^2+4y^2)\,\mathrm{d}s=$

＿＿＿＿＿＿＿＿＿＿.

2. 设 Γ 是曲线 $x=\dfrac{3}{4}\sin 2t$，$y=\cos^3 t$，$z=\sin^3 t$（$0\leqslant t\leqslant\dfrac{\pi}{4}$），则曲线积分 $\displaystyle\int_{\Gamma} x\,\mathrm{d}s=$ ＿＿

＿＿＿＿.

3. 设 L 是点 A（1，1）与点 B（5，3）间的直线段，则曲线积分 $\displaystyle\int_L (x-y)\,\mathrm{d}s$ 可化成

定积分（　　）.

A. $\displaystyle\int_1^5 \frac{1}{2}(x-1)\,\mathrm{d}x$；

B. $\displaystyle\int_1^3 \frac{1}{2}(y-1)\,\mathrm{d}y$；

C. $\displaystyle\int_1^5 \frac{\sqrt{5}}{4}(x-1)\,\mathrm{d}x$；

D. $\displaystyle\int_1^3 \frac{\sqrt{5}}{4}(y-1)\,\mathrm{d}y$.

4. 设 L 是以 $A(1,0)$，$B(0,1)$，$C(-1,0)$，$D(0,-1)$ 为顶点的正方形边界，则

曲线积分 $\oint_L \dfrac{1}{|x|+|y|}\,\mathrm{d}s=$（　　）.

A. 2；

B. 4；

C. $2\sqrt{2}$；

D. $4\sqrt{2}$.

5. 求均匀摆线弧段 L：$x=t-\sin t$，$y=1-\cos t$（$0\leqslant t\leqslant 2\pi$）的重心的坐标．

6. 有段形状为螺旋线 $x=a\cos t$，$y=a\sin t$，$z=bt$（$0\leqslant t\leqslant 2\pi$）的细金属丝，线密度 $\rho(x,y,z)=xz^2$，求这段金属丝的质量．

7. 计算曲线积分 $\oint_\Gamma(x^2+y^2+z^2)\mathrm{d}s$，其中 Γ 为球面：$x^2+y^2+z^2=a^2$ 与平面 $x+y+z=0$ 的交线．

1. 设 L 为曲线 $y = \sin x$ 上从点 $O(0，0)$ 到点 $A(\pi，0)$ 的一段弧，则曲线积分 $\displaystyle\int_L x\,\mathrm{d}y - y\,\mathrm{d}x = $＿＿＿＿＿＿．

2. 平面力场 $\boldsymbol{F} = 2x^2 y\boldsymbol{i} + 3xy^2\boldsymbol{j}$ 将一质点沿着圆周 $x^2 + y^2 = a^2$ 从点 $(0，a)$ 移动到点 $(a，0)$ 时所做的功 $W = $＿＿＿＿＿＿＿＿＿＿＿＿＿＿＿．

3. 设 L 是抛物线 $y^2 = x$ 上从点 $A(1，-1)$ 到点 $B(1，1)$ 的弧段，$P(x，y)$ 是二元连续函数，则曲线积分 $\displaystyle\int_L P(x，y)\,\mathrm{d}x$ 化成定积分为（　　）．

A. $\displaystyle\int_0^1 P(x，-\sqrt{x})\,\mathrm{d}x + \int_0^1 P(x，\sqrt{x})\,\mathrm{d}x$ ；　　　B. $2\displaystyle\int_0^1 P(x，\sqrt{x})\,\mathrm{d}x$ ；

C. $\displaystyle\int_1^0 P(x，-\sqrt{x})\,\mathrm{d}x + \int_0^1 P(x，\sqrt{x})\,\mathrm{d}x$ ；　　　D. $2\displaystyle\int_1^0 P(x，-\sqrt{x})\,\mathrm{d}x$ ．

4. 设 $\varGamma$ 是螺旋线 $x = a\cos t$，$y = a\sin t$，$z = bt$ 上从 $t = 0$ 到 $t = 2\pi$ 的弧段，则曲线积分为 $\displaystyle\int_{\varGamma} z\,\mathrm{d}x + x\,\mathrm{d}y + y\,\mathrm{d}z = ($　　$)$ ．

A. $\pi a\ (a + 2b)$ ；　　　　　　　　　　B. $\pi a\ (2a + b)$ ；

C. $\pi b\ (a + 2b)$ ；　　　　　　　　　　D. $\pi b\ (2a + b)$ ．

5. 计算曲线积分 $\int_L (x^2 + y^2)\,\mathrm{d}x - x\,\mathrm{d}y$，其中 L 为曲线 $y = \sqrt{a^2 - x^2}$ 上从点 $A(-a,\,0)$ 到点 $C(a,\,0)$ 的一段弧．

6. 计算曲线积分 $\oint_L (x^2 + y^2)\,\mathrm{d}x + (x^2 - y^2)\,\mathrm{d}y$，其中 L 是折线 $y = 1 - |1 - x|$ 与 x 轴所围平面图形的整个边界，按逆时针方向．

7. 计算曲线积分 $\int_\Gamma \dfrac{x\,\mathrm{d}x + y\,\mathrm{d}y + z\,\mathrm{d}z}{\sqrt{x^2 + y^2 + z^2 - 2x - 2y + 2z}}$，其中 Γ 是从点 $(1,\,1,\,1)$ 到点 $(2,\,3,\,4)$ 的直线段．

1. 设 L 为 $(x-2)^2+y^2=4$ 在第一象限的半圆弧，沿从点 $(4，0)$ 到点 $(0，0)$ 的方向，则曲线积分 $\int_L (1+2x\mathrm{e}^y)\mathrm{d}x+(x^2\mathrm{e}^y-y)\mathrm{d}y=$＿＿＿＿＿＿＿＿＿．

2. 以 $[\sin(xy)+xy\cos(xy)]\mathrm{d}x+x^2\cos(xy)\mathrm{d}y$ 为全微分的一个二元函数 $u(x，y)=$＿＿＿＿＿＿＿＿＿．

3. 设 L 为圆 $x^2+y^2=2ax$ $(a>0)$，沿逆时针方向，则曲线积分 $\oint_L xy^2\mathrm{d}y-x^2y\mathrm{d}x=$（　　）．

A. $\int_0^{2\pi}\mathrm{d}\theta\int_0^{2a\cos\theta}r^3\mathrm{d}r$；

B. $\int_{-\frac{\pi}{2}}^{\frac{\pi}{2}}\mathrm{d}\theta\int_0^{2a\cos\theta}r^3\mathrm{d}r$；

C. $\int_{-\frac{\pi}{2}}^{\frac{\pi}{2}}\mathrm{d}\theta\int_0^{2a\cos\theta}2ar^2\cos\theta\,\mathrm{d}r$；

D. $2\int_0^{\pi}\mathrm{d}\theta\int_0^{2a\cos\theta}r^3\mathrm{d}r$．

4. 设 L 是从点 A $(R，0)$ 到点 O $(0，0)$ 的上半圆弧：$y=\sqrt{R\ x-x^2}$ $(R>0)$，则 $\int_L (y-\mathrm{e}^x\cos y)\mathrm{d}x+\mathrm{e}^x\sin y\mathrm{d}y=$（　　）．

A. $\mathrm{e}^R-\dfrac{\pi R^2}{8}-1$；

B. $-\dfrac{\pi R^2}{8}$；

C. $\mathrm{e}^R-\dfrac{\pi R^2}{8}$；

D. $\dfrac{\pi R^2}{8}-\mathrm{e}^R-1$．

5. 设曲线积分 $\int_L xy^2\,\mathrm{d}x + y\psi(x)\,\mathrm{d}y$ 与路径无关，其中 $\psi(x)$ 具有连续导数且 $\psi(0)=0$，求函数 $\psi(x)$ 及曲线积分 $\int_{(0,0)}^{(1,1)} xy^2\,\mathrm{d}x + y\psi(x)\,\mathrm{d}y$.

6. 计算曲线积分 $\int_L \dfrac{x\,\mathrm{d}x + y\,\mathrm{d}y}{x^2+y^2}$，其中 L 是由起点 $A(1,1)$ 到终点 $B(2,2)$ 的任一不经过坐标原点的路径.

7. 用曲线积分求出星形线 $x=a\cos^3 t$，$y=a\sin^3 t$ 所围成的平面图形的面积.

1. 设 L 为星形线 $x^{\frac{2}{3}}+y^{\frac{2}{3}}=a^{\frac{2}{3}}$ 在第 I、II 象限内的弧段，则曲线积分 $\displaystyle\int_L (x^{\frac{2}{3}}+y^{\frac{2}{3}})\mathrm{d}s=$

＿＿＿＿＿＿＿．

2. 设 L 为沿上半圆周 $x^2+y^2=2x$ 从点 O（0，0）到点 A（2，0）的曲线弧，则 $\displaystyle\int_L P(x,y)\mathrm{d}x+Q(x,y)\mathrm{d}y$ 化为对弧长的曲线积分是＿＿＿＿＿＿＿．

3. 已知 $\dfrac{ax+y}{x^2+y^2}\mathrm{d}x-\dfrac{x+by}{x^2+y^2}\mathrm{d}y$ 为某二元函数的全微分，则（　　　）．

A. $a=b$；　　　　B. $a=-b$；　　　　C. $a=1$，$b=2$；　　　　D. $a=1$，$b=-1$．

4. 设 L 为平面光滑闭曲线，依顺时针方向，其所围平面区域的面积为 σ，则 $\displaystyle\oint_L y\mathrm{d}x-x\mathrm{d}y=$（　　　）．

A. 2σ；　　　　B. -2σ；　　　　C. σ；　　　　D. $-\sigma$．

5. 计算曲线积分 $\oint_L |y| \, ds$，其中 L 为右半圆 $x^2 + y^2 = a^2 (x \geqslant 0)$ 及 y 轴上的直径所组成.

6. 求曲线积分 $\int_L (e^x \sin y - y + x) dx + (e^x \cos y + y) dy$，其中 L 为圆周 $y = \sqrt{2ax - x^2}$ $(a > 0)$ 上从点 $A(2a, 0)$ 到点 $O(0, 0)$ 的一段弧.

7. 计算曲线积分 $\int_L \dfrac{(x-y)dx + (x+y)dy}{x^2 + y^2}$，其中 L 是摆线 $x = t - \sin t - \pi$，$y = 1 - \cos t$ 上从 $t = 0$ 到 $t = 2\pi$ 的有向弧段.

1. 设 Σ 是上半球面 $x^2 + y^2 + z^2 = a^2 \, (z \geqslant 0)$，则曲面积分 $\iint\limits_{\Sigma} (x + y + z) \mathrm{d}S =$ _____.

2. 设 Σ 是抛物面壳 $z = \dfrac{1}{2}(x^2 + y^2) \, (0 \leqslant z \leqslant 1)$，壳上物质的面密度 $\rho(x, y, z) = \dfrac{x^2}{\sqrt{1 + 2z}}$. 则此壳的质量 $m =$ _____.

3. 设 Σ 为抛物面 $z = 2 - x^2 - y^2$ 在 xOy 面上方的部分，则曲面积分 $\iint\limits_{\Sigma} z \mathrm{d}S = ($　　$)$.

A. $\displaystyle\int_0^{2\pi} \mathrm{d}\theta \int_0^{\sqrt{2}} r(2 - r^2) \mathrm{d}r$

B. $\displaystyle\int_0^{2\pi} \mathrm{d}\theta \int_0^2 r(2 - r^2) \sqrt{1 + 4r^2} \, \mathrm{d}r$

C. $\displaystyle\int_0^{2\pi} \mathrm{d}\theta \int_0^{\sqrt{2}} r(2 - r^2) \sqrt{1 + 4r^2} \, \mathrm{d}r$

D. $\displaystyle\int_0^{2\pi} \mathrm{d}\theta \int_0^2 r(2 - r^2) \mathrm{d}r$

4. 设 Σ 是球面 $x^2 + y^2 + z^2 = R^2$，则 $\oiint\limits_{\Sigma} (x^2 + y^2 + z^2) \mathrm{d}S = ($　　$)$.

A. $6\pi R^4$；　　　　B. $\dfrac{4}{3}\pi R^4$；　　　　C. $4\pi R^4$；　　　　D. $2\pi R^4$.

5. 计算曲面积分 $\iint\limits_{\Sigma} \dfrac{1}{\sqrt{1-x^2-y^2}} \mathrm{d}S$ ，其中 Σ 为锥面 $z=\sqrt{x^2+y^2}$ 被柱面 $z^2=x$ 所截下的有限部分.

6. 计算曲面积分 $\iint\limits_{\Sigma} (x^2+y^2)\mathrm{d}s$ ，其中 Σ 是锥面 $z^2=3(x^2+y^2)$ 夹在平面 $z=0$ 和 $z=3$ 之间的部分.

7. 求面密度为常量 ρ 的上半球壳 $x^2+y^2+z^2=a^2(z\geqslant 0)$ 对于 z 轴的转动惯量.

1. 设 Σ 是平面 $x+y+z=1$ 在第一卦限内部分的下侧，则曲面积分 $\iint\limits_{\Sigma} y(x+z)\,\mathrm{d}x\,\mathrm{d}y =$

＿＿＿＿＿＿ .

2. 设 Σ 是曲线 $x^2+y^2+z^2=a^2$，$x+z=a$ 所围成的平面部分，取上侧，则曲面积分 $\iint\limits_{\Sigma}\mathrm{d}y\,\mathrm{d}z + \mathrm{d}z\,\mathrm{d}x + \mathrm{d}x\,\mathrm{d}y =$＿＿＿＿＿＿ .

3. 设 Σ 为柱面 $x^2+y^2=1$ 被平面 $z=0$ 及 $z=3$ 所截得的在第一卦限的部分，取外侧；Σ 在 xOy 面、yOz 面与 zOx 面上的投影区域分别记为 D_{xy}、D_{yz} 与 D_{zx}，则曲面积分 $\iint\limits_{\Sigma} x\,\mathrm{d}y\,\mathrm{d}z + y\,\mathrm{d}z\,\mathrm{d}x + z\,\mathrm{d}x\,\mathrm{d}y = (\quad)$.

A. $\iint\limits_{D_{yz}} \sqrt{1-y^2}\,\mathrm{d}y\,\mathrm{d}z + \iint\limits_{D_{zx}} \sqrt{1-x^2}\,\mathrm{d}z\,\mathrm{d}x$;

B. $\iint\limits_{D_{yz}} \sqrt{1-y^2}\,\mathrm{d}y\,\mathrm{d}z - \iint\limits_{D_{zx}} \sqrt{1-x^2}\,\mathrm{d}z\,\mathrm{d}x$;

C. $\iint\limits_{D_{xy}} \sqrt{1-x^2}\,\mathrm{d}x\,\mathrm{d}y + \iint\limits_{D_{yz}} \sqrt{1-y^2}\,\mathrm{d}y\,\mathrm{d}z + \iint\limits_{D_{zx}} \sqrt{1-x^2}\,\mathrm{d}z\,\mathrm{d}x$;

D. $-\iint\limits_{D_{xy}} \sqrt{1-x^2}\,\mathrm{d}x\,\mathrm{d}y + \iint\limits_{D_{yz}} \sqrt{1-y^2}\,\mathrm{d}y\,\mathrm{d}z + \iint\limits_{D_{zx}} \sqrt{1-x^2}\,\mathrm{d}z\,\mathrm{d}x$.

4. 设 Σ 为球面 $x^2+y^2+z^2=a^2$，取外侧，则曲面积分 $\oiint\limits_{\Sigma}(x^2+y^2+z^2)\,\mathrm{d}y\,\mathrm{d}z = (\quad)$.

A. $2\pi a^4$;　　　　B. πa^4 ;　　　　C. $-\pi a^4$;　　　　D. 0 .

5. 计算曲面积分 $\iint\limits_{\Sigma} x^3 \mathrm{d}y\mathrm{d}z$ ，其中 Σ 是前半球面 $x^2+y^2+z^2=a^2$ （$x \geqslant 0$），取外侧．

6. 计算曲面积分 $I=\iint\limits_{\Sigma}(x^3-yz)\mathrm{d}y\mathrm{d}z+z\mathrm{d}x\mathrm{d}y$ ，其中 Σ 为圆柱面 $x^2+y^2=a^2(0\leqslant z\leqslant 1)$的外侧．

7. 将曲面积分 $\oint\limits_{\Sigma}\dfrac{x\mathrm{d}y\mathrm{d}z+y\mathrm{d}z\mathrm{d}x+z\mathrm{d}x\mathrm{d}y}{(x^2+y^2+z^2)^{\frac{3}{2}}}$ 化为对面积的曲面积分来计算它的值，其中 Σ 为球面 $x^2+y^2+z^2=a^2$ 的外侧．

1. 设 Σ 是圆柱面 $x^2 + y^2 = 1$，$z = 0$，$z = 1$ 表面的外侧，则曲面积分 $\oiint\limits_{\Sigma} xy\,\mathrm{d}y\,\mathrm{d}z + yz\,\mathrm{d}z\,\mathrm{d}x + zx\,\mathrm{d}x\,\mathrm{d}y = $ ＿＿＿＿＿＿ .

2. 向量场 $\boldsymbol{A} = x^3\boldsymbol{i} + y^3\boldsymbol{j} + z^3\boldsymbol{k}$ 穿过由锥面 $z = \sqrt{x^2 + y^2}$ 与上半球面 $z = \sqrt{R^2 - x^2 - y^2}$ $(R > 0)$ 所围成的闭曲面 Σ 之外侧的通量为＿＿＿＿＿＿ .

3. 设 Σ 为球面 $x^2 + y^2 + z^2 = 2z$ 的外侧，则曲面积分 $\oiint\limits_{\Sigma} xy^2\,\mathrm{d}y\,\mathrm{d}z + yz^2\,\mathrm{d}z\,\mathrm{d}x + x^2z\,\mathrm{d}x\,\mathrm{d}y = $（　　）.

   A. $\dfrac{64}{5}\pi$；　　　　B. $\dfrac{32}{5}\pi$；　　　　C. $\dfrac{64}{15}\pi$；　　　　D. $\dfrac{32}{15}\pi$.

4. 向量场 $\boldsymbol{v} = x^2z\boldsymbol{i} + x^2y\boldsymbol{j} - xz^2\boldsymbol{k}$ 流向长方体 $0 \leqslant x \leqslant a$，$0 \leqslant y \leqslant b$，$0 \leqslant z \leqslant c$ 表面外侧的通量为（　　）.

   A. $\dfrac{1}{3}a^3bc$；　　B. $\dfrac{1}{3}ab^3c$；　　C. $\dfrac{1}{3}abc^3$；　　　　D. $\dfrac{1}{3}a^2b^2c^2$.

5. 设 Σ 是抛物面 $z=x^2+y^2$ 夹在平面 $z=0$ 与 $z=1$ 之间的部分，取外侧，求曲面积分 $\iint\limits_{\Sigma} x\,\mathrm{d}y\mathrm{d}z + y\,\mathrm{d}z\mathrm{d}x + z\,\mathrm{d}x\mathrm{d}y$.

6. 计算曲面积分 $\oiint\limits_{\Sigma} xz\,\mathrm{d}y\mathrm{d}z + xy\,\mathrm{d}z\mathrm{d}x + yz\,\mathrm{d}x\mathrm{d}y$ ，其中 Σ 为上半球体 $0\leqslant z\leqslant \sqrt{1-x^2-y^2}$ 的表面外侧 .

7. 计算曲面积分 $\iint\limits_{\Sigma}(x^3\cos\alpha + y^3\cos\beta + z^3\cos\gamma)\mathrm{d}S$ ，其中 Σ 是锥面 $x^2+y^2=z^2(0\leqslant z\leqslant h)$ ，而 $\cos\alpha$，$\cos\beta$，$\cos\gamma$ 是锥面 Σ 上的点 $(x，y，z)$ 处外法线的方向余弦 .

1. 向量场 $\boldsymbol{A} = (z + \sin y)\boldsymbol{i} - (z - x\cos y)\boldsymbol{j} + (z + y\cos x)\boldsymbol{k}$，则 $\text{rot}\boldsymbol{A} = $ ＿＿＿＿＿＿＿．

2. 设 Γ 是椭圆 $x^2 + y^2 = a^2$，$\dfrac{x}{a} + \dfrac{z}{b} = 1 (a > 0, b > 0)$，且从 x 轴正向看去取逆时针方向．则曲线积分 $\oint_{\Gamma} x^2 y^3 \mathrm{d}x + y^2 z^3 \mathrm{d}y + x^3 z^2 \mathrm{d}z$ 可化成对坐标的曲面积分＿＿＿＿＿＿＿，其中积分曲面 Σ 的方程是＿＿＿＿＿＿＿，Σ 的侧向是＿＿＿＿＿＿＿．

3. 向量场 $\boldsymbol{A} = -y\boldsymbol{i} + x\boldsymbol{j} + c\boldsymbol{k}$（$c$ 为常数），Γ 为圆周 $x^2 + y^2 = 1$，$z = 0$，且从 z 轴正向看去，取逆时针方向，则 $\boldsymbol{A}$ 沿 Γ 的环流量是（　　　）．

A. 2π；　　　　B. -2π；　　　　C. $-\pi$；　　　　D. 0．

4. 设 Σ 为上半球面 $z = \sqrt{1 - x^2 - y^2}$，Γ 为 Σ 的边界曲线，且从 z 轴正向看去取逆时针方向，则 $\oint_{\Gamma} y^2 \mathrm{d}x + xy \mathrm{d}y - xz \mathrm{d}z = ($　　　$)$．

A. $\displaystyle\iint_{\Sigma} x \mathrm{d}y \mathrm{d}z + z \mathrm{d}z \mathrm{d}x - y \mathrm{d}x \mathrm{d}y$，$\Sigma$ 取上侧；

B. $\displaystyle\iint_{\Sigma} x \mathrm{d}y \mathrm{d}z + z \mathrm{d}z \mathrm{d}x - y \mathrm{d}x \mathrm{d}y$，$\Sigma$ 取下侧；

C. $\displaystyle\iint_{\Sigma} z \mathrm{d}z \mathrm{d}x - y \mathrm{d}x \mathrm{d}y$，$\Sigma$ 取上侧；

D. $\displaystyle\iint_{\Sigma} z \mathrm{d}z \mathrm{d}x - y \mathrm{d}x \mathrm{d}y$，$\Sigma$ 取下侧．

5. 利用斯托克斯公式计算曲线积分 $\oint_{\Gamma} 2y\,dx + 3x\,dy - z^2\,dz$，其中 Γ 是圆周 $x^2 + y^2 + z^2 = 9$，$z = 0$，且从 z 轴正向看去取顺时针方向.

6. 利用斯托克斯公式计算曲线积分 $\oint_{\Gamma} y\,dx - xz\,dy + yz^2\,dz$，其中 Γ 是圆周 $x^2 + y^2 = 2z$，$z = 2$，且从 z 轴正向看去取逆时针方向.

7. 计算曲线积分 $\oint_{\Gamma} y\,dx + z\,dy + x\,dz$，其中 Γ 是平面 $x + z = R$ 与球面 $x^2 + y^2 + z^2 = R^2$ 的交线，且从 x 轴正向看去取逆时针方向.

1. 设 Σ 为抛物面 $z=\sqrt{x^2+y^2}$ 介于平面 $z=0$ 和 $z=1$ 之间的部分,则曲面积分 $\iint\limits_{\Sigma}|xyz|$ dS = ＿＿＿＿＿＿ .

2. 设 Σ 为柱面 $x^2+y^2=R^2$ 被平面 $z=0$ 和 $z=2$ 所截得部分的外侧,则曲面积分 $\iint\limits_{\Sigma}z\,dx\,dy+x^2\,dz\,dx-(yz-x^2)\,dy\,dz=$ ＿＿＿＿＿＿ .

3. 设 Σ 是平面 $2x+2y+z=6$ 在第一卦限部分的上侧, D_{xy} 是 Σ 在 xOy 面上的投影区域,则曲面积分 $\iint\limits_{\Sigma}x^2\,dy\,dz-x^2\,dz\,dx+(x+z)\,dx\,dy=$ (　　) .

A. $\iint\limits_{\Sigma}(x+z)\,dS=\iint\limits_{D_{xy}}(6-x-2y)\,dx\,dy$;

B. $\iint\limits_{\Sigma}(x+z)\,dS=3\iint\limits_{D_{xy}}(6-x-2y)\,dx\,dy$;

C. $\dfrac{1}{3}\iint\limits_{\Sigma}(x+z)\,dS=-\iint\limits_{D_{xy}}(6-x-2y)\,dx\,dy$;

D. $\dfrac{1}{3}\iint\limits_{\Sigma}(x+z)\,dS=\iint\limits_{D_{xy}}(6-x-2y)\,dx\,dy$.

4. 设 f 有连续导数, Σ 是由曲面 $y=x^2+z^2$, $y=8-x^2-z^2$ 所围立体表面的外侧,则曲面积分 $\oiint\limits_{\Sigma}\dfrac{1}{y}f\left(\dfrac{x}{y}\right)\,dy\,dz+\dfrac{1}{x}f\left(\dfrac{x}{y}\right)\,dz\,dx+z\,dx\,dy=$ (　　) .

A. 4π ;　　　　　B. 8π ;　　　　　C. 16π ;　　　　　D. 32π .

5. 计算曲面积分 $\iint\limits_{\Sigma}(x^2+y^2+z^2)\mathrm{d}S$ ，其中 Σ 是球面 $x^2+y^2+z^2=2Rz$.

6. 计算曲面积分 $\iint\limits_{\Sigma}xz^2\mathrm{d}y\mathrm{d}z+(x^2y-z^3)\mathrm{d}z\mathrm{d}x+(2xy+y^2z)\mathrm{d}x\mathrm{d}y$ ，其中 Σ 是上半球面 $x^2+y^2+z^2=a^2(z\geqslant0)$，取外侧.

7. 利用斯托克斯公式计算曲线积分 $\oint_{\Gamma}y\mathrm{d}x+z\mathrm{d}y+2x\mathrm{d}z$ ，其中 Γ 是球面 $x^2+y^2+z^2=R^2$ 与平面 $x+y+z=0$ 的交线，且从 x 轴正向看去取顺时针方向.

第十二章　无穷级数

第一节　常数项级数

一、教学目标

理解常数项级数的基本概念，级数收敛、发散与前 n 项和数列收敛、发散之间的关系．掌握常数项级数的性质和常数项级数收敛的必要条件．

二、考点题型

级数敛散性的判断——级数概念与性质的运用；级数敛散性的判断*——几何级数、p-级数和级数收敛必要条件的运用．

三、例题分析

例 12.1.1　讨论级数 $a^{-2} - a^{-4} + a^{-6} - a^{-8} + \cdots + (-1)^{n-1} a^{-2n} + \cdots$ 的敛散性．

分析　这是几何级数敛散性问题．其敛散性取决于公比，其和取决于首项和公比，都有现成结论可以套用．

解　首项 $u_1 = a^{-2}$，通项 $u_n = (-1)^{n+1} a^{-2n}$，公比 $r = \dfrac{u_{n+1}}{u_n} = \dfrac{(-1)^{n+2} a^{-2(n+1)}}{(-1)^{n+1} a^{-2n}} = -a^{-2}$，故由几何级数的敛散性可知，当 $|r| = a^{-2} < 1$，即 $|a| > 1$ 时，级数收敛，且其和 $s = \dfrac{a^{-2}}{1 - (-a^{-2})} = \dfrac{1}{1 + a^2}$；当 $|r| = a^{-2} \geqslant 1$，即 $|a| \leqslant 1$ 时，级数发散．

思考　若级数为 $1 - a^{-2} + a^{-4} - a^{-6} + a^{-8} - \cdots + (-1)^{n-1} a^{-2(n-1)} + \cdots$，结果如何？为 $a^{-3} - a^{-6} + a^{-9} - a^{-12} + \cdots + (-1)^{n-1} a^{-3n} + \cdots$ 或 $1 - a^{-3} + a^{-6} - a^{-9} + a^{-12} - \cdots + (-1)^{n-1} a^{-3(n-1)} + \cdots$ 呢？

例 12.1.2　根据定义证明级数 $\dfrac{1}{2} + \dfrac{3}{2^2} + \dfrac{5}{2^3} + \cdots + \dfrac{2n-1}{2^n} + \cdots$ 收敛，并求其和．

分析　只需证明其前 n 项和数列 $\{s_n\}$ 的极限存在．先利用等差比数列的性质将 s_n 转化成有限项的和，再求其极限即可．

证明　因为
$$s_n = \frac{1}{2} + \frac{3}{2^2} + \frac{5}{2^3} + \cdots + \frac{2n-1}{2^n},$$
于是
$$\frac{1}{2} s_n = \frac{1}{2^2} + \frac{3}{2^3} + \frac{5}{2^4} + \cdots + \frac{2n-1}{2^{n+1}},$$
两式相减，得
$$\frac{1}{2} s_n = \frac{1}{2} + \frac{2}{2^2} + \frac{2}{2^3} + \cdots + \frac{2}{2^n} - \frac{2n-1}{2^{n+1}} = \frac{1}{2}\left(1 + 1 + \frac{1}{2} + \cdots + \frac{1}{2^{n-2}} - \frac{2n-1}{2^n}\right)$$
$$= \frac{1}{2}\left(1 + \frac{1 - \dfrac{1}{2^{n-2}}}{1 - \dfrac{1}{2}} - \frac{2n-1}{2^n}\right) = \frac{1}{2}\left(3 - \frac{1}{2^{n-1}} - \frac{2n-1}{2^n}\right),$$
故 $\lim\limits_{n \to \infty} s_n = \lim\limits_{n \to \infty}\left(3 - \dfrac{1}{2^{n-1}} - \dfrac{2n-1}{2^n}\right) = 3$，所以级数收敛，且其和 $s = 3$.

思考 （i）若级数为 $\dfrac{1}{2}-\dfrac{3}{2^2}+\dfrac{5}{2^3}-\cdots+(-1)^{n-1}\dfrac{2n-1}{2^n}+\cdots$ 或 $\dfrac{1}{3}+\dfrac{3}{3^2}+\dfrac{5}{3^3}+\cdots+\dfrac{2n-1}{3^n}$

$+\cdots$，结果如何？（ii）若级数 $\dfrac{1}{a}+\dfrac{3}{a^2}+\dfrac{5}{a^3}+\cdots+\dfrac{2n-1}{a^n}+\cdots$ 收敛，求 a 的范围．

例 12.1.3 判断级数 $\dfrac{1}{2}+\dfrac{1}{3}+\dfrac{1}{4}+\dfrac{1}{3^2}+\dfrac{1}{6}+\dfrac{1}{3^3}+\cdots+\dfrac{1}{2n}+\dfrac{1}{3^n}+\cdots$ 的敛散性．

分析 观察级数的通项，发现其奇、偶项都是有规律的，因此应分别考察其奇、偶项分别组成的级数的敛散性，并根据级数的性质作出级数是否收敛的判断．

解 将级数每相邻两项加括号得到的新级数为 $\sum\limits_{n=1}^{\infty}\left(\dfrac{1}{2n}+\dfrac{1}{3^n}\right)$，因此该级数可以看成是

两级数 $\sum\limits_{n=1}^{\infty}\dfrac{1}{2n}$、$\sum\limits_{n=1}^{\infty}\dfrac{1}{3^n}$ 的和．

因为 $\sum\limits_{n=1}^{\infty}\dfrac{1}{2n}=\dfrac{1}{2}\sum\limits_{n=1}^{\infty}\dfrac{1}{n}$，且调和级数 $\sum\limits_{n=1}^{\infty}\dfrac{1}{n}$ 发散，所以 $\sum\limits_{n=1}^{\infty}\dfrac{1}{2n}$ 发散；而 $\sum\limits_{n=1}^{\infty}\dfrac{1}{3^n}$ 是公比为

$\dfrac{1}{3}<1$ 的几何级数，收敛．故根据级数的性质，级数

$$\dfrac{1}{2}+\dfrac{1}{3}+\dfrac{1}{4}+\dfrac{1}{3^2}+\dfrac{1}{6}+\dfrac{1}{3^3}+\cdots+\dfrac{1}{2n}+\dfrac{1}{3^n}+\cdots$$

发散．

思考 （i）若级数为 $\dfrac{1}{2}+\dfrac{1}{3}+\dfrac{1}{4}+\dfrac{1}{3^2}+\dfrac{1}{8}+\dfrac{1}{3^3}+\cdots+\dfrac{1}{2^n}+\dfrac{1}{3^n}+\cdots$，结果如何？为 $\dfrac{1}{2}+$

$\dfrac{1}{3}+\dfrac{3}{4}+\dfrac{1}{3^2}+\dfrac{5}{8}+\dfrac{1}{3^3}+\cdots+\dfrac{2n-1}{2^n}+\dfrac{1}{3^n}+\cdots$ 呢？（ii）若级数 $\dfrac{1}{a}+\dfrac{1}{3}+\dfrac{3}{a^2}+\dfrac{1}{3^2}+\dfrac{5}{a^3}+\dfrac{1}{3^3}+\cdots$

$+\dfrac{2n-1}{a^n}+\dfrac{1}{3^n}+\cdots$ 发散，求 a 的取值范围．

例 12.1.4 判断级数 $\sum\limits_{n=1}^{\infty}n^2\left(1-\cos\dfrac{1}{n}\right)$ 的敛散性．

分析 判断级数的敛散性，先看其通项的极限是否为零．若极限不为零，级数发散；若极限为零，应利用级数审法进一步作出判断．

解 这里 $u_n=n^2\left(1-\cos\dfrac{1}{n}\right)$．因为

$$\lim_{n\to\infty}u_n=2\lim_{n\to\infty}n^2\sin^2\dfrac{1}{2n}=2\lim_{n\to\infty}n^2\left(\dfrac{1}{2n}\right)^2=\dfrac{1}{2}\neq0,$$

故由级数收敛的必要条件知级数发散．

思考 （i）若级数为 $\sum\limits_{n=1}^{\infty}n\left(1-\cos\dfrac{1}{n}\right)$ 或 $\sum\limits_{n=1}^{\infty}n^2\left(1-\cos\dfrac{1}{\sqrt{n}}\right)$ 或 $\sum\limits_{n=1}^{\infty}n^3\left(1-\cos\dfrac{1}{n^2}\right)$，

结果如何？（ii）设 α 为实数，讨论级数 $\sum\limits_{n=1}^{\infty}n^{\alpha}\left(1-\cos\dfrac{1}{n}\right)$ 和 $\sum\limits_{n=1}^{\infty}n^2\left(1-\cos\dfrac{1}{n^{\alpha}}\right)$ 的敛散性．

例 12.1.5 已知 $\lim\limits_{n\to\infty}nu_n=0$，级数 $\sum\limits_{n=0}^{\infty}(n+1)(u_{n+1}-u_n)$ 收敛，证明级数 $\sum\limits_{n=0}^{\infty}u_n$ 也收敛．

分析 找出待证明级数前 n 项和与已知级数前 n 项和之间的关系，这样就可以通过已

知级数前 n 项和数列的收敛性得出待证明级数前 n 项和的收敛性.

证明　设 $\sum\limits_{n=0}^{\infty}(n+1)(u_{n+1}-u_n)$ 和 $\sum\limits_{n=0}^{\infty}u_n$ 的前 n 项和分别为 σ_n 和 s_n，则

$$\sigma_n=\sum_{k=0}^{n-1}(k+1)(u_{k+1}-u_k)=(u_1-u_0)+2(u_2-u_1)+3(u_3-u_2)+\cdots+n(u_n-u_{n-1})$$
$$=nu_n-(u_0+u_1+\cdots+u_{n-1})=nu_n-s_n,$$

于是 $\sigma=\lim\limits_{n\to\infty}\sigma_n=\lim\limits_{n\to\infty}(nu_n-s_n)=0-s$，即 $s=-\sigma$，故 $\sum\limits_{n=0}^{\infty}(n+1)(u_{n+1}-u_n)$ 收敛.

思考　若已知 $\lim\limits_{n\to\infty}nu_n=c$（常数），该结论是否仍然成立？是，给出证明；否，举出反例.

例 12.1.6　设有两条抛物线 $y=nx^2+\dfrac{1}{n}$ 和 $y=(n+1)x^2+\dfrac{1}{n+1}$，记它们交点的横坐标的绝对值为 a_n.（1）求两抛物线所围成的平面图形的面积 S_n；（2）求级数 $\sum\limits_{n=1}^{\infty}\dfrac{S_n}{a_n}$ 的和.

分析　要求级数 $\sum\limits_{n=1}^{\infty}\dfrac{S_n}{a_n}$ 的和，先应求出两抛物线的交点的横坐标的绝对值 a_n 和两抛物线所围成的平面图形的面积 S_n.

解　（1）联立两抛物线的方程 $y=nx^2+\dfrac{1}{n}$ 和 $y=(n+1)x^2+\dfrac{1}{n+1}$，求得交点的横坐标为 $x=\pm\dfrac{1}{\sqrt{n(n+1)}}$，于是 $a_n=\dfrac{1}{\sqrt{n(n+1)}}$. 又

$$S_n=\int_{-a_n}^{a_n}\left[nx^2+\frac{1}{n}-(n+1)x^2-\frac{1}{n+1}\right]\mathrm{d}x=\int_{-a_n}^{a_n}\left[\frac{1}{n(n+1)}-x^2\right]\mathrm{d}x$$
$$=2\int_0^{a_n}\left[\frac{1}{n(n+1)}-x^2\right]\mathrm{d}x=\frac{4}{3n(n+1)\sqrt{n(n+1)}}.$$

（2）由于 $\dfrac{S_n}{a_n}=\dfrac{4}{3n(n+1)}=\dfrac{4}{3}\left(\dfrac{1}{n}-\dfrac{1}{n+1}\right)$，于是级数的前 n 项和为

$$\sum_{k=1}^{n}\frac{S_k}{a_k}=\sum_{k=1}^{n}\frac{4}{3}\left(\frac{1}{k}-\frac{1}{k+1}\right)=\frac{4}{3}\left(1-\frac{1}{n+1}\right),$$

故 $$\sum_{n=1}^{\infty}\frac{S_n}{a_n}=\lim_{n\to\infty}\sum_{k=1}^{n}\frac{S_k}{a_k}=\lim_{n\to\infty}\frac{4}{3}\left(1-\frac{1}{n+1}\right)=\frac{4}{3}.$$

思考　(i) 求两抛物线所围成的平面图形绕 x 轴旋转所得旋转体的体积 V_n；(ii) 已知 $\sum\limits_{n=1}^{\infty}\dfrac{1}{n^2}=\dfrac{\pi^2}{6}$，求级数 $\sum\limits_{n=1}^{\infty}\dfrac{V_n}{a_n}$ 的和；(iii) 证明级数 $\sum\limits_{n=1}^{\infty}\dfrac{V_n}{S_n}$ 发散.

第二节　正项级数审敛法

一、教学目标

了解正项级数的概念，理解比较审敛法的思想方法，能用比较审敛法判断一些级数的敛散性. 掌握正项级数的比值审敛法和根值审敛法.

二、考点题型

正项级数敛散性的判断*——比值审敛法和根值审敛法的运用；正项级数敛散性的判断——比较审敛法的运用.

三、例题分析

例 12.2.1 判断级数 $\sum\limits_{n=1}^{\infty}\dfrac{10n^2+100n+1007}{n^4-10n^3+n^2-100}$ 的敛散性.

分析 级数的通项是有理函数，可由 p-级数的敛散性，用比较法来判断. 但由于函数比较复杂，直接放缩较难，因此采用比较审敛法的极限形式.

解 因为 $u_n=\dfrac{10n^2+100n+1007}{n^4-10n^3+n^2-100}$，$\lim\limits_{n\to\infty}\dfrac{u_n}{1/n^2}=\lim\limits_{n\to\infty}\dfrac{10n^4+100n^3+1007n^2}{n^4-10n^3+n^2-100}=10$，且

$\sum\limits_{n=1}^{\infty}\dfrac{1}{n^2}$ 收敛，所以级数 $\sum\limits_{n=1}^{\infty}\dfrac{10n^2+100n+1007}{n^4-10n^3+n^2-100}$ 收敛.

思考 （i）若级数为 $\sum\limits_{n=1}^{\infty}\dfrac{10n^{\frac{5}{2}}+100n+1007}{n^4-10n^3+n^2-100}$，结果如何？为 $\sum\limits_{n=1}^{\infty}$

$\dfrac{10n^3+100n+1007}{n^4-10n^3+n^2-100}$ 呢？（ii）讨论级数为 $\sum\limits_{n=1}^{\infty}\dfrac{10n^{\alpha}+100n+1007}{n^4-10n^3+n^2-100}(\alpha>0)$ 的敛散性.

例 12.2.2 判断级数 $\sum\limits_{n=1}^{\infty}n\sin\dfrac{\pi}{2^{n+1}}$ 的敛散性.

分析 由于级数的通项 $n\sin\dfrac{\pi}{2^{n+1}}\sim n\cdot\dfrac{\pi}{2^{n+1}}=\dfrac{\pi}{2^n}$，因此可以利用比较审敛法来判断.

解 由于 $\lim\limits_{n\to\infty}\dfrac{u_{n+1}}{u_n}=\lim\limits_{n\to\infty}\dfrac{(n+1)\sin(\pi/2^{n+2})}{n\sin(\pi/2^{n+1})}=\lim\limits_{n\to\infty}\dfrac{n+1}{n}\cdot\dfrac{\pi/2^{n+2}}{\pi/2^{n+1}}=\dfrac{1}{2}<1$，故由比值审敛法知原级数收敛.

思考 若级数为 $\sum\limits_{n=1}^{\infty}n^2\sin\dfrac{\pi}{2^{n+1}}$，结果如何？为 $\sum\limits_{n=1}^{\infty}n^{\alpha}\sin\dfrac{\pi}{2^{n+1}}(\alpha>0)$ 呢？

例 12.2.3 判断级数 $\sum\limits_{n=1}^{\infty}\dfrac{n+(-1)^{n-1}}{3^{n/2}}$ 的敛散性.

分析 级数的通项中含有指数函数，可尝试用比值审敛法来判断. 但由于分子中含 $(-1)^{n-1}$，当 $n\to\infty$ 时它是有界的但极限不存在，不能直接应用比值审敛法. 为此，对级数的通项作适当的放缩，综合利用比较审敛法和比值审敛法来判断.

解 因为 $0\leqslant\dfrac{n+(-1)^{n-1}}{3^{n/2}}\leqslant\dfrac{n+1}{3^{n/2}}=v_n$. 而

$\lim\limits_{n\to\infty}\dfrac{v_{n+1}}{v_n}=\lim\limits_{n\to\infty}\dfrac{n+2}{3^{(n+1)/2}}\cdot\dfrac{3^{n/2}}{n+1}=\dfrac{1}{\sqrt{3}}\lim\limits_{n\to\infty}\dfrac{n+2}{n+1}=\dfrac{1}{\sqrt{3}}<1$，所以 $\sum\limits_{n=1}^{\infty}v_n$ 收敛. 故由比较审敛法知，级数 $\sum\limits_{n=1}^{\infty}\dfrac{n+(-1)^{n-1}}{3^{n/2}}$ 收敛.

思考 （i）若级数为 $\sum\limits_{n=1}^{\infty}\dfrac{n\sqrt{n}+(-1)^{n-1}}{3^{n/2}}$，结果如何？为 $\sum\limits_{n=1}^{\infty}\dfrac{n^2+(-1)^{n-1}}{3^{n/2}}$ 呢？

(ii) 讨论级数 $\sum\limits_{n=1}^{\infty} \dfrac{n^{\alpha}+(-1)^{n-1}}{3^{n/2}}(\alpha>0)$ 的敛散性.

例 12.2.4　判断级数 $\sum\limits_{n=1}^{\infty} \dfrac{(n+1)^n}{(2n-1)^n}$ 的敛散性.

分析　级数通项是 n 次幂的形式，比值审敛法和根值审敛法均适用.

解　因为 $\lim\limits_{n\to\infty}\sqrt[n]{u_n}\lim\limits_{n\to\infty}\sqrt[n]{\dfrac{(n+1)^n}{(2n-1)^n}}=\lim\limits_{n\to\infty}\dfrac{n+1}{2n-1}=\dfrac{1}{2}<1$，所以级数 $\sum\limits_{n=1}^{\infty}\dfrac{(n+1)^n}{(2n-1)^n}$ 收敛.

思考　(i) 若级数为 $\sum\limits_{n=1}^{\infty}\dfrac{(2n+1)^n}{(2n-1)^n}$ 或 $\sum\limits_{n=1}^{\infty}\dfrac{(3n+1)^n}{(2n-1)^n}$ 或 $\sum\limits_{n=1}^{\infty}\dfrac{(2n+1)^n}{(3n-1)^n}$，结果如何？
(ii) 用比值审敛法求解以上各题.

例 12.2.5　判断级数 $\sum\limits_{n=1}^{\infty}\dfrac{1}{2^{n+(-1)^n}}$ 的敛散性.

分析　这是正项级数的判敛问题. 由于级数通项为指数函数的倒数，故可用根值审敛法或比值审敛法，前提是相应的极限存在.

解　因为 $\rho=\lim\limits_{n\to\infty}\sqrt[n]{u_n}=\lim\limits_{n\to\infty}\sqrt[n]{2^{-[n+(-1)^n]}}=\lim\limits_{n\to\infty}2^{-1+\frac{(-1)^{n+1}}{n}}=\dfrac{1}{2}<1$，所以级数 $\sum\limits_{n=1}^{\infty}\dfrac{1}{2^{n+(-1)^n}}$ 收敛.

思考　(i) 若级数为 $\sum\limits_{n=1}^{\infty}\dfrac{1}{2^{\frac{1}{2}n+(-1)^n}}$ 或 $\sum\limits_{n=1}^{\infty}\dfrac{1}{2^{2n+(-1)^n}}$ 或 $\sum\limits_{n=1}^{\infty}\dfrac{1}{2^{n-(-1)^n}}$ 或 $\sum\limits_{n=1}^{\infty}\dfrac{1}{3^{n+(-1)^n}}$，结果如何？ (ii) 能否用比值判别法判别以上各题的敛散性？能，写出过程；否，说明理由.

例 12.2.6　判断级数 $\sum\limits_{n=1}^{\infty}\dfrac{3^n\cdot n!}{n^n}$ 的敛散性，并证明 $\lim\limits_{n\to\infty}\sqrt[n]{n!}=\infty$.

分析　级数的通项含有阶乘，适合使用比值审敛法；而要证明 $\lim\limits_{n\to\infty}\sqrt[n]{n!}=\infty$，则应从根值审敛法入手，因为 $\sqrt[n]{n!}$ 是 $\sqrt[n]{u_n}$ 的一部分.

解　因为 $\lim\limits_{n\to\infty}\dfrac{u_{n+1}}{u_n}=\lim\limits_{n\to\infty}\dfrac{3^{n+1}\cdot(n+1)!}{(n+1)^{n+1}}\cdot\dfrac{n^n}{3^n\cdot n!}=3\lim\limits_{n\to\infty}\left(\dfrac{n}{n+1}\right)^n=3\lim\limits_{n\to\infty}\dfrac{1}{(1+1/n)^n}=\dfrac{3}{e}>1$，故由比值审敛法，知级数 $\sum\limits_{n=1}^{\infty}\dfrac{3^n\cdot n!}{n^n}$ 发散.

假设 $\lim\limits_{n\to\infty}\sqrt[n]{n!}\neq\infty$，显然该极限必存在，即 $\lim\limits_{n\to\infty}\sqrt[n]{n!}=A$. 于是

$$\lim\limits_{n\to\infty}\sqrt[n]{u_n}=\lim\limits_{n\to\infty}\sqrt[n]{\dfrac{3^n\cdot n!}{n^n}}=\lim\limits_{n\to\infty}\dfrac{3}{n}\sqrt[n]{n!}=0<1,$$

故由根值审敛法，知级数 $\sum\limits_{n=1}^{\infty}\dfrac{3^n\cdot n!}{n^n}$ 收敛，这与知级数 $\sum\limits_{n=1}^{\infty}\dfrac{3^n\cdot n!}{n^n}$ 发散相矛盾. 因此 $\lim\limits_{n\to\infty}\sqrt[n]{n!}=\infty$.

思考　(i) 若级数为 $\sum\limits_{n=1}^{\infty}\dfrac{2^n\cdot n!}{n^n}$，结果如何？ (ii) 讨论级数 $\sum\limits_{n=1}^{\infty}\dfrac{a^n\cdot n!}{n^n}(a>0)$ 的敛散性.

第三节 一般项级数审敛法

一、教学目标

了解交错级数、任意项级数的概念，级数绝对收敛与条件收敛的概念以及它们敛散性之间的关系．掌握交错级数的莱布尼兹审敛法，并能判断交错级数是绝对收敛，还是条件收敛．

二、考点题型

交错级数敛散性的判断*——莱布尼兹定理的运用；任意项级数敛散性的判断*——一般项级数敛散性和正项级数敛散性的关系定理、比值审敛法和根值审敛法的运用．

三、例题分析

例 12.3.1 判断级数 $\sum\limits_{n=1}^{\infty} \dfrac{\cos nx}{n\sqrt{n}}$ 的敛散性，若收敛，是绝对收敛，还是条件收敛？

分析 这是含有参数的一般项级数的判敛问题且通项中 $\cos nx$ 是有界函数，通常先用比较审敛法判断级数是否绝对收敛，若否再进一步判断其是否条件收敛．

解 级数通项 $u_n = \dfrac{\cos nx}{n\sqrt{n}}$，且对任意的 x，都有 $|u_n| \leqslant \dfrac{1}{n\sqrt{n}} = \dfrac{1}{n^{3/2}}$，而 $\sum\limits_{n=1}^{\infty} \dfrac{1}{n^{3/2}}$ 是 $p = \dfrac{3}{2} > 1$ 的 p-级数，故该级数收敛．从而级数 $\sum\limits_{n=1}^{\infty} |u_n|$ 收敛，故原级数 $\sum\limits_{n=1}^{\infty} \dfrac{\cos nx}{n\sqrt{n}}$ 绝对收敛．

思考 (i) 若级数为 $\sum\limits_{n=1}^{\infty} \dfrac{\cos nx}{n\sqrt[3]{n}}$，结果如何？$\sum\limits_{n=1}^{\infty} \dfrac{\cos nx}{n\sqrt[k]{n}} (k \in \mathbf{N}^+)$ 呢？ (ii) 若级数为 $\sum\limits_{n=1}^{\infty} \dfrac{\sin nx}{n\sqrt{n}}$，结果怎样？$\sum\limits_{n=1}^{\infty} \dfrac{\sin nx}{n\sqrt[k]{n}} (k \in \mathbf{N}^+)$ 呢？

例 12.3.2 判断级数 $\sum\limits_{n=1}^{\infty} (-1)^{n+1} \dfrac{n!}{n^n}$ 的敛散性，若收敛，是绝对收敛，还是条件收敛？

分析 这是交错级数的判敛问题且通项中含 $n!$ 和 n^n，通常先用比值审敛法判断级数是否绝对收敛，若否需进一步判断其是条件收敛还是发散．

解 因为 $\lim\limits_{n \to \infty} \left| \dfrac{u_{n+1}}{u_n} \right| = \lim\limits_{n \to \infty} \left| \dfrac{(n+1)!}{(n+1)^{n+1}} \cdot \dfrac{n^n}{n!} \right| = \lim\limits_{n \to \infty} \left(\dfrac{n}{n+1} \right)^n = e^{-1} < 1$，所以级数绝对收敛．

思考 若级数为 $\sum\limits_{n=1}^{\infty} (-1)^{n+1} \dfrac{(n+1)!}{n^n}$，结果如何？为 $\sum\limits_{n=1}^{\infty} (-1)^{n+1} \dfrac{(n+2)!}{n^n}$ 呢？

例 12.3.3 判断级数 $\sum\limits_{n=1}^{\infty} (-1)^n \dfrac{a^n}{n}$ 的敛散性，若收敛，是绝对收敛，还是条件收敛？

分析 这也是交错级数的判敛问题，除先判断级数是否绝对收敛外，还应注意级数中含有参数且参数影响级数的敛散性，因此要对参数进行讨论．

解 将 $\sum_{n=1}^{\infty} (-1)^n \dfrac{a^n}{n}$ 视为一般项级数,其通项 $u_n = (-1)^n \dfrac{a^n}{n}$. 由于

$$\lim_{n\to\infty} \left| \frac{u_{n+1}}{u_n} \right| = \lim_{n\to\infty} \left| \frac{a^{n+1}}{n+1} \cdot \frac{n}{a^n} \right| = \lim_{n\to\infty} \frac{n}{n+1} |a| = |a|,$$

故当 $|a| < 1$ 时,级数 $\sum_{i=1}^{\infty} (-1)^n \dfrac{a^n}{n}$ 绝对收敛;当 $|a| > 1$ 时,级数 $\sum_{n=1}^{\infty} (-1)^n \dfrac{a^n}{n}$ 发散;当 $a = 1$ 时,级数 $\sum_{n=1}^{\infty} (-1)^n \dfrac{a^n}{n} = \sum_{n=1}^{\infty} (-1)^n \dfrac{1}{n}$,利用莱布尼兹定理可以证明该级数条件收敛;当 $a = -1$ 时,级数 $\sum_{n=1}^{\infty} (-1)^n \dfrac{a^n}{n} = \sum_{i=1}^{\infty} \dfrac{1}{n}$,为调和级数,发散.

思考 (i) 若级数为 $\sum_{n=1}^{\infty} (-1)^n \dfrac{a^n}{n^2}$,结果如何? (ii) 讨论级数 $\sum_{n=1}^{\infty} (-1)^n \dfrac{a^n}{n^p} (p > 0)$ 的敛散性.

例 12.3.4 判断级数 $\sum_{n=1}^{\infty} (-1)^{n+1} \dfrac{n}{n^2+1}$ 的敛散性,若收敛,是绝对收敛,还是条件收敛?

分析 这是交错级数的审敛问题. 注意,若交错级数条件收敛,需要判断级数收敛(通常用莱布尼兹定理),但不绝对收敛. 此时,不管先判断级数收敛,还是不绝对收敛都行.

解 这里 $u_n = \dfrac{n}{n^2+1} \to 0 (n \to +\infty)$,$u_n - u_{n+1} = \dfrac{n^2+n-1}{(n^2+1)(n^2+2n+2)} > 0$,所以 $u_n > u_{n+1}$,因此级数收敛.

又令 $v_n = \dfrac{1}{n}$,则 $\lim_{n\to+\infty} \dfrac{u_n}{v_n} = \lim_{n\to+\infty} \dfrac{n^2}{n^2+1} = 1$,且 $\sum_{n=1}^{\infty} \dfrac{1}{n}$ 发散,故 $\sum_{n=1}^{\infty} u_n$ 发散,从而级数 $\sum_{n=1}^{\infty} (-1)^{n+1} \dfrac{n}{n^2+1}$ 条件收敛.

思考 (i) 若级数为 $\sum_{n=1}^{\infty} (-1)^{n+1} \dfrac{n+1}{n^2+1}$,结果如何?为 $\sum_{n=1}^{\infty} (-1)^{n+1} \dfrac{n}{n^2+n+1}$ 或 $\sum_{n=1}^{\infty} (-1)^{n+1} \dfrac{n+1}{n^2+n+1}$ 呢? (ii) 对条件收敛的级数,若采取与该题解法相反的顺序,即先判断该级数是否收敛,再进一步判断其是否绝对收敛,解答过程有没有实质上的不同?对绝对收敛的级数呢?

例 12.3.5 判断级数 $\sum_{n=1}^{\infty} (-1)^n \dfrac{1}{n - \ln n}$ 的敛散性,若收敛,是绝对收敛,还是条件收敛?

分析 若也这是交错级数的审敛问题. 注意,若要用罗必达法则求 $u_n = f(n)$ 的极限或不便用比较法证明莱布尼兹定理中 $u_n = f(n)$ 的单减性,可将其转化成函数 $u(x) = f(x)$,从而用导数求解以上问题.

解 因为 $n - \ln n \leqslant n$,所以 $\dfrac{1}{n - \ln n} > \dfrac{1}{n}$. 因为调和级数 $\sum_{n=1}^{\infty} \dfrac{1}{n}$ 发散,故由比较审敛法知级数 $\sum_{n=1}^{\infty} \dfrac{1}{n - \ln n}$ 发散,从而原级数 $\sum_{n=1}^{\infty} (-1)^n \dfrac{1}{n - \ln n}$ 不绝对收敛.

这里 $u_n = \dfrac{1}{n - \ln n}$，令 $f(x) = \dfrac{1}{x - \ln x}$，因为 $\lim\limits_{x \to +\infty} \dfrac{\ln x}{x} = \lim\limits_{x \to +\infty} \dfrac{1}{x} = 0$，所以 $\lim\limits_{x \to +\infty} f(x)$

$= \lim\limits_{x \to +\infty} \dfrac{1/x}{1 - \ln x / x} = \dfrac{0}{1 - 0} = 0$. 故 $\lim\limits_{n \to \infty} u_n = \lim\limits_{n \to \infty} \dfrac{1}{n - \ln n} = 0$；

又当 $x \geq 1$ 时，$f'(x) = \dfrac{-(1 - 1/x)}{(x - \ln x)^2} = \dfrac{1 - x}{x(x - \ln x)^2} \leq 0$，故 $f(x)$ 在 $[1, +\infty)$ 上单调减少，于是 $f(n) \geq f(n+1)$，即 $u_n \geq u_{n+1}$ $(n = 1, 2, \cdots)$. 故由莱布尼兹定理知，级数 $\sum\limits_{n=1}^{\infty} (-1)^n \dfrac{1}{n - \ln n}$ 收敛. 所以级数 $\sum\limits_{n=1}^{\infty} (-1)^n \dfrac{1}{n - \ln n}$ 条件收敛.

思考 若级数为 $\sum\limits_{n=1}^{\infty} (-1)^n \dfrac{1}{\sqrt{n} - \ln n}$ 或 $\sum\limits_{n=1}^{\infty} (-1)^n \dfrac{1}{\sqrt{n^3} - \ln n}$，结果如何?

例 12.3.6 设常数 $\lambda > 0$ 时，而级数 $\sum\limits_{n=1}^{\infty} a_n^2$ 收敛，则级数 $\sum\limits_{n=1}^{\infty} (-1)^n \dfrac{|a_n|}{\sqrt{n^2 + \lambda}}$ （　　）.

A. 发散； B. 条件收敛； C. 绝对收敛； D. 收敛性与 λ 有关.

分析 该级数一般项取绝对值后为 $\dfrac{|a_n|}{\sqrt{n^2 + \lambda}}$，它可以看成是 $|a_n|$ 与 $\dfrac{1}{\sqrt{n^2 + \lambda}}$ 的积，不大于这两个数平方和 $a_n^2 + \dfrac{1}{n^2 + \lambda}$ 的一半，而由 $\sum\limits_{n=1}^{\infty} a_n^2$ 与 $\sum\limits_{n=1}^{\infty} \dfrac{1}{n^2 + \lambda}$ 均收敛易得 $\sum\limits_{n=1}^{\infty} \dfrac{|a_n|}{\sqrt{n^2 + \lambda}}$ 收敛.

解 选择 C. 由 $\lambda > 0$ 知 $\dfrac{1}{n^2 + \lambda} < \dfrac{1}{n^2}$，且级数 $\sum\limits_{n=1}^{\infty} \dfrac{1}{n^2}$ 收敛，故根据比较审敛法易知级数 $\sum\limits_{n=1}^{\infty} \dfrac{1}{n^2 + \lambda}$ 收敛. 又因为级数 $\sum\limits_{n=1}^{\infty} a_n^2$ 收敛，故由收敛级数的性质知 $\sum\limits_{n=1}^{\infty} (a_n^2 + \dfrac{1}{n^2 + \lambda})$ 收敛.

又由于 $a_n^2 + \dfrac{1}{n^2 + \lambda} \geq \dfrac{2|a_n|}{\sqrt{n^2 + \lambda}}$，所以级数 $\sum\limits_{n=1}^{\infty} \dfrac{2|a_n|}{\sqrt{n^2 + \lambda}}$ 收敛，从而级数 $\sum\limits_{n=1}^{\infty} \dfrac{|a_n|}{\sqrt{n^2 + \lambda}}$ 收敛，于是级数 $\sum\limits_{n=1}^{\infty} (-1)^n \dfrac{|a_n|}{\sqrt{n^2 + \lambda}}$ 绝对收敛，故选择 C.

思考 (i) 若级数为 $\sum\limits_{n=1}^{\infty} (-1)^n \dfrac{|a_n|}{\sqrt{n^2 + n + \lambda}}$，结论如何? (ii) 用排除法求解以上两题；(iii) 当 $\lambda = 0$ 时，以上两题结果如何?

第四节 习题课一

例 12.4.1 按定义判断级数 $\sin\dfrac{\pi}{6} + \sin\dfrac{2\pi}{6} + \sin\dfrac{3\pi}{6} + \cdots + \sin\dfrac{n\pi}{6} + \cdots$ 的敛散性.

分析 先设法把无限项的级数的部分和 s_n 转化成有限项的和，再求部分和数列的极限. 若极限存在，级数收敛；若极限不存在，级数发散.

解 因为 $s_n = \sin\dfrac{\pi}{6} + \sin\dfrac{2\pi}{6} + \sin\dfrac{3\pi}{6} + \cdots + \sin\dfrac{n\pi}{6}$，所以

$$2\sin\frac{\pi}{12}s_n=2\sin\frac{\pi}{12}\sin\frac{\pi}{6}+2\sin\frac{\pi}{12}\sin\frac{2\pi}{6}+2\sin\frac{\pi}{12}\sin\frac{3\pi}{6}+\cdots+2\sin\frac{\pi}{12}\sin\frac{n\pi}{6}$$

$$=\left(\cos\frac{\pi}{12}-\cos\frac{3\pi}{12}\right)+\left(\cos\frac{3\pi}{12}-\cos\frac{5\pi}{12}\right)+\cdots+\left(\cos\frac{2n-1}{12}\pi-\cos\frac{2n+1}{12}\pi\right)$$

$$=\cos\frac{\pi}{12}-\cos\frac{2n+1}{12}\pi,$$

由于 $\lim\limits_{n\to\infty}\cos\dfrac{2n+1}{12}\pi$ 不存在，所以 $\lim\limits_{n\to\infty}s_n$ 不存在．于是级数发散．

思考 若级数为 $\cos\dfrac{\pi}{6}+\cos\dfrac{2\pi}{6}+\cos\dfrac{3\pi}{6}+\cdots+\cos\dfrac{n\pi}{6}+\cdots$，结果如何？

例 12.4.2 判断级数 $\sum\limits_{i=1}^{\infty}\dfrac{1}{1+a^n}\,(a>0)$ 的敛散性．

分析 根据指数函数的性质，就参数 a 的不同范围，对分母 $1+a^n$ 进行放缩，从而用比较审敛法判断．

解 当 $0<a\leqslant1$ 时，通项 $u_n=\dfrac{1}{1+a^n}\geqslant\dfrac{1}{1+1}=\dfrac{1}{2}$．由级数收敛的必要条件，易知级数

$\sum\limits_{n=1}^{\infty}\dfrac{1}{2}$ 发散，故由比较审敛法知原级数发散；

当 $a>1$ 时，$0<\dfrac{1}{a}<1$，于是 $u_n=\dfrac{1}{1+a^n}<\dfrac{1}{a^n}=\left(\dfrac{1}{a}\right)^n$．由几何级数的敛散性，易知级

数 $\sum\limits_{n=1}^{\infty}\left(\dfrac{1}{a}\right)^n$ 收敛，故由比较审敛法知原级数收敛．

思考 若级数为 $\sum\limits_{i=1}^{\infty}\dfrac{a^n}{1+a^n}\,(a>0)$，结果如何？

例 12.4.3 判断级数 $\sum\limits_{i=1}^{\infty}\dfrac{1}{n^p}\sin\dfrac{\pi}{n}\,(p\in\boldsymbol{R})$ 的敛散性．

分析 因为 $\sin\dfrac{\pi}{n}\sim\dfrac{\pi}{n}$，所以 $\dfrac{1}{n^p}\sin\dfrac{\pi}{n}\sim\dfrac{\pi}{n^{1+p}}$，因此可用比较审敛法的极限形式，与 p-级数比较来判断．

解 当 $p>0$ 时，由于 $\lim\limits_{n\to\infty}\dfrac{u_n}{\dfrac{1}{n^{1+p}}}=\lim\limits_{n\to\infty}\dfrac{\dfrac{1}{n^p}\sin\dfrac{\pi}{n}}{\dfrac{1}{n^{1+p}}}=\lim\limits_{n\to\infty}\dfrac{\sin\dfrac{\pi}{n}}{\dfrac{1}{n}}=\pi$．由 p-级数的敛散性，

知级数 $\sum\limits_{n=1}^{\infty}\dfrac{1}{n^{1+p}}$ 收敛，故由比较审敛法知原级数收敛；

当 $p=0$ 时，级数 $\sum\limits_{i=1}^{\infty}\dfrac{1}{n^p}\sin\dfrac{\pi}{n}=\sum\limits_{n=1}^{\infty}\sin\dfrac{\pi}{n}$．因为 $\lim\limits_{n\to\infty}\dfrac{\sin\dfrac{\pi}{n}}{\dfrac{1}{n}}=\pi$，且调和级数 $\sum\limits_{n=1}^{\infty}\dfrac{1}{n}$ 发

散，故由比较审敛法知原级数收敛；

当 $p<0$ 时，因为 $\lim\limits_{n\to\infty}\dfrac{u_n}{\dfrac{1}{n}}=\lim\limits_{n\to\infty}\dfrac{\dfrac{1}{n^p}\sin\dfrac{\pi}{n}}{\dfrac{1}{n}}=\lim\limits_{n\to\infty}\dfrac{\sin\dfrac{\pi}{n}}{\dfrac{1}{n}}\cdot\dfrac{1}{n^p}=\infty$．由调和级数 $\sum\limits_{n=1}^{\infty}\dfrac{1}{n}$ 发散，

可知原级数发散.

思考 若级数为 $\sum\limits_{i=1}^{\infty}\dfrac{1}{n^p}\sin\dfrac{\pi}{\sqrt{n}}(p\in\mathbf{R})$，结果如何？为 $\sum\limits_{i=1}^{\infty}\dfrac{1}{n^p}\ln\left(1+\dfrac{1}{n}\right)(p\in\mathbf{R})$ 或 $\sum\limits_{i=1}^{\infty}$

$\dfrac{1}{n^p}\ln\left(1+\dfrac{1}{\sqrt{n}}\right)(p\in\mathbf{R})$ 呢？

例 12.4.4 判断级数 $\dfrac{2}{1}+\dfrac{2\cdot5}{1\cdot5}+\dfrac{2\cdot5\cdot8}{1\cdot5\cdot9}+\cdots+\dfrac{2\cdot5\cdot8\cdot\cdots\cdot[2+3(n-1)]}{1\cdot5\cdot9\cdot\cdots\cdot[1+4(n-1)]}+\cdots$ 的敛散性.

分析 显然，级数通项 $u_n=\dfrac{2\cdot5\cdot8\cdot\cdots\cdot[2+3(n-1)]}{1\cdot5\cdot9\cdot\cdots\cdot[1+4(n-1)]}$ 中由多个因子之积的商所构成，故用比较审敛法.

解 由于

$$\lim_{n\to\infty}\frac{u_{n+1}}{u_n}=\lim_{n\to\infty}\frac{2\cdot5\cdot8\cdot\cdots\cdot[2+3(n+1-1)]}{1\cdot5\cdot9\cdot\cdots\cdot[1+4(n+1-1)]}\cdot\frac{1\cdot5\cdot9\cdot\cdots\cdot[1+4(n-1)]}{2\cdot5\cdot8\cdot\cdots\cdot[2+3(n-1)]}$$
$$=\lim_{n\to\infty}\frac{2+3n}{1+4n}=\frac{3}{4}<1,$$

所以级数收敛.

思考 若级数为 $\dfrac{2^{10}}{1}+\dfrac{2^{10}\cdot(2^{10}+3)}{1\cdot5}+\cdots+\dfrac{2^{10}\cdot(2^{10}+3)\cdot\cdots\cdot[2^{10}+3(n-1)]}{1\cdot5\cdot\cdots\cdot[1+4(n-1)]}+\cdots$，结果如何？

例 12.4.5 判定级数 $\sum\limits_{n=1}^{\infty}\dfrac{\ln(n+2)}{(2+1/n)^n}$ 的敛散性.

分析 当一个正项级数比较复杂时，可以将其通项适当地简化放大（缩小），构成一个比较简单的级数，并采用适当的方法判断这个比较简单收敛（发散），从而由比较判别法得出原级数收敛（发散）. 注意，运用这种方法之前，应初步估计一下级数收敛或发散的可能性，哪种可能性大就先尝试哪种放缩方法.

解 因为 $0<u_n=\dfrac{\ln(n+2)}{(2+1/n)^n}<\dfrac{\ln(n+2)}{2^n}=v_n$，且 $\lim\limits_{n\to\infty}\dfrac{v_{n+1}}{v_n}=\dfrac{1}{2}\lim\limits_{n\to\infty}\dfrac{\ln(n+3)}{\ln(n+2)}=\dfrac{1}{2}<1$，所以 $\sum\limits_{n=1}^{\infty}v_n$ 收敛，于是原级数收敛.

思考 (i) 在以上放大的过程中，能否将 $\ln(n+2)$ 缩小成 1，为什么？能否将 $\ln(n+2)$ 放大成 $n+2$，为什么？(ii) 若级数为 $\sum\limits_{n=1}^{\infty}\dfrac{[\ln(n+2)]^2}{(2+1/n)^n}$，结果如何？为 $\sum\limits_{n=1}^{\infty}\dfrac{n+2}{(2+1/n)^n}$ 或 $\sum\limits_{n=1}^{\infty}\dfrac{(n+2)^2}{(2+1/n)^n}$ 呢？

例 12.4.6 判断级数 $\sum\limits_{i=1}^{\infty}\left(\dfrac{1}{n}-\ln\dfrac{n+1}{n}\right)$ 的敛散性.

分析 这是正项级数的判敛问题. 题目没有规定用什么判断方法，因此必须根据其通项的特点选择合适的方法.

通项 $u_n=\dfrac{1}{n}-\ln\dfrac{n+1}{n}=\dfrac{1}{n}-\ln\left(1+\dfrac{1}{n}\right)$，通过观察，用比值审敛法或根值审敛法会得出 $\rho=1$，因此这两种方法均失效，故尝试用比较审敛法.

解　令 $u(x)=x-\ln(1+x)$，则当 $x>0$ 时，$u'(x)=1-\dfrac{1}{1+x}>0$，$u(x)>u(0)=0$.
因为

$$\lim_{x\to0^+}\frac{x-\ln(1+x)}{x^2}=\lim_{x\to0^+}\frac{1-\dfrac{1}{1+x}}{2x}=\frac{1}{2}\lim_{x\to0^+}\frac{1}{1+x}=\frac{1}{2},$$

所以 $\displaystyle\lim_{n\to\infty}\frac{\dfrac{1}{n}-\ln\left(1+\dfrac{1}{n}\right)}{\dfrac{1}{n^2}}=\frac{1}{2}$.

由于 $\displaystyle\sum_{n=1}^{\infty}\frac{1}{n^2}$ 收敛，故由比较审敛法知级数 $\displaystyle\sum_{i=1}^{\infty}\left(\frac{1}{n}-\ln\frac{n+1}{n}\right)$ 收敛.

思考　若级数为 $\displaystyle\sum_{i=1}^{\infty}\left(\frac{1}{\sqrt{n}}-\ln\frac{\sqrt{n}+1}{\sqrt{n}}\right)$，结果如何？为 $\displaystyle\sum_{i=1}^{\infty}\left(\frac{1}{\sqrt[3]{n^2}}-\ln\frac{\sqrt[3]{n^2}+1}{\sqrt[3]{n^2}}\right)$ 呢？

例 12.4.7　判别级数 $\displaystyle\sum_{n=1}^{\infty}(-1)^{n-1}\frac{\sqrt{n}}{n+100}$ 的敛散性，若收敛，指出是绝对收敛还是条件收敛.

分析　这是交错级数敛散性问题.它的一般项的绝对值等价于 n 几阶无穷小？回答了这个问题就可以用交错的 p-级数的结论得出该级数的敛散性，接下来按要求写出解答过程就是了.

解　因为 $u_n=\dfrac{\sqrt{n}}{n+100}\to0(n\to\infty)$.令 $f(x)=\dfrac{\sqrt{x}}{x+100}$，则 $f'(x)=\dfrac{100-x}{2\sqrt{x}\,(x+100)^2}$，故当 $x>100$ 时，$f'(x)<0$，此时 $f(x)$ 单调减少，所以当 $n>100$ 时，有 $u_n>u_{n+1}$.于是由莱布尼兹判别法及级数收敛性质知该级数收敛；

又因为 $\displaystyle\lim_{n\to\infty}\frac{|u_n|}{1/\sqrt{n}}=\lim_{n\to\infty}\frac{n}{n+100}=1$ 且 $\displaystyle\sum_{n=1}^{\infty}\frac{1}{\sqrt{n}}$ 发散，所以 $\displaystyle\sum_{n=1}^{\infty}|u_n|$ 发散.从而该级数条件收敛.

思考　若级数为 $\displaystyle\sum_{n=1}^{\infty}(-1)^{n-1}\frac{\sqrt[3]{n}}{n+100}$，结果如何？为 $\displaystyle\sum_{n=1}^{\infty}(-1)^{n-1}\frac{\sqrt{n}}{n+b}(b>0)$ 或 $\displaystyle\sum_{n=1}^{\infty}(-1)^{n-1}\frac{\sqrt[3]{n}}{n+b}(b>0)$ 呢？

例 12.4.8　设 $a_n=\displaystyle\int_0^{\frac{\pi}{4}}\tan^n x\,\mathrm{d}x$，试证：对任意的常数 $\lambda>0$，级数 $\displaystyle\sum_{n=1}^{\infty}\frac{a_n}{n^{\lambda}}$ 收敛.

分析　级数通项中的分子是一个定积分，很难求出.但由于在不影响收敛性的前提下，可以对级数的一般项进行适当的放大，因此可以利用定积分的性质简化该积分，从而将该级数的判敛转化成一个比较简单的级数的判敛.

证明　令 $t=\tan x$，则 $0<a_n=\displaystyle\int_0^1\frac{t^n}{1+t^2}\mathrm{d}t<\int_0^1 t^n\mathrm{d}t=\frac{1}{n+1}<\frac{1}{n}$，故 $0<\dfrac{a_n}{n^{\lambda}}<\dfrac{1}{n^{\lambda+1}}$.
因为 $\displaystyle\sum_{n=1}^{\infty}\frac{1}{n^{\lambda+1}}(\lambda>0)$ 收敛，所以原级数 $\displaystyle\sum_{n=1}^{\infty}\frac{a_n}{n^{\lambda}}$ 收敛.

思考　若 $a_n=\displaystyle\int_0^{\alpha}\tan^n x\,\mathrm{d}x(0<\alpha<\pi/2)$，以上结论是否仍然成立？$a_n=\displaystyle\int_0^{\frac{\pi}{4}}\tan^{n-1} x\,\mathrm{d}x$

或 $a_n = \int_0^\alpha \tan^{n-1} x \, dx (0 < \alpha < \pi/2)$ 呢？是，给出证明；否，举出反例.

第五节　幂级数

一、教学目标

知道函数项级数的概念. 了解幂级数、幂级数的收敛域及收敛半径的概念，幂级数敛散性与数项级数敛散性之间的区别与联系. 掌握幂级数收敛半径、收敛区间、收敛域以及和函数的求法.

二、考点题型

幂级数收敛半径、收敛区间、收敛域以及和函数的求解*.

三、例题分析

例 12.5.1　若级数 $\sum_{n=0}^{\infty} a_n (x-2)^n$ 在 $x=-2$ 处收敛，判断该级数在 $x=5$ 处的敛散性.

分析　这类问题通常用阿贝尔定理来判断.

解　设该级数的收敛半径为 R，由 $\sum_{n=0}^{\infty} a_n (x-2)^n$ 在 $x=-2$ 处收敛，则当 x 满足

$$-R+2 < -2 \leqslant x < R+2$$

时，级数绝对收敛. 由 $-R+2<-2$ 可得 $R>4$，于是 $R+2>6$，可见 $x=5$ 适合以上条件，因此级数 $\sum_{n=0}^{\infty} a_n (x-2)^n$ 在 $x=5$ 处绝对收敛.

思考　(i) 能否判断级数 $\sum_{n=0}^{\infty} a_n (x-2)^n$ 在 $x=6$ 的敛散性？　(ii) 能否判断级数 $\sum_{n=0}^{\infty} a_n (x-2)^n$ 在 $[-2,6)$ 内收敛？若能，是绝对收敛吗？　(iii) 利用该幂级数的收敛区间关于 $x=2$ 对称求解该题.

例 12.5.2　求幂级数 $\sum_{n=2}^{\infty} \dfrac{(n!)^2}{(n-1)(n+1)} x^n$ 的收敛半径及收敛域.

分析　此题是标准的幂级数 $\sum a_n x^n$ 的形式，可直接用公式 $R = \dfrac{1}{\rho}$ 求解. 由于通项系数由阶乘和两个一次因式构成，宜采用比值法求 ρ.

解　这里 $a_n = \dfrac{(n!)^2}{(n-1)(n+1)} > 0$，于是 $\rho = \lim_{n \to \infty} \dfrac{a_{n+1}}{a_n} = \lim_{n \to \infty} \dfrac{[(n+1)!]^2}{n(n+2)} \cdot \dfrac{(n-1)(n+1)}{(n!)^2}$

$= \lim_{n \to \infty} \dfrac{(n-1)(n+1)^3}{n(n+2)} = +\infty$，因此幂级数 $\sum_{n=2}^{\infty} \dfrac{(n!)^2}{(n-1)(n+1)} x^n$ 的收敛半径 $R = \dfrac{1}{\rho} = 0$，即该级数仅在 $x=0$ 处收敛.

思考　(i) 若幂级数为 $\sum_{n=2}^{\infty} \dfrac{n!}{(n-1)(n+1)} x^n$ 或 $\sum_{n=2}^{\infty} \dfrac{(n!)^2}{(n-1)!\,(n+1)!} x^n$，结果如

何？（ii）若幂级数 $\sum\limits_{n=2}^{\infty} \dfrac{(n!)^{\alpha}}{(n-1)(n+1)} x^n (\alpha \in \mathbf{R})$ 的收敛半径 $R>0$，求 α.

例 12.5.3　求幂级数 $\sum\limits_{n=1}^{\infty} \dfrac{1}{n^2} (x-3)^n$ 的收敛域.

分析　此题不是标准的幂级数 $\sum\limits_{n=0}^{\infty} a_n x^n$ 的形式，但通过变量替换 $z=x-3$ 可将其转化

成标准的幂级数 $\sum\limits_{n=0}^{\infty} a_n z^n$ 的形式，从而由 $\sum\limits_{n=0}^{\infty} a_n z^n$ 的收敛域求出该幂级数的收敛域.

解　令 $z=x-3$，则原级数化为 $\sum\limits_{n=0}^{\infty} \dfrac{1}{n^2} z^n$，现用比值法求该幂级数的收敛半径. 因为

$$\rho = \lim_{n\to\infty} \dfrac{a_{n+1}}{a_n} = \lim_{n\to\infty} \dfrac{n^2}{(n+1)^2} = 1,$$

所以 $\sum\limits_{n=0}^{\infty} \dfrac{1}{n^2} z^n$ 的收敛经 $R=1$. 而当 $z=1$ 时，级数 $\sum\limits_{n=0}^{\infty} \dfrac{1}{n^2}$ 收敛；当 $z=-1$ 时，级数

$\sum\limits_{n=0}^{\infty} \dfrac{(-1)^n}{n^2}$ 也收敛，故其收敛域为 $-1 \leqslant z \leqslant 1$.

由 $-1 \leqslant x-3 \leqslant 1$，解得 $2 \leqslant x \leqslant 4$，所以级数 $\sum\limits_{n=1}^{\infty} \dfrac{1}{n^2} (x-3)^n$ 的收敛域为 $[2,4]$.

思考　若幂级数为 $\sum\limits_{n=1}^{\infty} \dfrac{1}{n^2} (x+3)^n$ 或 $\sum\limits_{n=1}^{\infty} \dfrac{1}{n^2} (2x-3)^n$，结果如何？为

$\sum\limits_{n=1}^{\infty} \dfrac{1}{n^2} (ax+b)^n (a \neq 0)$ 呢？

例 12.5.4　求幂级数 $\sum\limits_{n=1}^{\infty} \dfrac{x^{2n}}{2n}$ 的和函数.

分析　显然，求导可以消除幂级数通项中的分母，从而用几何级数和函数的结论求所得级数的和. 注意，求幂级数的和函数，既要求出和函数的表达式，也要指出幂级数收敛于和函数的范围.

解　因为 $\lim\limits_{n\to\infty} \left| \dfrac{a_{n+1}}{a_n} \right| = \lim\limits_{n\to\infty} \left| \dfrac{x^{2n+2}}{2n+2} \middle/ \dfrac{x^{2n}}{2n} \right| = x^2 \lim\limits_{n\to\infty} \dfrac{2n}{2n+2} = x^2$，所以当 $x^2 < 1$，即 $x \in$

$(-1,1)$ 时，幂级数收敛.

而当 $x = \pm 1$ 时，级数 $\sum\limits_{n=1}^{\infty} \dfrac{(\pm 1)^{2n}}{2n} = \sum\limits_{n=1}^{\infty} \dfrac{1}{2n}$ 发散，故幂级数的收敛域为 $(-1,1)$.

设 $S(x) = \sum\limits_{n=1}^{\infty} \dfrac{x^{2n}}{2n}$，则 $S(0)=0, S'(x) = \sum\limits_{n=1}^{\infty} x^{2n-1} = x+x^3+x^5+\cdots = \dfrac{x}{1-x^2}$，所以

$S(x)-S(0) \displaystyle\int_0^x S'(x)\mathrm{d}x = \int_0^x \dfrac{x}{1-x^2}\mathrm{d}x = -\dfrac{1}{2}\ln(1-x^2) \bigg|_0^x = -\dfrac{1}{2}\ln(1-x^2)$. 于是

$$\sum_{n=1}^{\infty} \dfrac{x^{2n}}{2n} = -\dfrac{1}{2}\ln(1-x^2), x \in (-1,1).$$

思考　若级数为 $\sum\limits_{n=1}^{\infty} (-1)^n \dfrac{x^{2n}}{2n}$，结果如何？为 $\sum\limits_{n=1}^{\infty} \dfrac{x^{2n+1}}{2n+1}$ 或 $\sum\limits_{n=1}^{\infty} (-1)^n \dfrac{x^{2n+1}}{2n+1}$ 呢？

例 12.5.5 求幂级数 $\sum\limits_{n=0}^{\infty}\dfrac{n+1}{2^n}x^n$ 的收敛区间与和函数.

分析 显然,求积可以消除幂级数通项分子中的 $n+1$,而分母中的 2^n 可以和 x^n 构成一个通项为 $(x/2)^n$ 的几何级数,从而用几何级数和函数的结论求所得级数的和,再求导就可以得出级数的和函数.

解 因为 $\rho=\lim\limits_{n\to\infty}\left|\dfrac{a_{n+1}}{a_n}\right|=\lim\limits_{n\to\infty}\left|\dfrac{n+1}{2^n}\cdot\dfrac{2^n}{n}\right|=\dfrac{1}{2}$,所以收敛半径 $R=\dfrac{1}{\rho}=2$. 又当 $x=\pm2$ 时,级数为 $\sum\limits_{n=0}^{\infty}(\pm1)^n(n+1)$,均发散,故幂级数的收敛域为 $(-2,2)$.

令 $S(x)=\sum\limits_{n=0}^{\infty}\dfrac{n+1}{2^n}x^n$,则 $\displaystyle\int_0^x S(x)\mathrm{d}x=\sum\limits_{n=0}^{\infty}\int_0^x\dfrac{n+1}{2^n}x^n\mathrm{d}x=x\sum\limits_{n=0}^{\infty}\left(\dfrac{x}{2}\right)^n=\dfrac{2x}{2-x}$,故

$S(x)=\left(\dfrac{2x}{2-x}\right)'=\dfrac{4}{(2-x)^2}$,$x\in(-2,2)$.

思考 若幂级数为 $\sum\limits_{n=0}^{\infty}(n+1)2^n x^n$ 或 $\sum\limits_{n=0}^{\infty}(-1)^n\dfrac{n+1}{2^n}x^n$,结果如何?为 $\sum\limits_{n=0}^{\infty}\dfrac{n+1}{3^n}x^n$ 或 $\sum\limits_{n=0}^{\infty}(n+1)3^n x^n$ 或 $\sum\limits_{n=0}^{\infty}(-1)^n\dfrac{n+1}{3^n}x^n$ 呢?

例 12.5.6 求幂级数 $\sum\limits_{n=2}^{\infty}\dfrac{n-1}{n}x^n$ 的和函数.

分析 直接求导或求积,都不能将该级数转化成和函数已知的幂级数,但注意到幂级数通项的系数可以写成两项的差,因此将该级数化成两级数的差,再设法求出每个级数的和函数,则用幂级数代数和的性质就可以得出级数的和函数.

解 因为 $\rho=\lim\limits_{n\to\infty}\left|\dfrac{a_{n+1}}{a_n}\right|=\lim\limits_{n\to\infty}\dfrac{n}{n+1}\cdot\dfrac{n}{n-1}=1$,所以级数的收敛半径为 $R=\dfrac{1}{\rho}=1$. 又当 $x=\pm1$ 时,级数 $\sum\limits_{n=2}^{\infty}\dfrac{n-1}{n}(\pm1)^n$ 均发散,故级数的收敛域为 $(-1,1)$.

令 $S(x)=\sum\limits_{n=2}^{\infty}\dfrac{1}{n}x^n$,则 $S(0)=0$,

$S'(x)=\left(\sum\limits_{n=2}^{\infty}\dfrac{1}{n}x^n\right)'=\sum\limits_{n=2}^{\infty}\left(\dfrac{1}{n}x^n\right)'=\sum\limits_{n=2}^{\infty}x^{n-1}=\sum\limits_{n=1}^{\infty}x^n=\dfrac{x}{1-x}$,$|x|<1$,

于是 $S(x)=\displaystyle\int_0^x S'(x)\mathrm{d}x=\int_0^x\dfrac{x}{1-x}\mathrm{d}x=\int_0^x\left(-1+\dfrac{1}{1-x}\right)\mathrm{d}x=-x-\ln(1-x)$,$|x|<1$

所以 $\sum\limits_{n=2}^{\infty}\dfrac{n-1}{n}x^n=\sum\limits_{n=2}^{\infty}\left(1-\dfrac{1}{n}\right)x^n=\sum\limits_{n=2}^{\infty}x^n-\sum\limits_{n=2}^{\infty}\dfrac{1}{n}x^n=\dfrac{x^2}{1-x}+x+\ln(1-x)$,$|x|<1$.

思考 若幂级数为 $\sum\limits_{n=2}^{\infty}(-1)^n\dfrac{n-1}{n}x^n$,结果如何?为 $\sum\limits_{n=2}^{\infty}\dfrac{n-1}{n\cdot 2^n}x^n$ 或 $\sum\limits_{n=2}^{\infty}(-1)^n\dfrac{n-1}{n\cdot 2^n}x^n$ 呢?

第六节 函数展开成幂级数

一、教学目标

了解泰勒级数的概念和泰勒级数收敛的条件. 掌握函数展开成幂级数间接法,会用直接

法将一些函数展开成幂级数.

二、考点题型

将一些简单的函数展开成麦克劳林级数*或泰勒级数.

三、例题分析

例 12.6.1 将函数 $f(x)=\ln(1-x-2x^2)$ 展开成 x 幂级数，并指出其收敛区域.

分析 直接展开比较麻烦，宜采用间接展开法. 先将 $1-x-2x^2$ 分解因式，从而根据对数的性质把 $f(x)$ 转化成两个一次因式对数的和，再利用对数函数 $\ln(1+x)$ 的展开式得出结果.

解 由 $1-x-2x^2>0$ 求得函数 $f(x)$ 的定义域 $D_f=(-1,1/2)$，于是
$$f(x)=\ln(1-x-2x^2)=\ln(1+x)+\ln(1-2x).$$

根据对数函数的幂级数展开式 $\ln(1+x)=\sum\limits_{n=1}^{\infty}(-1)^{n+1}\dfrac{x^n}{n}(-1<x\leqslant1)$，并将 $-2x$ 代 x 得

$$\ln(1-2x)=\sum_{n=1}^{\infty}(-1)^{n+1}\frac{(-2x)^n}{n}(-1<-2x\leqslant1)=-\sum_{n=1}^{\infty}\frac{2^n}{n}x^n\left(-\frac{1}{2}\leqslant x<\frac{1}{2}\right),$$

所以
$$f(x)=\sum_{n=1}^{\infty}(-1)^{n+1}\frac{x^n}{n}-\sum_{n=1}^{\infty}\frac{2^n}{n}x^n=-\sum_{n=1}^{\infty}\frac{2^n+(-1)^n}{n}x^n\left(-\frac{1}{2}\leqslant x<\frac{1}{2}\right).$$

思考 (i) 若 $f(x)=\ln(2-x-3x^2)$ 或 $f(x)=\ln(2+x-3x^2)$，结果如何？ (ii) 若 $f(x)=\ln(2x^2+x-1)$ 或 $f(x)=\ln(2x^2-x-3)$，结果怎样？ (iii) 若将函数展开成 $x-1$ 的幂级数，以上各题的结果如何？

例 12.6.2 将函数 $f(x)=\dfrac{x}{9-x^2}$ 展开成 x 的幂级数.

分析 若容易将一个函数的原函数展开成幂级数，则可先将其原函数展开成幂级数，再通过求导求出此函数幂级数的展开式. 注意，幂级数求导后可能会丢失收敛区间端点的收敛性.

解 因为 $\displaystyle\int_0^x f(x)\mathrm{d}x=\int_0^x\frac{x}{9-x^2}\mathrm{d}x=-\frac{1}{2}\ln(9-x^2)\Big|_0^x=\frac{1}{2}\ln9-\frac{1}{2}\ln(9-x^2)$

$$=\frac{1}{2}\ln9-\left[\frac{1}{2}\ln9-\frac{1}{2}\ln\left(1-\frac{x^2}{9}\right)\right]=\frac{1}{2}\ln\left(1-\frac{x^2}{9}\right),$$

故根据对数函数的展开式
$$\ln(1-x)=-x-\frac{1}{2}x^2-\frac{1}{3}x^3-\cdots-\frac{1}{n}x^n-\cdots,-1\leqslant x<1,$$

并将 $\dfrac{x^2}{9}$ 代 x，得
$$\int_0^x f(x)\mathrm{d}x=-\frac{1}{2}\left[\frac{x^2}{9}+\frac{1}{2}\left(\frac{x^2}{9}\right)^2+\frac{1}{3}\left(\frac{x^2}{9}\right)^3+\cdots+\frac{1}{n}\left(\frac{x^2}{9}\right)^n+\cdots\right],-1\leqslant\frac{x^2}{9}<1,$$
$$=-\frac{1}{2}\left(\frac{x^2}{9}+\frac{1}{2}\cdot\frac{x^4}{3^4}+\frac{1}{3}\cdot\frac{x^6}{3^6}+\cdots+\frac{1}{n}\cdot\frac{x^{2n}}{3^{2n}}+\cdots\right),-3\leqslant x<3,$$

上式两边求导，并注意到上式右边的幂级数求导后左端点的敛散性发生改变，可得
$$f(x)=-\frac{x}{3^2}-\frac{x^3}{3^4}-\frac{x^5}{3^6}-\cdots-\frac{x^{2n-1}}{3^{2n}}-\cdots,-3<x<3.$$

思考 (i) 将函数分成分部分式 $f(x)=\dfrac{1}{2}\left(\dfrac{1}{3-x}-\dfrac{1}{3+x}\right)$，从而利用几何级数求解；

(ii) 将函数看成是两部分的乘积 $f(x) = x \cdot \dfrac{1}{9 - x^2}$，并利用几何级数将 $\dfrac{1}{9 - x^2}$ 展开成 x 的幂级数，从而得出结果；(iii) 若 $f(x) = \dfrac{x-1}{9-x^2}$ 或 $f(x) = \dfrac{x-1}{9+x^2}$，结果如何？是否也宜用以上各种方法求解？

例 12.6.3 将函数 $f(x) = \dfrac{x-1}{x^2 - x - 2}$ 展开成 x 的幂级数.

分析 将函数 $f(x)$ 分成部分分式之和，再利用几何级数将部分分式展开成 x 的幂级数，则它们的和就是所求的幂级数. 注意，幂级数的收敛域是两个展开式收敛域的交集.

解 设 $f(x) = \dfrac{x-1}{(x-2)(x+1)} = \dfrac{A}{x-2} + \dfrac{B}{x+1} = \dfrac{(A+B)x + B(x-2)}{(x-2)(x+1)}$，于是

$$\begin{cases} A + B = 1 \\ A - 2B = -1 \end{cases}, \ \text{解得} \ \begin{cases} A = 1/3 \\ B = 2/3 \end{cases}.$$

所以
$$f(x) = \frac{1}{3}\left(\frac{1}{x-2} + \frac{2}{x+1} \right) = \frac{1}{3}\left(-\frac{1}{2}\frac{1}{1-x/2} + \frac{2}{1+x} \right)$$

$$= \frac{1}{3}\left[-\frac{1}{2}\sum_{n=0}^{\infty}\left(\frac{x}{2}\right)^n + 2\sum_{n=0}^{\infty}(-1)^n x^n \right] = \frac{1}{3}\sum_{n=0}^{\infty}\left[-\frac{1}{2^{n+1}} + 2(-1)^n \right]x^n, \ |x| < 1.$$

思考 若函数为 $f(x) = \dfrac{2x-1}{x^2-x-2}$，结果如何？为 $f(x) = \dfrac{x-1}{x^2-2x-3}$ 或 $f(x) = \dfrac{2x-1}{x^2-2x-3}$ 呢？

例 12.6.4 将函数 $f(x) = \arctan\dfrac{1+x}{1-x}$ 展开成 x 的幂级数.

分析 若容易将一个函数的导数展开成幂级数，则可先将其导数展开成幂级数，再通过积分求出此函数幂级数的展开式. 注意，幂级数积分后可能会获得收敛区间端点的收敛性.

解 因为

$$f'(x) = \frac{1}{1 + \left(\dfrac{1+x}{1-x}\right)^2} \cdot \frac{(1-x) - (1+x)\cdot(-1)}{(1-x)^2} = \frac{1}{1+x^2},$$

根据几何级数 $\dfrac{1}{1-x} = \sum_{n=0}^{\infty} x^n \, (-1 < x < 1)$，并将 $-x^2$ 代 x 得

$$f'(x) = \sum_{n=0}^{\infty}(-x^2)^n \, (-1 < -x^2 < 1) = \sum_{n=0}^{\infty}(-1)^n x^{2n} \, (-1 < x < 1),$$

两边积分得
$$\int_0^x f'(x)\mathrm{d}x = \int_0^x \sum_{n=0}^{\infty}(-1)^n x^{2n}\mathrm{d}x = \sum_{n=0}^{\infty}(-1)^n \int_0^x x^{2n}\mathrm{d}x \, (-1 < x < 1),$$

故
$$f(x) = f(0) + \sum_{n=0}^{\infty}\frac{(-1)^n}{2n+1}x^{2n+1} \, (-1 < x < 1),$$

又 $f(0) = \arctan 1 = \dfrac{\pi}{4}$，且当 $x = \pm 1$ 时，级数 $\sum_{n=0}^{\infty}\dfrac{(-1)^n}{2n+1}x^{2n+1}$ 均收敛，故函数的展开式为

$$f(x) = \frac{\pi}{4} + \sum_{n=0}^{\infty}\frac{(-1)^n}{2n+1}x^{2n+1} \, (-1 \leqslant x \leqslant 1).$$

思考　若 $f(x)=\arctan\dfrac{1+2x}{1-x}$ 或 $f(x)=\arctan\dfrac{1+x}{1-2x}$ 或 $f(x)=\arctan\dfrac{1-x}{1+x}$，结果如何？

例 12.6.5　将函数 $f(x)=x\mathrm{e}^{-x}$ 展开成 $x_0=1$ 处的泰勒级数．

分析　所谓泰勒级数是形如 $\displaystyle\sum_{n=0}^{\infty}a_n(x-x_0)^n$ 的级数．显然，若令 $z=x-x_0$，则泰勒级数可以转化成麦克劳林级数 $\displaystyle\sum_{n=0}^{\infty}a_n z^n$；反之亦然．因此，只要将 $x-x_0$ 视为 x，那么将函数展开成麦克劳林级数的方法，就可以直接应用到本题中来．

解　因为 $\mathrm{e}^x=\displaystyle\sum_{n=0}^{\infty}\dfrac{1}{n!}x^n(-\infty<x<\infty)$，所以

$$f(x)=[(x-1)+1]\mathrm{e}^{-(x-1)-1}=\dfrac{1}{\mathrm{e}}[(x-1)+1]\mathrm{e}^{-(x-1)}=\dfrac{1}{\mathrm{e}}[(x-1)+1]\sum_{n=0}^{\infty}\dfrac{(-1)^n}{n!}(x-1)^n$$

$$=\dfrac{1}{\mathrm{e}}\left[\sum_{n=0}^{\infty}\dfrac{(-1)^n}{n!}(x-1)^{n+1}+\sum_{n=0}^{\infty}\dfrac{(-1)^n}{n!}(x-1)^n\right]$$

$$=\dfrac{1}{\mathrm{e}}\left[\sum_{n=1}^{\infty}\dfrac{(-1)^{n-1}}{(n-1)!}(x-1)^n+\sum_{n=1}^{\infty}\dfrac{(-1)^n}{n!}(x-1)^n+1\right]$$

$$=\dfrac{1}{\mathrm{e}}+\dfrac{1}{\mathrm{e}}\sum_{n=1}^{\infty}(-1)^{n-1}\left[\dfrac{1}{(n-1)!}-\dfrac{1}{n!}\right](x-1)^n$$

$$=\dfrac{1}{\mathrm{e}}+\dfrac{1}{\mathrm{e}}\sum_{n=1}^{\infty}(-1)^{n-1}\dfrac{n-1}{n!}(x-1)^n,\ -\infty<x<+\infty.$$

思考　(i) 若 $f(x)=(x+3)\mathrm{e}^{-x}$ 或 $f(x)=x\mathrm{e}^{-2x}$，结果如何？$f(x)=(x+3)\mathrm{e}^{-2x}$ 呢？
(ii) 若 $x_0=2$，以上各题结果如何？

例 12.6.6　将函数 $f(x)=(1+x)\ln(1+x)$ 展开成 $x-1$ 的幂级数．

分析　可以采用上题的方法求解，但显然将其导函数展开成 $x-1$ 的幂级数比较容易，因此也可以用先求导并展开，再积分的方法求解．

解　因为 $\ln(1+x)=\displaystyle\sum_{n=1}^{\infty}\dfrac{(-1)^{n-1}}{n}x^n(-1<x\leqslant1)$，所以

$$f'(x)=1+\ln(1+x)=1+\ln[2+(x-1)]=1+\ln2+\ln\left(1+\dfrac{x-1}{2}\right)$$

$$=1+\ln2+\sum_{n=1}^{\infty}\dfrac{(-1)^{n-1}}{n}\left(\dfrac{x-1}{2}\right)^n\left(-1<\dfrac{x-1}{2}\leqslant1\right)$$

$$=1+\ln2+\sum_{n=1}^{\infty}\dfrac{(-1)^{n-1}}{n\cdot2^n}(x-1)^n(-1<x-1\leqslant3),$$

于是 $f(x)=f(1)+\displaystyle\int_1^x\left[1+\ln2+\sum_{n=1}^{\infty}\dfrac{(-1)^{n-1}}{n\cdot2^n}(x-1)^n\right]\mathrm{d}x$

$$=2\ln2+(1+\ln2)(x-1)+\sum_{n=1}^{\infty}\dfrac{(-1)^{n-1}}{n(n+1)\cdot2^n}(x-1)^{n+1}$$

$$=(\ln2-1)+(1+\ln2)x+\sum_{n=1}^{\infty}\dfrac{(-1)^{n-1}}{n(n+1)\cdot2^n}(x-1)^{n+1}(-1\leqslant x\leqslant3).$$

思考　(i) 若将函数 $f(x)=(1+x)\ln(1+x)$ 展开成 $x-2$ 的幂级数，结果如何？

（ii）用上题的方法求解以上两题．

第七节　函数展开成幂级数的应用

一、教学目标

了解函数的幂级数展开式在近似计算、微分方程幂级数解法和常数项级数求和等方面的应用．

二、考点题型

利用幂级数进行简单的近似计算、解微分方程和求数项级数的和等．

三、例题分析

例 12.7.1　求 $\sqrt[10]{1048}$ 的近似值（误差不超过 0.00001）．

分析　先将 $\sqrt[10]{1048}$ 转化成相应的收敛速度较快的常数项级数；其次根据精度要求，确定近似计算所需要的项数并据此求出近似值．

解　先将 $\sqrt[10]{1048}$ 化成二项式的形式，并根据二项式展开得

$$\sqrt[10]{1048}=\sqrt[10]{1024+24}=2\sqrt[10]{1+\frac{3}{128}}=2\left(1+\frac{3}{128}\right)^{\frac{1}{10}}$$

$$=2\left[1+\frac{1}{10}\cdot\frac{3}{128}-\frac{1}{2!}\cdot\frac{1}{10}\cdot\frac{9}{10}\cdot\left(\frac{3}{128}\right)^2+\frac{1}{3!}\cdot\frac{1}{10}\cdot\frac{9}{10}\cdot\frac{19}{10}\cdot\left(\frac{3}{128}\right)^3-\cdots\right],$$

由于 $|r_4|=2\cdot\frac{1}{3!}\cdot\frac{1}{10}\cdot\frac{9}{10}\cdot\frac{19}{10}\left(\frac{3}{128}\right)^3<0.00001$，故取前三项就可以求得满足精度要求的

近似值 $\sqrt[10]{1048}\approx2\left[1+\frac{1}{10}\cdot\frac{3}{128}-\frac{1}{2!}\cdot\frac{1}{10}\cdot\frac{9}{10}\cdot\left(\frac{3}{128}\right)^2\right]\approx2.004676.$

思考　若求 $\sqrt[10]{1548}$ 的近似值（误差不超过 0.00001），结果如何？求 $\sqrt[11]{1548}$ 的近似值（误差不超过 0.00001）呢？

例 12.7.2　计算积分 $\int_0^{0.5}\frac{1}{1+x^4}\mathrm{d}x$ 的近似值（误差不超过 0.0001）．

分析　先将被积函数展开成 x 幂级数；其次在函数幂级数展开式两边作定积分，得到定积分的常数项级数；再次根据精度要求，确定近似计算所需要的项数并据此求出积分的近似值．

解　因为 $\frac{1}{1+x^4}=\sum_{n=0}^{\infty}(-1)^nx^{4n}$，$|x|<1$，在区间 $[0,0.5]$ 逐项积分得

$$\int_0^{0.5}\frac{1}{1+x^4}\mathrm{d}x=\sum_{n=0}^{\infty}(-1)^n\int_0^{0.5}x^{4n}\mathrm{d}x=\sum_{n=0}^{\infty}(-1)^n\left.\frac{x^{4n+1}}{4n+1}\right|_0^{0.5}$$

$$=0.5-\frac{(0.5)^5}{5}+\frac{(0.5)^9}{9}-\frac{(0.5)^{13}}{13}+\cdots,$$

由于 $|r_4|=\frac{(0.5)^{13}}{13}<0.0001$，故取前三项就可以求得满足精度要求的近似值

$$\int_0^{0.5}\frac{1}{1+x^4}\mathrm{d}x\approx0.5-\frac{(0.5)^5}{5}+\frac{(0.5)^9}{9}\approx0.49397.$$

思考　(i) 计算积分 $\int_0^{0.5} \dfrac{1}{1+x^5}\mathrm{d}x$ 的近似值（误差不超过 0.0001）；　(ii) 计算积分 $\int_0^1 \dfrac{1}{1+x^4}\mathrm{d}x$ 或 $\int_0^1 \dfrac{1}{1+x^5}\mathrm{d}x$ 的近似值（误差不超过 0.0001），需要多少项才能满足精度要求？

例 12.7.3　用幂级数解法求解微分方程 $y'+y=\mathrm{e}^x$.

分析　根据微分方程幂级数解法的一般步骤求解，关键是确定幂级数的系数. 先假设微分方程的幂级数解；其次求其各阶导数，代入原方程并合并同类项；再次根据幂级数对应项系数相等，求出待定系数，从而得出微分方程的解.

解　令 $y=\sum\limits_{n=0}^{\infty}C_n x^n$ ，则 $y'=\sum\limits_{n=1}^{\infty}nC_n x^{n-1}$ ，将 y，y' 及 e^x 的幂级数展开式代入原方程，可得

$$C_1+2C_2 x+3C_3 x^2+\cdots+C_0+C_1 x+C_2 x^2+\cdots=1+x+\frac{1}{2!}x^2+\cdots$$

于是由对应项的系数相等，可得

$$C_1=1-C_0,\; C_2=\frac{1}{2}(1-C_1),\cdots,C_{n+1}=\frac{1}{n+1}\left(\frac{1}{n!}-C_n\right),$$

解得

$$C_1=1-C_0,\; C_2=\frac{1}{2!}C_0,\; C_3=\frac{1}{3}\left(\frac{1}{2!}-C_2\right)=\frac{1}{3!}-\frac{1}{3!}C_0,\cdots,C_{2n-1}=\frac{1-C_0}{(2n-1)!},\; C_{2n}=\frac{1}{(2n)!}C_0,$$

故所求的通解为

$$y=C_0\left(1-\frac{x}{1!}+\frac{x^2}{2!}-\frac{x^3}{3!}+\cdots\right)+\frac{x}{1!}+\frac{x^3}{3!}+\frac{x^5}{5!}+\frac{x^7}{7!}+\cdots=C_0\mathrm{e}^{-x}+\mathrm{sh}x .$$

思考　若微分方程为 $y'+y=\mathrm{e}^{-x}$，结果如何？为 $y'-y=\mathrm{e}^x$ 或 $y'-y=\mathrm{e}^{-x}$ 呢？

例 12.7.4　将函数 $\mathrm{e}^x\cos x$ 展开成 x 的幂级数.

分析　尽管知道函数 e^x 和 $\cos x$ 的麦克劳林展开式，但要作这两个幂级数的乘积并把它表示成一个幂级数的形式，也不容易. 但若用欧拉公式求解，则可避免这个问题，而且比较简单.

解　因为 $\mathrm{e}^z=\sum\limits_{n=0}^{\infty}\frac{1}{n!}z^n$ ，所以

$$\mathrm{e}^x\cos x=\mathrm{Re}\left[\mathrm{e}^{(1+\mathrm{i})x}\right]=\mathrm{Re}\left[\mathrm{e}^{\sqrt{2}\left(\cos\frac{\pi}{4}+\mathrm{i}\sin\frac{\pi}{4}\right)x}\right]=\mathrm{Re}\sum_{n=0}^{\infty}\frac{2^{\frac{n}{2}}\left(\cos\frac{\pi}{4}+\mathrm{i}\sin\frac{\pi}{4}\right)^n x^n}{n!}$$

$$=\mathrm{Re}\sum_{n=0}^{\infty}\frac{1}{n!}2^{\frac{n}{2}}\left(\cos\frac{n\pi}{4}+\mathrm{i}\sin\frac{n\pi}{4}\right)x^n=\sum_{n=0}^{\infty}2^{\frac{n}{2}}\cos\frac{n\pi}{4}\cdot\frac{x^n}{n!},\; x\in(-\infty,+\infty) .$$

思考　若将函数 $\mathrm{e}^x\cos 2x$ 展开成 x 的幂级数，结果如何？函数 $\mathrm{e}^{-x}\cos x$ 或 $\mathrm{e}^x\sin x$ 或 $\mathrm{e}^{-x}\sin x$ 或 $\mathrm{e}^x\sin 2x$ 展开成 x 的幂级数呢？

例 12.7.5　求数项级数 $\sum\limits_{n=1}^{\infty}\dfrac{1}{n\cdot 3^n}$ 的和.

分析　这是一个利用幂级数的和函数求常数项级数的和的问题. 我们可以把级数 $\sum\limits_{n=1}^{\infty}\dfrac{1}{n\cdot 3^n}$ 的和看成是当 $x=\dfrac{1}{3}$ 时幂级数 $\sum\limits_{n=1}^{\infty}\dfrac{1}{n}x^n$ 的和，如果幂级数在 $x=\dfrac{1}{3}$ 处收敛的话.

解　设 $s(x)=\sum\limits_{n=1}^{\infty}\dfrac{1}{n}x^n$ ，容易求得该级数的收敛域为 $-1\leqslant x<1$，且 $\dfrac{1}{3}\in[-1,1)$.

由于 $s(0)=0, s'(x)=\sum\limits_{n=1}^{\infty}x^{n-1}=\dfrac{1}{1-x}, -1<x<1$，于是

$$s(x)-s(0)=\int_0^x s'(x)\mathrm{d}x=\int_0^x \frac{1}{1-x}\mathrm{d}x=-\ln(1-x),$$

即
$$s(x)=-\ln(1-x), -1\le x<1.$$

故令 $x=\dfrac{1}{3}$，得 $s\left(\dfrac{1}{3}\right)=-\ln\left(1-\dfrac{1}{3}\right)$，即 $\sum\limits_{n=1}^{\infty}\dfrac{1}{n\cdot 3^n}=\ln\dfrac{3}{2}$.

思考 （i）若级数为 $\sum\limits_{n=1}^{\infty}(-1)^n\dfrac{1}{n\cdot 3^n}$ 或 $\sum\limits_{n=1}^{\infty}\dfrac{1}{n\cdot 2^n}$ 或 $\sum\limits_{n=1}^{\infty}(-1)^n\dfrac{1}{n\cdot 2^n}$，结果如何？

（ii）能否用幂级数 $\sum\limits_{n=1}^{\infty}\dfrac{x^n}{n\cdot 3^n}$ 或 $\sum\limits_{n=1}^{\infty}\dfrac{x^n}{n\cdot 2^n}$ 求以上数项级数的和？若能，写出求解过程．

例 12.7.6 设 $f(x)=\begin{cases}\dfrac{\sin x}{x}, & x\neq 0 \\ 1, & x=0\end{cases}$，求 $f^{(n)}(0)(n=1,2,\cdots)$.

分析 若一个函数可以展开成麦克劳林级数，则用其麦克劳林级数就可以求出 $f^{(n)}(0)$ $(n=1,2,\cdots)$，因为麦克劳林级数的系数与 $f^{(n)}(0)(n=1,2,\cdots)$有关．

解 因为 $\sin x=x-\dfrac{x^3}{3!}+\dfrac{x^5}{5!}-\cdots+(-1)^n\dfrac{x^{2n+1}}{(2n+1)!}+\cdots, -\infty<x<+\infty$，所以

$$\frac{\sin x}{x}=1-\frac{x^2}{3!}+\frac{x^4}{5!}-\cdots+(-1)^n\frac{x^{2n}}{(2n+1)!}+\cdots, -\infty<x<+\infty \wedge x\neq 0.$$

又显然，当 $x=0$ 时，幂级数 $1-\dfrac{x^2}{3!}+\dfrac{x^4}{5!}-\cdots+(-1)^n\dfrac{x^{2n}}{(2n+1)!}+\cdots$ 的和为 1，所以

$$f(x)=1-\frac{x^2}{3!}+\frac{x^4}{5!}-\cdots+(-1)^n\frac{x^{2n}}{(2n+1)!}+\cdots, -\infty<x<+\infty.$$

另一方面，根据函数的麦克劳林级数公式，有

$$f(x)=f(0)+\frac{f'(0)}{1!}x+\frac{f''(0)}{2!}x^2+\cdots+\frac{f^{(n)}(0)}{n!}x^n+\cdots, -\infty<x<+\infty,$$

两式对比可得

$$\frac{f^{(2k-1)}(0)}{(2k)!}=0, \frac{f^{(2k)}(0)}{(2k)!}=\frac{(-1)^k}{(2k+1)!}\Rightarrow f^{(2k-1)}(0)=0, f^{(2k)}(0)=\frac{(-1)^k}{2k+1}, k=1,2,\cdots.$$

思考 若 $f(x)=\begin{cases}\dfrac{\sin 2x}{x}, & x\neq 0 \\ 2, & x=0\end{cases}$，结果如何？$f(x)=\begin{cases}\dfrac{\sin kx}{x}, & x\neq 0 \\ k, & x=0\end{cases}(k\neq 0)$ 呢？

第八节　三角级数、函数展开成傅立叶级数

一、教学目标

了解三角级数的概念以及三角函数系的正交性．了解傅立叶级数和傅立叶系数的概念，以及傅立叶级数收敛的狄利克雷条件．掌握函数展开成傅立叶级数的方法．

二、考点题型

求一些比较简单的函数的傅立叶级数，傅立叶级数的敛散性．

三、例题分析

例 12.8.1 证明 $\int_{-\pi}^{\pi} \sin mx \cos nx \, \mathrm{d}x = 0 (m,n=1,2,3,\cdots)$.

分析 利用积化和差公式，将两个三角函数之积的积分，化为三角函数之差的积分.

证明 因为 $\sin mx \cos nx = \dfrac{1}{2}\left[\sin(m+n)x + \sin(m-n)x\right]$，所以

$$\int_{-\pi}^{\pi} \sin mx \cos nx \, \mathrm{d}x = \frac{1}{2}\int_{-\pi}^{\pi}\left[\sin(m+n)x - \sin(m-n)x\right]\mathrm{d}x$$

$$= \frac{1}{2}\left[-\cos(m+n)x + \cos(m-n)x\right]_{-\pi}^{\pi} = 0.$$

思考 函数 $\sin mx \cos nx \,(m,n=1,2,3,\cdots)$ 在区间 $[-\alpha,\ \alpha]\,(0<\alpha<\pi)$ 上的积分是否也等于零？证明你的结论；函数 $\cos mx \cos nx \,(m,n=1,2,3,\cdots,m\neq n)$ 在区间 $[-\alpha,\ \alpha]$ $(0<\alpha<\pi)$ 上的积分呢？

例 12.8.2 设 $f(x)$ 是周期为 2π 的周期函数，如果 $f(x-\pi)=-f(x)$，问 $f(x)$ 的傅立叶级数有何特点？

分析 利用周期为 2π 的周期函数的傅立叶系数公式计算，求出其系数的特点即可.

解 令 $x-\pi=u$，则 $\int_{0}^{\pi} f(x-\pi)\mathrm{d}x = -\int_{-\pi}^{0} f(u)\mathrm{d}u = \int_{0}^{-\pi} f(u)\mathrm{d}u$；

$$\int_{0}^{\pi} f(x-\pi)\cos nx \, \mathrm{d}x = \int_{-\pi}^{0} f(u)\cos n(\pi+u)\mathrm{d}u$$

$$= (-1)^n \int_{-\pi}^{0} f(u)\cos nu \, \mathrm{d}u, n=1,2,\cdots;$$

同理 $\int_{0}^{\pi} f(x-\pi)\sin nx \, \mathrm{d}x = (-1)^n \int_{-\pi}^{0} f(u)\sin nu \, \mathrm{d}u, n=1,2,\cdots,$

于是 $a_0 = \dfrac{1}{\pi}\int_{-\pi}^{\pi} f(x)\mathrm{d}x = \dfrac{1}{\pi}\int_{-\pi}^{0} f(x)\mathrm{d}x + \dfrac{1}{\pi}\int_{0}^{\pi} f(x)\mathrm{d}x$

$$= \frac{1}{\pi}\int_{-\pi}^{0} f(x)\mathrm{d}x - \frac{1}{\pi}\int_{0}^{\pi} f(x-\pi)\mathrm{d}x = \frac{1}{\pi}\int_{-\pi}^{0} f(x)\mathrm{d}x - \frac{1}{\pi}\int_{-\pi}^{0} f(x)\mathrm{d}x = 0;$$

$$a_n = \frac{1}{\pi}\int_{-\pi}^{\pi} f(x)\cos nx \, \mathrm{d}x = \frac{1}{\pi}\int_{-\pi}^{0} f(x)\cos nx \, \mathrm{d}x + \frac{1}{\pi}\int_{0}^{\pi} f(x)\cos nx \, \mathrm{d}x$$

$$= \frac{1}{\pi}\int_{-\pi}^{0} f(x)\cos nx \, \mathrm{d}x - \frac{1}{\pi}\int_{0}^{\pi} f(x-\pi)\cos nx \, \mathrm{d}x$$

$$= \frac{1}{\pi}\int_{-\pi}^{0} f(x)\cos nx \, \mathrm{d}x - \frac{1}{\pi}(-1)^n\int_{-\pi}^{0} f(x)\cos nx \, \mathrm{d}x$$

$$= \frac{1-(-1)^n}{\pi}\int_{-\pi}^{0} f(x)\cos nx \, \mathrm{d}x, n=1,2,\cdots$$

同理 $b_n = \dfrac{1-(-1)^n}{\pi}\int_{-\pi}^{0} f(x)\sin nx \, \mathrm{d}x, n=1,2,\cdots,$

故 $a_{2n}=0, a_{2n-1}=\dfrac{2}{\pi}\int_{-\pi}^{0} f(x)\cos nx \, \mathrm{d}x$；$b_{2n}=0, a_{2n-1}=\dfrac{2}{\pi}\int_{-\pi}^{0} f(x)\sin nx \, \mathrm{d}x$. 可见该函数的

傅立叶级数是形如 $\sum_{n=1}^{\infty}(a_{2n-1}\cos 2nx + b_{2n-1}\sin 2nx)$ 的三角级数.

思考 若 $f(x-\pi)=-2f(x)$ 或 $f(x-\pi)=f(x)$ 或 $f(x-\pi)=2f(x)$，结果如何？

例 12.8.3 设 $f(x) = \begin{cases} x, & -\pi \leqslant x < 0 \\ 1, & x = 0 \\ 2x, & 0 < x \leqslant \pi \end{cases}$ ，求 $f(x)$ 傅立叶级数的和函数.

分析 根据狄利克雷收敛定理求解即可，而不必求出 $f(x)$ 的傅立叶级数.

解 设 $f(x)$ 的傅立叶级数的和函数为 $s(x)$，即 $s(x) = \dfrac{1}{2}a_0 + \sum\limits_{n=1}^{\infty}(a_n\cos nx + b_n\sin nx)$.

显然，当 $-\pi < x < 0$ 和 $0 < x < \pi$ 时，$f(x)$ 是连续函数，故根据狄利克雷收敛定理，此时 $f(x)$ 的傅立叶级数收敛于 $f(x)$，即 $s(x) = f(x)$；

当 $x = 0$ 时，$f(0^-) = f(0^+) = 0 \neq f(0) = 1$，故 $x = 0$ 是 $f(x)$ 的第一类间断点，故根据狄利克雷收敛定理，此时 $f(x)$ 的傅立叶级数收敛于 $\dfrac{1}{2}[f(0^-) + f(0^+)] = 0$，即 $s(x) = 0$；

当 $x = \pm\pi$ 时，故根据狄利克雷收敛定理，此时 $f(x)$ 的傅立叶级数收敛于 $\dfrac{1}{2}[f(\pi^-) + f(-\pi^+)] = \dfrac{1}{2}[2\pi - \pi] = \dfrac{\pi}{2}$，即 $s(x) = \dfrac{\pi}{2}$.

综上所述，可得 $f(x)$ 傅立叶级数的和函数：

$$s(x) = \begin{cases} f(x), & x \in (-\pi, \pi) \backslash \{0\} \\ \pi/2, & x = \pm\pi \\ 0, & x = 0 \end{cases}.$$

思考 （i）若 $f(x) = \begin{cases} 2x, & -\pi \leqslant x < 0 \\ 1, & x = 0 \\ x, & 0 < x \leqslant \pi \end{cases}$ 或 $f(x) = \begin{cases} x+1, & -\pi \leqslant x < 0 \\ 1, & x = 0 \\ 2x, & 0 < x \leqslant \pi \end{cases}$ ，结果如何？

（ii）若 $f(x) = \begin{cases} \pi - x, & -\pi \leqslant x < 0 \\ 1, & x = 0 \\ 2x, & 0 < x \leqslant \pi \end{cases}$ 或 $f(x) = \begin{cases} x, & -\pi \leqslant x < 0 \\ 1, & x = 0 \\ \pi - 2x, & 0 < x \leqslant \pi \end{cases}$ ，结果又如何？ （iii）若

$f(x) = \begin{cases} x+b, & -\pi \leqslant x < 0 \\ 1, & x = 0 \\ 2x, & 0 < x \leqslant \pi \end{cases}$ ，且 $s(x) = \begin{cases} f(x), & x \in [-\pi, \pi] \backslash \{0\} \\ 0, & x = 0 \end{cases}$ ，求常数 b.

例 12.8.4 设 $f(x)$ 是周期为 2π 的周期函数，且 $f(x) = \begin{cases} x, & -\pi < x \leqslant 0 \\ 1/2, & 0 < x \leqslant \pi \end{cases}$ ，试将 $f(x)$ 展开成傅立叶级数.

分析 由于函数的傅立叶级数的一般形式是确定的，故求函数的傅立叶级数，实质上就是求其系数. 因此，只需将 $f(x)$ 代入系数公式计算即可；此外，由于在间断处 $f(x)$ 的傅立叶级数不收敛于 $f(x)$，故还应求出 $f(x)$ 的间断点并把间断点从 $f(x)$ 的傅立叶级数剔除.

解 函数 $f(x)$ 满足狄利克雷收敛定理条件，它在 $x = k\pi (k = 0, \pm 1, \pm 2, \cdots)$ 处不连续，在其它点处连续. 故由狄利克雷收敛定理知，$f(x)$ 的傅立叶级数处处收敛，且当 $x \neq k\pi$ $(k = 0, \pm 1, \pm 2, \cdots)$ 时，级数收敛于 $f(x)$；当 $x = 2k\pi (k = 0, \pm 1, \pm 2, \cdots)$ 时，级数收敛于 $\dfrac{1}{2}[f(0^+) + f(0^-)] = \dfrac{1}{4}$；当 $x = (2k+1)\pi (k = 0, \pm 1, \pm 2, \cdots)$ 时，级数收敛于 $\dfrac{1}{2}[f(-\pi^+) + f(\pi^-)] = \dfrac{1-2\pi}{4}$. 和函数 $s(x)$ 的图形如图 12-1 所示.

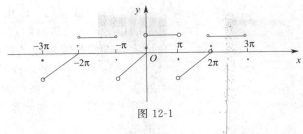

图 12-1

将 $f(x)$ 代入傅立叶系数公式，得

$$a_0 = \frac{1}{\pi}\int_{-\pi}^{\pi} f(x)\,\mathrm{d}x = \frac{1}{\pi}\int_{-\pi}^{0} x\,\mathrm{d}x + \frac{1}{\pi}\int_{0}^{\pi}\frac{1}{2}\,\mathrm{d}x = \frac{1-\pi}{2}\,;$$

$$a_n = \frac{1}{\pi}\int_{-\pi}^{\pi} f(x)\cos nx\,\mathrm{d}x = \frac{1}{\pi}\int_{-\pi}^{0} x\cos nx\,\mathrm{d}x + \frac{1}{\pi}\int_{0}^{\pi}\frac{1}{2}\cos nx\,\mathrm{d}x$$

$$= \frac{1}{n\pi}\left[x\sin nx\Big|_{-\pi}^{0} - \int_{-\pi}^{0}\sin nx\,\mathrm{d}x \right] + \frac{1}{2n\pi}\sin nx\Big|_{-\pi}^{0} = 0 + \frac{1}{n^2\pi}\cos nx\Big|_{-\pi}^{0} + 0$$

$$= \frac{1}{n^2\pi}\left[1-(-1)^n\right] = \begin{cases} \dfrac{2}{n^2\pi}, & n=1,3,5,\cdots \\[2mm] 0, & n=2,4,6,\cdots \end{cases};$$

$$b_n = \frac{1}{\pi}\int_{-\pi}^{\pi} f(x)\sin nx\,\mathrm{d}x = \frac{1}{\pi}\int_{-\pi}^{0} x\sin nx\,\mathrm{d}x + \frac{1}{\pi}\int_{0}^{\pi}\frac{1}{2}\sin nx\,\mathrm{d}x$$

$$= -\frac{1}{n\pi}\int_{-\pi}^{0} x\,\mathrm{d}\cos nx + \frac{1}{\pi}\int_{0}^{\pi}\frac{1}{2}\sin nx\,\mathrm{d}x$$

$$= -\frac{1}{n\pi}\left[x\cos nx\Big|_{-\pi}^{0} - \int_{-\pi}^{0}\cos nx\,\mathrm{d}x \right] - \frac{1}{2n\pi}\cos nx\Big|_{-\pi}^{0}$$

$$= -\frac{(-1)^n}{n} + \frac{1}{n^2\pi}\sin nx\Big|_{-\pi}^{0} - \frac{1}{2n\pi}\left[1-(-1)^n\right] = \begin{cases} \dfrac{\pi-1}{n\pi}, & n=1,3,5,\cdots \\[2mm] -\dfrac{1}{n}, & n=2,4,6,\cdots \end{cases}.$$

将所求的傅立叶系数代入傅立叶级数表达式，得

$$f(x) = \frac{1}{4} - \frac{\pi}{4} + \sum_{n=1}^{\infty}\left[\frac{2}{(2n-1)^2\pi}\cos(2n-1)x + \frac{\pi-1}{(2n-1)\pi}\sin(2n-1)x - \frac{1}{2n}\sin 2nx \right],$$

其中 $-\infty < x < +\infty$，$x \neq 0,\ \pm\pi,\ \pm 2\pi,\ \cdots$.

思考　(i) 若 $f(x) = \begin{cases} x, & -\pi < x < 0 \\ \dfrac{1}{2}, & 0 \leqslant x \leqslant \pi \end{cases}$ 或 $f(x) = \begin{cases} x, & -\pi \leqslant x \leqslant 0 \\ \dfrac{1}{2}, & 0 < x < \pi \end{cases}$ 或 $f(x) = \begin{cases} x, & -\pi \leqslant x < 0 \\ \dfrac{1}{2}, & 0 \leqslant x < \pi \end{cases}$，

结果如何？　(ii) 若 $f(x) = \begin{cases} x, & -\pi < x \leqslant 0 \\ 0, & 0 < x \leqslant \pi \end{cases}$，结果又如何？ $f(x) = \begin{cases} \dfrac{1}{2}, & -\pi < x \leqslant 0 \\ x, & 0 < x \leqslant \pi \end{cases}$ 或 $f(x) = $

$\begin{cases} 0, & -\pi < x \leqslant 0 \\ x, & 0 < x \leqslant \pi \end{cases}$ 呢？

例 12.8.5　设 $f(x) = \begin{cases} 0, & -\pi < x \leqslant 0 \\ x^2, & 0 < x \leqslant \pi \end{cases}$，求 $f(x)$ 的傅立叶级数展开式.

分析　因为 $f(x)$ 只在 $(-\pi, \pi]$ 上有定义，且在此区间上满足收敛定理条件，因此要对 $f(x)$ 进行周期延拓，并将延拓后的函数展开成傅立叶级数，此级数限制在 $(-\pi, \pi]$ 上即得 $f(x)$ 傅立叶级数展开式.

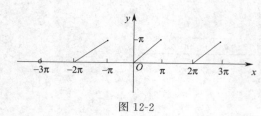

图 12-2

解 将函数 $f(x)$ 延拓成 $(-\infty, +\infty)$ 有定义的以 2π 为周期的周期函数 $F(x)$，则 $F(x)$ 满足狄利克雷收敛定理条件，它在 $x=(2k+1)\pi$ $(k=0,\pm1,\pm2,\cdots)$ 处不连续，在其它点处连续. 函数 $f(x)$ 和 $F(x)$ 的图形如图 12-2 所示.

将 $F(x)$ 代入傅立叶系数公式，得

$$a_0 = \frac{1}{\pi}\int_{-\pi}^{\pi} F(x)\mathrm{d}x = \frac{1}{\pi}\int_{-\pi}^{0} 0\cdot\mathrm{d}x + \frac{1}{\pi}\int_{0}^{\pi} x^2\mathrm{d}x = \frac{\pi^2}{3};$$

$$a_n = \frac{1}{\pi}\int_{-\pi}^{\pi} F(x)\cos nx\,\mathrm{d}x = \frac{1}{\pi}\int_{-\pi}^{0} 0\cdot\cos nx\,\mathrm{d}x + \frac{1}{\pi}\int_{0}^{\pi} x^2\cos nx\,\mathrm{d}x$$

$$= \frac{1}{n\pi}\int_{0}^{\pi} x^2\,\mathrm{d}\sin nx = \frac{1}{n\pi}\left(x^2\sin nx \Big|_{0}^{\pi} - 2\int_{0}^{\pi} x\sin nx\,\mathrm{d}x\right) = \frac{2}{n^2\pi}\int_{0}^{\pi} x\,\mathrm{d}\cos nx$$

$$= \frac{2}{n^2\pi}\left(x\cos nx\Big|_{0}^{\pi} - \int_{0}^{\pi}\cos nx\,\mathrm{d}x\right) = \frac{2}{n^2\pi}\left(\pi\cos n\pi - \frac{1}{n}\sin nx\Big|_{0}^{\pi}\right) = (-1)^n\frac{2}{n^2}$$

$$b_n = \frac{1}{\pi}\int_{-\pi}^{\pi} f(x)\sin nx\,\mathrm{d}x = \frac{1}{\pi}\int_{-\pi}^{0} 0\cdot\sin nx\,\mathrm{d}x + \frac{1}{\pi}\int_{0}^{\pi} x^2\sin nx\,\mathrm{d}x$$

$$= -\frac{1}{n\pi}\int_{0}^{\pi} x^2\,\mathrm{d}\cos nx = -\frac{1}{n\pi}\left(x^2\cos nx\Big|_{0}^{\pi} - 2\int_{0}^{\pi} x\cos nx\,\mathrm{d}x\right)$$

$$= (-1)^{n+1}\frac{\pi}{n} + \frac{2}{n^2\pi}\int_{0}^{\pi} x\,\mathrm{d}\sin nx = (-1)^{n+1}\frac{\pi}{n} + \frac{2}{n^2\pi}\left(x\sin nx\Big|_{0}^{\pi} - \int_{0}^{\pi}\sin nx\,\mathrm{d}x\right)$$

$$= (-1)^{n+1}\frac{\pi}{n} + \frac{2}{n^3\pi}\cos nx\Big|_{0}^{\pi} = (-1)^{n+1}\frac{\pi}{n} + \frac{2}{n^3\pi}\left[(-1)^n - 1\right] = \begin{cases} -\dfrac{\pi}{n}, & n=2,4,\cdots \\ \dfrac{\pi}{n} - \dfrac{4}{n^3\pi}, & n=1,3,\cdots \end{cases},$$

将所求的傅立叶系数代入傅立叶级数表达式，得

$$f(x) = \frac{\pi^2}{6} + \sum_{n=1}^{\infty}\left\{(-1)^n\frac{2}{n^2}\cos nx + \left[\frac{\pi}{2n-1} - \frac{4}{(2n-1)^3\pi}\right]\sin(2n-1)x - \frac{1}{2n}\sin 2nx\right\},$$

其中 $-\pi < x < \pi$.

当 $x=\pm\pi$ 时，上式右边的级数收敛于 $\frac{1}{2}[f(-\pi^+) + f(\pi^-)] = \frac{\pi}{2}$. $F(x)$ 的和函数 $s(x)$ 的图形如图 12-3 所示.

思考 （i）若 $f(x) = \begin{cases} 0, & -\pi \leqslant x \leqslant 0 \\ x^2, & 0 < x < \pi \end{cases}$ 或 $f(x) = \begin{cases} x^2, & -\pi < x \leqslant 0 \\ 0, & 0 < x \leqslant \pi \end{cases}$ 或 $f(x) = \begin{cases} x^2, & -\pi \leqslant x \leqslant 0 \\ 0, & 0 < x < \pi \end{cases}$，结果如何？ （ii）若 $f(x) = \begin{cases} 1, & -\pi < x \leqslant 0 \\ x^2, & 0 < x \leqslant \pi \end{cases}$，结果又如何？$f(x) = \begin{cases} x^2, & -\pi < x \leqslant 0 \\ 1, & 0 < x \leqslant \pi \end{cases}$ 呢？

例 12.8.6 将函数 $f(x) = |\sin x|$ 展开成周期为 2π 傅立叶级数.

分析 只需将 $f(x)$ 代入系数公式计算即可. 注意，尽管 $f(x)$ 也是周期函数，但其周期为 π，而这里所称的傅立叶级数的周期为 2π；此外，$f(x)$ 也是偶函数.

解 如图 12-4. 所给函数满足狄利克雷收敛定理条件，它在整个坐标轴上连续，因此其傅立叶级数处处收敛于 $f(x)$.

因为 $f(x)$ 为偶函数，所以 $b_n = 0$，$n=1$，2，$\cdots$，而

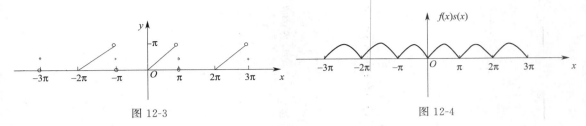

图 12-3 图 12-4

$$a_0 = \frac{2}{\pi} \int_0^\pi f(x)\mathrm{d}x = \frac{2}{\pi} \int_0^\pi \sin x\,\mathrm{d}x = \frac{4}{\pi};$$

$$a_1 = \frac{2}{\pi} \int_0^\pi f(x)\cos x\,\mathrm{d}x = \frac{2}{\pi} \int_0^\pi \sin x \cos x\,\mathrm{d}x = \frac{1}{\pi} \sin^2 x \Big|_0^\pi = 0;$$

$$a_n = \frac{2}{\pi} \int_0^\pi f(x)\cos nx\,\mathrm{d}x = \frac{2}{\pi} \int_0^\pi \sin x \cos nx\,\mathrm{d}x = \frac{1}{\pi} \int_0^\pi [\sin(1-n)x + \sin(1+n)x]\mathrm{d}x$$

$$= \frac{1}{\pi} \left[\frac{1}{n-1}\cos(1-n)x - \frac{1}{n+1}\cos(1+n)x \right]\Big|_0^\pi = \frac{2}{\pi(n^2-1)}[(-1)^{n-1}-1]$$

$$= \begin{cases} -\dfrac{4}{\pi} \cdot \dfrac{1}{n^2-1}, & n=2,4,\cdots, \\ 0, & n=3,5,\cdots \end{cases}$$

故 $f(x) = \dfrac{2}{\pi} - \sum_{n=1}^{\infty} \dfrac{4}{4n^2-1}\cos 2nx$，其中 $-\infty < x < \infty$.

思考 （i）若 $f(x) = \left| \sin\dfrac{1}{2}x \right|$ 或 $f(x) = |\cos x|$ 或 $f(x) = \left| \cos\dfrac{1}{2}x \right|$，结果如何？

（ii）若 $f(x) = \sin x$ 或 $f(x) = \cos x$，结果又如何？$f(x) = \sin\dfrac{1}{2}x$ 或 $f(x) = \cos\dfrac{1}{2}x$ 或 $f(x) = \sin 2x$ 或 $f(x) = \cos 2x$ 呢？

第九节 正、余弦级数与一般周期函数的傅立叶级数

一、教学目标

了解正、余弦傅立叶级数和一般周期函数傅立叶级数的概念，了解函数的奇、偶开拓，掌握函数展开成正、余弦级数的方法，会求一般周期函数的傅立叶级数.

二、考点题型

函数的奇、偶开拓；函数正、余弦傅立叶级数的求解*；一般周期函数傅立叶级数的求解.

三、例题分析

例 12.9.1 将函数 $f(x) = \dfrac{\pi}{4} - \dfrac{x}{2}(0 \leqslant x \leqslant \pi)$ 展开成正弦级数.

分析 正（余）弦函数相对奇（偶）函数而言. 因此，先要将 $f(x)$ 延拓成 $(-\pi, \pi]$ 内的奇函数，再将其展开成 $[-\pi, \pi]$ 上的正弦函数. 注意，如未特别要求，可不必求出延拓函数的表达式.

解 将 $f(x)$ 延拓成 $(-\pi, \pi]$ 内的奇函数，则

$$a_n = 0(n=0,1,2,3,\cdots),$$

$$b_n=\frac{2}{\pi}\int_0^\pi f(x)\sin nx\,\mathrm{d}x=-\frac{2}{n\pi}\int_0^\pi\left(\frac{\pi}{4}-\frac{x}{2}\right)\mathrm{d}\cos nx$$

$$=-\frac{2}{n\pi}\left[\left(\frac{\pi}{4}-\frac{x}{2}\right)\cos nx\Big|_0^\pi+\frac{1}{2}\int_0^\pi\cos nx\,\mathrm{d}x\right]=\frac{1+(-1)^n}{2n},$$

即　$b_{2n}=\dfrac{1}{2n}$，$b_{2n-1}=0$，$n=1$，2，3，…

所以　$f(x)=\dfrac{\pi}{4}-\dfrac{x}{2}=\dfrac{1}{2}\sum_{n=1}^\infty\dfrac{1}{n}\sin 2nx(0<x<\pi)$.

思考　若 $f(x)=\dfrac{\pi}{4}+\dfrac{x}{2}(0\leqslant x\leqslant\pi)$，结果如何？$f(x)=\dfrac{\pi}{4}-\dfrac{x^2}{2}(0\leqslant x\leqslant\pi)$ 或 $f(x)=\dfrac{\pi}{4}+\dfrac{x^2}{2}(0\leqslant x\leqslant\pi)$ 呢？

例 12.9.2　将函数 $f(x)=x+1(0\leqslant x\leqslant\pi)$ 展开成余弦级数，并指明展开式成立的区间.

分析　先要将 $f(x)$ 延拓成 $[-\pi,\pi]$ 内的偶函数，再将其 $[-\pi,\pi]$ 上的余弦函数.

解　将 $f(x)$ 延拓成 $[-\pi,\pi]$ 上的偶函数，则

$$a_0=\frac{2}{\pi}\int_0^\pi f(x)\,\mathrm{d}x=\frac{2}{\pi}\int_0^\pi(x+1)\,\mathrm{d}x=\frac{1}{\pi}(x+1)^2\Big|_0^\pi=\frac{\pi^2-1}{\pi},$$

$$a_n=\frac{2}{\pi}\int_0^\pi f(x)\cos nx\,\mathrm{d}x=\frac{2}{n\pi}\int_0^\pi(x+1)\mathrm{d}(\sin nx)$$

$$=\frac{2}{n\pi}\left[(x+1)\sin nx\Big|_0^\pi-\int_0^\pi\sin nx\,\mathrm{d}x\right]=\frac{2}{n^2\pi}\cos nx\Big|_0^\pi=\frac{2}{n^2\pi}[(-1)^n-1];$$

$b_n=0$，$n=1$，2，….

所以

$$x+1=\frac{\pi^2-1}{2\pi}+\frac{2}{\pi}\sum_{n=1}^\infty\frac{1}{n^2}[(-1)^n-1]\cos nx\quad(0\leqslant x\leqslant\pi).$$

思考　若 $f(x)=1-x(0\leqslant x\leqslant\pi)$，结果如何？$f(x)=x^2+1(0\leqslant x\leqslant\pi)$ 或 $f(x)=1-x^2(0\leqslant x\leqslant\pi)$ 呢？

例 12.9.3　将函数 $f(x)=x$，$-5<x\leqslant5$ 展开成周期为 10 的傅立叶级数.

分析　这是定义在 $(-5,5]$ 上的函数，也要将其延拓成周期为 10 的周期函数，并将延拓的函数展开成傅立叶级数，再将此傅立叶级数限制在 $(-5,5]$ 上即得.

解　如图 12-5. 函数 $f(x)$ 及其周期延拓后的函数的图形如图 12-5. 显然，延拓的函数满足狄利克雷收敛定理条件，且为奇函数，所以 $a_n=0$，$n=0$，1，2，…，而

$$b_n=\frac{2}{5}\int_0^5 f(x)\sin\frac{n\pi}{5}x\,\mathrm{d}x=\frac{2}{5}\int_0^5 x\sin\frac{n\pi}{5}x\,\mathrm{d}x=-\frac{2}{n\pi}\int_0^5 x\mathrm{d}\left(\cos\frac{n\pi}{5}x\right)$$

$$=-\frac{2}{n\pi}\left[x\cos\frac{n\pi}{5}x\Big|_0^5-\int_0^5\cos\frac{n\pi}{5}x\,\mathrm{d}x\right]=(-1)^{n+1}\frac{10}{n\pi}$$

故　$$f(x)=\frac{10}{\pi}\sum_{n=1}^\infty(-1)^{n+1}\frac{1}{n}\sin\frac{n\pi}{5}x,\ \text{其中}-5<x<5.$$

当 $x=\pm5$ 时，上式右边的级数收敛于 $\dfrac{1}{2}[f(-5^+)+f(5^-)]=\dfrac{-5+5}{2}=0$.

思考　若将函数 $f(x)=x^2$，$-5<x\leqslant5$ 展开成周期为 10 的傅立叶级数，结果如何？

例 12.9.4　将函数 $f(x)=x(1-x)$，$0<x<2$ 展开成周期为 2 的傅立叶级数.

分析　这是定义在 $(0,2)$ 内的函数，因此要用变量替换，化成定义在 $(-1,1)$ 内的

函数，并将其周期延拓，从而得到周期为 2 的函数；再把该函数展开成周期为 2 的傅立叶级数，最后把变量还原回来即可.

解　令 $z=x-1$，则由 $0<x<2$，可得 $-1<z<1$. 而
$$f(x)=x(1-x)=-z(z+1)=F(z),$$
补充定义 $F(-1)=0$，则 $F(z)=-z(z+1)$，$-1\leqslant z<1$. 对 $F(z)$ 作周期性延拓，则此周期函数满足狄利克雷收敛定理条件，它的傅立叶级数在 $(-1,1)$ 内收敛于 $F(z)$，它的傅立叶系数

$$a_0=\int_{-1}^1 F(z)\mathrm{d}z=-\int_{-1}^1 z(z+1)\mathrm{d}z=-\frac{2}{3};$$

$$a_n=\int_{-1}^1 F(z)\cos n\pi z\,\mathrm{d}z=-\int_{-1}^1 z(z+1)\cos n\pi z\,\mathrm{d}z=-2\int_0^1 z^2\cos n\pi z\,\mathrm{d}z$$

$$=-\frac{2}{n\pi}\int_0^1 z^2\mathrm{d}\sin n\pi z=-\frac{2}{n\pi}\left(z^2\sin n\pi z\,\Big|_0^1-2\int_0^1 z\sin n\pi z\,\mathrm{d}z\right)$$

$$=-\frac{4}{n^2\pi^2}\int_0^1 z\mathrm{d}\cos n\pi z=-\frac{4}{n^2\pi^2}\left(z\cos n\pi z\,\Big|_0^1-\int_0^1 \cos n\pi z\,\mathrm{d}z\right)=(-1)^{n+1}\frac{4}{n^2\pi^2},$$

$$b_n=\int_{-1}^1 F(z)\sin n\pi z\,\mathrm{d}z=-\int_{-1}^1 z(z+1)\sin n\pi z\,\mathrm{d}z=-2\int_0^1 z\sin n\pi z\,\mathrm{d}z$$

$$=\frac{2}{n\pi}\int_0^1 z\mathrm{d}\cos n\pi z=\frac{2}{n\pi}\left(z\cos n\pi z\,\Big|_0^1-\int_0^1 \cos n\pi z\,\mathrm{d}z\right)=(-1)^n\frac{2}{n\pi},$$

于是
$$F(z)=-\frac{1}{3}+\frac{2}{\pi}\sum_{n=1}^\infty(-1)^n\left(\frac{1}{n}\sin n\pi z-\frac{2}{n^2\pi}\cos n\pi z\right),\ -<z<1,$$

即
$$f(x)=-\frac{1}{3}+\frac{2}{\pi}\sum_{n=1}^\infty(-1)^n\left[\frac{1}{n}\sin n\pi(x-1)-\frac{2}{n^2\pi}\cos n\pi(x-1)\right]$$

$$=-\frac{1}{3}+\frac{2}{\pi}\sum_{n=1}^\infty\left(\frac{1}{n}\sin n\pi x-\frac{2}{n^2\pi}\cos n\pi x\right),\ 0<x<2.$$

思考　(i) 若将函数 $f(x)=x(1-x),0<x<2$ 展开成周期为 4 的傅立叶级数，结果如何？(ii) 若 $f(x)=x(1+x),0<x<2$，以上两种情况的结果如何？

例 12.9.5　将函数 $f(x)=\begin{cases}1,0\leqslant x\leqslant 1\\0,1<x\leqslant 2\end{cases}$ 展开成余弦级数.

分析　先对函数 $f(x)$ 作偶延拓，再将延拓后的函数展开成相应的余弦级数即可.

解　如图 12-6. 对函数 $f(x)$ 作偶延拓，得

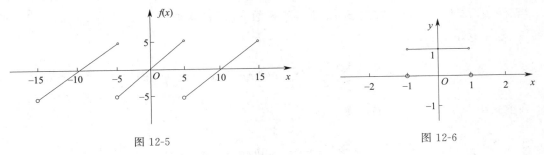

图 12-5　　　　　　　　　　　　　　　　　　图 12-6

$$G(x)=\begin{cases}f(x),0\leqslant x\leqslant 2\\f(-x),-2<x<0\end{cases}.$$

由于 $G(x)$ 为偶函数，所以 $b_n=0$，$n=1$，2，…. 而
$$a_0=\frac{2}{2}\int_0^2 G(x)\mathrm{d}x=\int_0^1 \mathrm{d}x+\int_1^2 0\cdot\mathrm{d}x=1,$$

$$a_n = \frac{2}{2}\int_0^2 G(x)\cos\frac{n\pi}{2}x\,dx = \int_0^1 \cos\frac{n\pi}{2}x\,dx + \int_1^2 0\cdot\cos\frac{n\pi}{2}x\,dx = \frac{2}{n\pi}\sin\frac{n\pi}{2}x\,\Big|_0^1$$

$$= \frac{2}{n\pi}\sin\frac{n\pi}{2}, n=1,2,\cdots,$$

于是 $G(x)=f(x)=\frac{1}{2}+\frac{2}{\pi}\sum_{n=1}^{\infty}\frac{1}{n}\sin\frac{n\pi}{2}\cos\frac{n\pi}{2}x, x\in[0,1)\bigcup(1,2],$

当 $x=1$ 时，$G(x)$ 间断，此时级数收敛于 $\frac{1}{2}[G(1^+)+G(1^-)]=\frac{1+0}{2}=\frac{1}{2}$. 所以 $f(x)$

的余弦级数为 $f(x)=\frac{1}{2}+\frac{2}{\pi}\sum_{n=1}^{\infty}\frac{1}{n}\sin\frac{n\pi}{2}\cos\frac{n\pi}{2}x, x\in[0,1)\bigcup(1,2].$

思考 (i) 若将函数 $f(x)=\begin{cases}0,0\leqslant x\leqslant 1\\1,1<x\leqslant 2\end{cases}$，结果如何？ (ii) 若将 $f(x)=\begin{cases}1,0\leqslant x\leqslant 1\\0,1<x\leqslant 2\end{cases}$ 或

$f(x)=\begin{cases}0,0\leqslant x\leqslant 1\\1,1<x\leqslant 2\end{cases}$ 展开成周期为 2 的傅立叶级数，结果如何？

例 12.9.6 将函数 $f(x)=\frac{\pi}{4}$ 在 $[0,\pi]$ 上展开成正弦级数，并据此推出

(i) $1-\frac{1}{3}+\frac{1}{5}-\frac{1}{7}+\cdots=\frac{\pi}{4}$; (ii) $1+\frac{1}{5}-\frac{1}{7}-\frac{1}{11}+\frac{1}{13}+\frac{1}{17}-\cdots=\frac{\pi}{3}$.

分析 这是利用函数的傅立叶级数求数项函数的和的问题. 先将函数展开成傅立叶级数，再在傅立叶级数中取特定值，得出相应的数项级数及其和.

解 对 $f(x)=\frac{\pi}{4}$ 作奇开拓，之后再周期延拓，所得函数满足狄利克雷定理条件，于是有 $a_n=0$, $n=0,1,2,\cdots$. 而

$$b_n=\frac{2}{\pi}\int_0^\pi \frac{\pi}{4}\sin nx\,dx=\frac{1}{2}\int_0^\pi \sin nx\,dx=-\frac{1}{2n}\cos nx\,\Big|_0^\pi$$

$$=\frac{1}{2n}[1-(-1)^n]=\begin{cases}\frac{1}{n},n=1,3,\cdots\\0,n=2,4,\cdots\end{cases},$$

于是 $f(x)=\sum_{n=1}^{\infty}\frac{1}{2n-1}\sin(2n-1)x, x\in(0,\pi),$

当 $x=0,\pi$ 时，级数均收敛于 0，不等于函数 $f(x)$ 的函数值 $f(0)=\frac{\pi}{4},f(\pi)=\frac{\pi}{4}$. 所以 $f(x)$ 的正弦级数为

$$f(x)=\frac{\pi}{4}=\sum_{n=1}^{\infty}\frac{1}{2n-1}\sin(2n-1)x, x\in(0,\pi).$$

在上式中令 $x=\frac{\pi}{2}\in(0,\pi)$，得

$$\frac{\pi}{4}=\sum_{n=1}^{\infty}\frac{1}{2n-1}\sin\frac{2n-1}{2}\pi=\sum_{n=1}^{\infty}\frac{1}{2n-1}\left(\sin n\pi\cos\frac{1}{2}\pi-\cos n\pi\sin\frac{1}{2}\pi\right)$$

$$=\sum_{n=1}^{\infty}(-1)^{n+1}\frac{1}{2n-1}=1-\frac{1}{3}+\frac{1}{5}-\frac{1}{7}+\cdots,$$

所以 $$1-\frac{1}{3}+\frac{1}{5}-\frac{1}{7}+\cdots=\frac{\pi}{4}.$$

又上式两边同乘以 $\dfrac{1}{3}$，得

$$\frac{1}{3} - \frac{1}{9} + \frac{1}{15} - \frac{1}{21} + \cdots = \frac{\pi}{12},$$

以上两式相加，得

$$\left(1 - \frac{1}{3} + \frac{1}{5} - \frac{1}{7} + \cdots\right) + \left(\frac{1}{3} - \frac{1}{9} + \frac{1}{15} - \frac{1}{21} + \cdots\right) = \frac{\pi}{4} + \frac{\pi}{12},$$

即

$$1 + \frac{1}{5} - \frac{1}{7} - \frac{1}{11} + \frac{1}{13} + \frac{1}{17} - \cdots = \frac{\pi}{3}.$$

思考 (i)将函数 $f(x) = \dfrac{\pi}{4}$ 在 $[0, 4]$ 上展开成正弦级数；(ii)据此能否推出 $1 - \dfrac{1}{3} + \dfrac{1}{5} - \dfrac{1}{7} + \cdots = \dfrac{\pi}{4}$，$1 + \dfrac{1}{5} - \dfrac{1}{7} - \dfrac{1}{11} + \dfrac{1}{13} + \dfrac{1}{17} - \cdots = \dfrac{\pi}{3}$？

第十节 复习题二

例 12.10.1 求级数 $\displaystyle\sum_{n=1}^{\infty} \sin \frac{1}{3^n} \left(\frac{3}{3-x}\right)^n$ 的收敛域.

分析 将其看成是通项含参变量 x 的常数项级数，利用比值审敛法或根值审敛法的结论求出 x 的范围. 注意，对区间端点处的敛散性，要转化成相应的常数项级数判定.

解 因为 $u_n(x) = \sin \dfrac{1}{3^n} \left(\dfrac{3}{3-x}\right)^n = \sin \dfrac{1}{(3-x)^n}$，所以

$$\lim_{n\to\infty} \left|\frac{u_{n+1}(x)}{u_n(x)}\right| = \lim_{n\to\infty} \left|\frac{\sin \dfrac{1}{(3-x)^{n+1}}}{\sin \dfrac{1}{(3-x)^n}}\right| = \frac{1}{|3-x|}.$$

故当 $\dfrac{1}{|3-x|} < 1 \Rightarrow |3-x| > 1$，即 $x < 2$ 或 $x > 4$ 时，级数收敛.

又当 $x = 2$ 时，级数 $\displaystyle\sum_{n=1}^{\infty} \sin 1$ 发散；又当 $x = 4$ 时，级数 $\displaystyle\sum_{n=1}^{\infty} \sin(-1)^n = \sum_{n=1}^{\infty} (-1)^n \sin 1$ 发散. 综上所述，级数的收敛域为 $(-\infty, 2) \cup (4, +\infty)$.

思考 若级数为 $\displaystyle\sum_{n=1}^{\infty} \sin \frac{1}{3^n} \left(\frac{x}{3-x}\right)^n$，结果如何？为 $\displaystyle\sum_{n=1}^{\infty} \cos \frac{1}{3^n} \left(\frac{3}{3-x}\right)^n$ 或 $\displaystyle\sum_{n=1}^{\infty} \cos \frac{1}{3^n} \left(\frac{x}{3-x}\right)^n$ 呢？

例 12.10.2 求幂级数 $\displaystyle\sum_{n=1}^{\infty} \frac{n}{2^{2n+(-1)^n}} x^n$ 的收敛半径及收敛域.

分析 此题也是标准的幂级数的 $\displaystyle\sum_{n=0}^{\infty} a_n x^n$ 形式，可直接用公式 $R = \dfrac{1}{\rho}$ 求解. 尽管通项系数是 n 与 2 的指数之商，但由于 2 的幂 $2n + (-1)^n$ 是奇、偶有别的，故宜采用用根值法求 ρ.

解 这里 $a_n = \dfrac{n}{2^{2n+(-1)^n}} > 0$，于是 $\rho = \lim_{n\to\infty} \sqrt[n]{a_n} = \lim_{n\to\infty} \sqrt[n]{\dfrac{n}{2^{2n+(-1)^n}}} = \lim_{n\to\infty} \dfrac{\sqrt[n]{n}}{2^{\frac{2n+(-1)^n}{n}}} = \dfrac{1}{2^2} = $

$\dfrac{1}{4}$，因此幂级数 $\displaystyle\sum_{n=1}^{\infty}\dfrac{n}{2^{2n+(-1)^{n}}}x^{n}$ 的收敛半径 $R=\dfrac{1}{\rho}=4$.

又当 $x=\pm 4$ 时，相应的级数分别为 $\displaystyle\sum_{n=1}^{\infty}\dfrac{n}{2^{2n+(-1)^{n}}}(\pm 4)^{n}$，两级数通项的绝对值均为

$\dfrac{n}{2^{2n+(-1)^{n}}}\cdot 4^{n}\to\infty(n\to\infty)$，故由级数收敛的必要条件，易知两级数均发散.

故级数 $\displaystyle\sum_{n=1}^{\infty}\dfrac{n}{2^{2n+(-1)^{n}}}x^{n}$ 的收敛域为 $(-4,4)$.

思考　(i) 若幂级数为 $\displaystyle\sum_{n=1}^{\infty}(-1)^{n}\dfrac{n}{2^{2n+(-1)^{n}}}x^{n}$ 或 $\displaystyle\sum_{n=1}^{\infty}\dfrac{1}{n\cdot 2^{2n+(-1)^{n}}}x^{n}$，结果如何？为

$\displaystyle\sum_{n=1}^{\infty}\dfrac{(-1)^{n}}{n\cdot 2^{2n+(-1)^{n}}}x^{n}$ 呢？(ii) 能否用比值法求以上各题的收敛半径？为什么？

例 12.10.3　求级数 $\displaystyle\sum_{n=1}^{\infty}\dfrac{(-1)^{n}}{n\cdot 4^{n}}x^{2n-1}$ 的收敛域.

分析　此题不是标准的幂级数 $\displaystyle\sum_{n=0}^{\infty}a_{n}x^{n}$ 的形式，用变量替换也不易转化成标准的幂级数的形式. 为此，把它视为带参变量的 x 数项级数，从而直接用常数项级数的比值法或根值法求解.

解　因为 $\displaystyle\lim_{n\to\infty}\sqrt[n]{|u_{n}(x)|}=\lim_{n\to\infty}\sqrt[n]{\left|\dfrac{(-1)^{n}}{n\cdot 4^{n}}x^{2n-1}\right|}=\dfrac{1}{4}\lim_{n\to\infty}\dfrac{x^{2-\frac{1}{n}}}{\sqrt[n]{n}}=\dfrac{1}{4}x^{2}$，故当 $\dfrac{1}{4}x^{2}<1$，即

$|x|<2$ 时，幂级数 $\displaystyle\sum_{n=1}^{\infty}\dfrac{(-1)^{n}}{n\cdot 4^{n}}x^{2n-1}$ 绝对收敛；当 $|x|>2$ 时，幂级数 $\displaystyle\sum_{n=1}^{\infty}\dfrac{(-1)^{n}}{n\cdot 4^{n}}x^{2n-1}$ 发散.

而当 $x=\pm 2$ 时，原级幂数为 $\pm\displaystyle\sum_{n=1}^{\infty}\dfrac{(-1)^{n}}{2n}$，由莱布尼兹定理，可知级数收敛. 故幂级数的收敛域为 $[-2,2]$.

思考　(i) 若幂级数为 $\displaystyle\sum_{n=1}^{\infty}\dfrac{(-1)^{n}}{n\cdot 4^{n+(-1)^{n}}}x^{2n+1}$ 或 $\displaystyle\sum_{n=1}^{\infty}\dfrac{(-1)^{n}}{n\cdot 3^{n+(-1)^{n}}}x^{2n-1}$，结果如何？能否用比值法求解这类问题？(ii) 用比值法求解以上各题.

例 12.10.4　求下列幂级数 $1+\dfrac{x^{5}}{5}+\dfrac{x^{9}}{9}+\cdots+\dfrac{x^{4n+1}}{4n+1}+\cdots$ 的和函数.

分析　通过求导，可以消除通项中的分母. 因此，利用几何级数和函数公式，可以求出级数和函数的导数，再利用定积分就可以求出级数的和函数.

解　令 $S(x)=1+\dfrac{x^{5}}{5}+\dfrac{x^{9}}{9}+\cdots+\dfrac{x^{4n+1}}{4n+1}+\cdots$，则 $S(0)=1$. 又根据幂级数的求导性质，可得

$S'(x)=\left(1+\displaystyle\sum_{n=1}^{\infty}\dfrac{x^{4n+1}}{4n+1}\right)'=\displaystyle\sum_{n=1}^{\infty}\left(\dfrac{x^{4n+1}}{4n+1}\right)'=\displaystyle\sum_{n=1}^{\infty}x^{4n}=\dfrac{x^{4}}{1-x^{4}}$，其中根据几何级数的收敛性

知 $x^{4}<1$，解得 $-1<x<1$.

上式两边同时求积分，得

$$S(x)=S(0)+\int_{0}^{x}S'(x)\mathrm{d}x=1+\int_{0}^{x}\dfrac{x^{4}}{1-x^{4}}\mathrm{d}x$$

$$=1+\int_{0}^{x}\left[-1+\dfrac{1}{2(1+x^{2})}+\dfrac{1}{4(1+x)}+\dfrac{1}{4(1-x)}\right]\mathrm{d}x$$

故　　$=1-x+\dfrac{1}{2}\arctan x+\dfrac{1}{4}\ln\dfrac{1+x}{1-x},\ |x|<1.$

思考　(i) 用以上方法求幂级数 $x+\dfrac{x^5}{5}+\dfrac{x^9}{9}+\cdots+\dfrac{x^{4n+1}}{4n+1}+\cdots$ 的和函数；(ii) 直接用本题结果求该幂级数的和函数．

例 12.10.5　求幂级数 $\displaystyle\sum_{n=1}^{\infty}\dfrac{n\,(2x-3)^{n-1}}{3^n}$ 的和函数．

分析　通过求积，可以消除通项分子中的 n；而通项分母中的 3^n，可以与分子中的 $(2x-3)^n$ 一起构成商的幂．因此，利用几何级数和函数公式，可以求出级数和函数的积分，再利用求导就可以求出级数的和函数．

解　令 $S(x)=\displaystyle\sum_{n=1}^{\infty}\dfrac{n\,(2x-3)^{n-1}}{3^n}$，则由幂级数的求积性质，可得

$$\int_{3/2}^{x}S(x)\mathrm{d}x=\int_{3/2}^{x}\sum_{n=1}^{\infty}\dfrac{n\,(2x-3)^{n-1}}{3^n}\mathrm{d}x=\sum_{n=1}^{\infty}\int_{3/2}^{x}\dfrac{n\,(2x-3)^{n-1}}{3^n}\mathrm{d}x=\dfrac{1}{2}\sum_{n=1}^{\infty}\left(\dfrac{2x-3}{3}\right)^n$$

$$=\dfrac{1}{2}\cdot\dfrac{(2x-3)/3}{1-(2x-3)/3}=\dfrac{2x-3}{4(3-x)},$$

其中根据几何级数的收敛性知 $\left|\dfrac{2x-3}{3}\right|<1$，解得 $0<x<3$．求导得

$$S(x)=\left[\dfrac{2x-3}{4(3-x)}\right]'=\dfrac{2(3-x)-(2x-3)(-1)}{4(3-x)^2}=\dfrac{3}{4\,(3-x)^2}\,(0<x<3).$$

思考　若级数为 $\displaystyle\sum_{n=1}^{\infty}\dfrac{n\,(2x-3)^{2n-1}}{3^n}$，结果如何？$\displaystyle\sum_{n=1}^{\infty}\dfrac{n\,(x-3)^{n-1}}{3^n}$ 或 $\displaystyle\sum_{n=1}^{\infty}\dfrac{n\,(x-3)^{2n-1}}{3^n}$ 呢？

例 12.10.6　求幂级数 $\displaystyle\sum_{n=1}^{\infty}\dfrac{x^n}{(n+1)(n-1)!}$ 的和函数．

分析　如果一个幂级数可以分成两个已知和函数的级数的和，那么就可以用幂级数代数和的性质求其和函数．

解　令 $S(x)=\displaystyle\sum_{n=1}^{\infty}\dfrac{x^n}{(n+1)(n-1)!}$，则 $S(0)=0$；而当 $x\neq0$ 时，

$$S(x)=\sum_{n=1}^{\infty}\dfrac{n}{(n+1)n!}x^n=\sum_{n=1}^{\infty}\dfrac{n\cdot n!}{(n+1)!\ n!}x^n$$

$$=\sum_{n=1}^{\infty}\dfrac{(n+1)!\ -n!}{(n+1)!\ n!}x^n=\sum_{n=1}^{\infty}\left[\dfrac{1}{n!}-\dfrac{1}{(n+1)!}\right]x^n$$

$$=\sum_{n=1}^{\infty}\dfrac{1}{n!}x^n-\dfrac{1}{x}\left[\sum_{n=0}^{\infty}\dfrac{1}{n!}x^n-1-x\right]=\mathrm{e}^x-1-\dfrac{1}{x}(\mathrm{e}^x-1-x)$$

$$=(1-1/x)\mathrm{e}^x+1/x,\ x\in(-\infty,+\infty)\backslash\{0\},$$

故　　$S(x)=\begin{cases}(1-1/x)\mathrm{e}^x+1/x,\ x\in(-\infty,+\infty)\backslash\{0\}\\ 0,\ x=0\end{cases}$

思考　用幂级数的求导性质求解该问题．

例 12.10.7　求级数 $\displaystyle\sum_{n=1}^{\infty}(2n+1)x^n$ 的和函数，并求 $\displaystyle\sum_{n=1}^{\infty}\dfrac{2n+1}{2^n}$ 的和．

分析　如果幂级数通项的系数构成等差级数，剩下的部分构成几何级数，那么该级数与几何级数公比的乘积的差可转化成几何级数，从而用几何级数和函数公式求出其和函数．

解 级数 $\sum\limits_{n=1}^{\infty}(2n+1)x^n$ 的收敛域为 $(-1,1)$. 令 $S(x)=\sum\limits_{n=1}^{\infty}(2n+1)x^n, x\in(-1,1)$ ，则

$$S(x)-xS(x)=\sum_{n=1}^{\infty}(2n+1)x^n-\sum_{n=1}^{\infty}(2n+1)x^{n+1}$$

$$=3x+\sum_{n=1}^{\infty}(2n+3)x^{n+1}-\sum_{n=1}^{\infty}(2n+1)x^{n+1}$$

$$=3x+2\sum_{n=1}^{\infty}x^{n+1}=3x+2\cdot\frac{x^2}{1-x}=\frac{3x-x^2}{1-x}, x\in(-1,1),$$

所以 $S(x)=\dfrac{3x-x^2}{(1-x)^2}, x\in(-1,1)$. 又令 $x=\dfrac{1}{2}$ ，得

$$S\left(\frac{1}{2}\right)=\frac{3/2-1/4}{(1-1/2)^2}=5, \quad 即 \sum_{n=1}^{\infty}\frac{2n+1}{2^n}=5.$$

思考 若幂级数为 $\sum\limits_{n=1}^{\infty}(2n+1)x^{n-1}$ ，结果如何？为 $\sum\limits_{n=1}^{\infty}(2n+1)x^{2n}$ 或 $\sum\limits_{n=1}^{\infty}(2n+1)x^{2n-1}$ 呢？

例 12.10.8 将函数 $f(x)=\ln(x+\sqrt{1+x^2})$ 展开成 x 的幂级数，并利用该展开式求 $\ln\dfrac{1+\sqrt{5}}{2}$ 的近似值（精确到 0.0001）.

分析 该函数比较复杂，不易用常用的幂级数展开式展开．但其导数为二项式，因此先将其导数展开成幂级数，再通过积分求出级数的和函数，并据此求出 $\ln\dfrac{1+\sqrt{5}}{2}$ 的近似值.

解 $f'(x)=\dfrac{1}{x+\sqrt{1+x^2}}\left(1+\dfrac{x}{\sqrt{1+x^2}}\right)=\dfrac{1}{\sqrt{1+x^2}}$

$$=1-\frac{1}{2}x^2+\frac{1\cdot3}{2!\cdot2^2}x^4+\cdots+(-1)^n\frac{(2n-1)!!}{(2n)!!}x^{2n}+\cdots$$

$$=1+\sum_{n=1}^{\infty}(-1)^n\frac{(2n-1)!!}{(2n)!!}x^{2n}, |x|<1.$$

因为 $f(0)=0$ ，所以

$$f(x)=f(0)+\int_0^x\frac{\mathrm{d}x}{\sqrt{1+x^2}}=\int_0^x\frac{\mathrm{d}x}{\sqrt{1+x^2}}=x+\sum_{n=1}^{\infty}(-1)^n\frac{(2n-1)!!}{(2n)!!}\frac{x^{2n+1}}{2n+1}, x\in[-1,1].$$

又令 $x=\dfrac{1}{2}$ ，得

$$\ln\frac{1+\sqrt{5}}{2}=\frac{1}{2}+\sum_{n=1}^{\infty}(-1)^n\frac{(2n-1)!!}{(2n+1)\cdot2^{2n+1}\cdot(2n)!!}$$

$$=\frac{1}{2}-\frac{1}{3\cdot2^3\cdot2}+\frac{1\cdot3}{5\cdot2^5\cdot2\cdot4}-\frac{1\cdot3\cdot5}{7\cdot2^7\cdot2\cdot4\cdot6}+\frac{1\cdot3\cdot5\cdot7}{9\cdot2^9\cdot2\cdot4\cdot6\cdot8}-\cdots$$

因为 $|r_5|=\dfrac{1\cdot3\cdot5\cdot7}{9\cdot2^9\cdot2\cdot4\cdot6\cdot8}<0.0001$ ，所以

$$\ln\frac{1+\sqrt{5}}{2}\approx\frac{1}{2}-\frac{1}{3\cdot2^3\cdot2}+\frac{1\cdot3}{5\cdot2^5\cdot2\cdot4}-\frac{1\cdot3\cdot5}{7\cdot2^7\cdot2\cdot4\cdot6}\approx0.4816.$$

思考 利用该展开式求 $\ln(1+\sqrt{2})$ 的近似值（精确到 0.0001），是否可行？

1. 级数 $\sum\limits_{n=0}^{\infty} \dfrac{(-1)^n n!}{3^n}$ 的第五项为 _____，前五项的和为 _____.

2. 级数 $\dfrac{2}{3} + \left(\dfrac{3}{7}\right)^2 + \left(\dfrac{4}{11}\right)^3 + \left(\dfrac{5}{15}\right)^4 + \cdots$ 的一般项为 _____.

3. 设级数 $\sum\limits_{n=1}^{\infty} u_n$ 收敛，而 $\sum\limits_{n=1}^{\infty} v_n$ 发散，则级数 $\sum\limits_{n=1}^{\infty} (u_n + v_n)$ 和 $\sum\limits_{n=1}^{\infty} u_n v_n$ 分别是

（   ）.

A. 收敛的；   B. 发散的；

C. 发散的和可收敛可发散的；   D. 可收敛可发散的和发散的.

4. 收敛级数 $\sum\limits_{n=1}^{\infty} \left(\dfrac{1}{3^n} + \dfrac{1}{4^n}\right)$ 的和 $S=$（   ）.

A. $\dfrac{2}{3}$；   B. $\dfrac{3}{4}$；   C. $\dfrac{5}{6}$；   D. $\dfrac{17}{6}$.

5. 根据收敛与发散的定义判别级数 $\sum\limits_{n=1}^{\infty} \dfrac{1}{(a+n-1)(a+n)}$ 的敛散性.

6. 根据级数的性质判别级数 $2+2^2+\cdots+2^{100}+\dfrac{1}{2}+\dfrac{1}{2^2}+\cdots+\dfrac{1}{2^n}+\cdots$ 的敛散性. 若收敛,求其和 S.

7. 判别级数 $\dfrac{1}{3}+\dfrac{1}{\sqrt{3}}+\cdots+\dfrac{1}{\sqrt[n]{3}}+\cdots$ 的敛散性.

1. 级数 $\sum\limits_{n=1}^{\infty} n^{1-\alpha}$ $(\alpha > 1)$ 当 α _____时级数收敛，当 α _____时级数发散.

2. 级数 $\sum\limits_{n=1}^{\infty} \dfrac{n-1}{n^3-n+5}$ 是 _____的，理由是 _____.

3. 级数 $\sum\limits_{n=1}^{\infty} \dfrac{n^\alpha}{3^n}$ $(\alpha \in \mathbf{R})$（   ）.

A. 当 $\alpha \geqslant 0$ 时收敛，$\alpha < 0$ 时发散；   B. 收敛；

C. 当 $\alpha \geqslant 0$ 时发散，$\alpha < 0$ 时收敛；   D. 发散.

4. 由根值判别法，可得级数 $\sum\limits_{n=1}^{\infty} (1-\dfrac{1}{n})^{n^\alpha}$ 是（   ）.

A. 是收敛的；   B. 是发散的；

C. 当 $\alpha < 2$ 时是收敛的；   D. 当 $\alpha \geqslant 2$ 时是收敛的.

5. 判别级数 $\sum\limits_{n=1}^{\infty} \dfrac{n^2-6}{n^4+4}$ 的敛散性.

6. 判别级数 $\sum\limits_{n=1}^{\infty} \dfrac{2^n n!}{n^n}$ 的敛散性.

7. 判别级数 $\sum\limits_{n=1}^{\infty} \dfrac{7^n}{8^n-6^n}$ 的敛散性.

1. 若级数 $\sum\limits_{n=1}^{\infty} u_n$ 条件收敛，$\sum\limits_{n=1}^{\infty} v_n$ 绝对收敛，则级数 $\sum\limits_{n=1}^{\infty} (u_n + v_n)$ 是 _____.

2. 若级数 $\sum\limits_{n=1}^{\infty} u_n$ 收敛，则级数 $\sum\limits_{n=1}^{\infty} |u_n|$ 未必_____；若级数 $\sum\limits_{n=1}^{\infty} u_n$ 条件收敛，则级数 $\sum\limits_{n=1}^{\infty} |u_n|$ 必定_____；若级数 $\sum\limits_{n=1}^{\infty} |u_n|$ 收敛，则级数 $\sum\limits_{n=1}^{\infty} u_n$ 必定_____.

3. 若 $\lim\limits_{n \to \infty} b_n = +\infty$，则 $\sum\limits_{n=1}^{\infty} \left(\dfrac{1}{b_n} - \dfrac{1}{b_{n-1}} \right)$ 是（　　）.

A. 发散的；　　　　　B. 敛散性不定的；　　　　　C. 收敛于 0；　　　　　D. 收敛于 $-\dfrac{1}{b_0}$.

4. 下列结论正确的是（　　）.

A. 若 $\sum\limits_{n=1}^{\infty} u_n$ 收敛，则 $\sum\limits_{n=1}^{\infty} |u_n|$ 收敛；　　　　B. 若 $\sum\limits_{n=1}^{\infty} |u_n|$ 发散，则 $\sum\limits_{n=1}^{\infty} u_n$ 发散；

C. 若 $\sum\limits_{n=1}^{\infty} |u_n|$ 收敛，则 $\sum\limits_{n=1}^{\infty} u_n^2$ 收敛；　　　　D. 若 $\sum\limits_{n=1}^{\infty} u_n^2$ 收敛，则 $\sum\limits_{n=1}^{\infty} u_n$ 收敛.

5. 讨论级数 $\sum\limits_{n=1}^{\infty} \dfrac{n\cos n\pi}{n^2+1}$ 的绝对收敛性与条件收敛性.

6. 判别级数 $\sum\limits_{n=1}^{\infty} (-1)^n \dfrac{n}{4^n}$ 的收敛性.

7. 判别交错级数 $\sum\limits_{n=2}^{\infty} (-1)^n \dfrac{1}{\ln(n+1)}$ 是绝对收敛还是条件收敛？或者是发散？

1. 级数 $\sum\limits_{n=1}^{\infty}(-1)^n\dfrac{1}{n^p}(p>0)$ 当_____时级数绝对收敛，当_____是条件收敛.

2. 级数 $\sum\limits_{n=1}^{\infty}\dfrac{\sqrt{n+2}-\sqrt{n-2}}{n^\alpha}$ 当 α _____时收敛，当 α _____时发散.

3. 设 a 为任意常数，则级数 $\sum\limits_{n=1}^{\infty}(-1)^n\dfrac{n+a}{n^2}$ （　　）.

A. 绝对收敛；　　　　　　　　B. 发散的；

C. 条件收敛；　　　　　　　　D. 敛散性与 a 有关.

4. 若级数 $\sum\limits_{n=1}^{\infty}v_n$ 收敛，且 $u_n\leqslant v_n(n=1,2\cdots)$，则级数 $\sum\limits_{n=1}^{\infty}u_n$ 是（　　）.

A. 收敛的；　　　B. 发散的；　　　C. 可能收敛也可能发散；　　　D. 绝对收敛.

5. 判别级数 $\sum\limits_{n=2}^{\infty} \dfrac{1}{\sqrt{n}} \ln\left[1 + \dfrac{(-1)^n}{n}\right]$ 的敛散性.

6. 判别级数 $\sum\limits_{n=1}^{\infty} \left(1 - \cos\dfrac{\pi}{n}\right)$ 的敛散性.

7. 判别级数 $\sum\limits_{n=1}^{\infty} (-1)^n \dfrac{(n+1)!}{n^{n+1}}$ 的敛散性，若收敛，说明是条件收敛还是绝对收敛.

1. 若幂级数 $\sum\limits_{n=1}^{\infty} a_n x^n$ 在 $x = -2$ 处收敛，则在 $x = \dfrac{3}{2}$ 处此级数是 _____ 的；在 $x = -3$ 处级数是 _____ 的．

2. 幂级数 $\sum\limits_{n=0}^{\infty} e^n x^{2n}$ 的收敛半径为 _____．

3. 幂级数 $\sum\limits_{n=1}^{\infty} \dfrac{n^2 \cdot x^n}{2^n}$ 的收敛域为（　　）．

A. $(-2, 2)$;　　　B. $[-2, 2]$;　　　C. $(-2, 2]$;　　　D. $[-2, 2)$．

4. 幂级数 $\sum\limits_{n=1}^{\infty} \dfrac{(-x)^n}{3^{n-1}\sqrt{n}}$ 的收敛域为（　　）．

A. $(-3, 3)$;　　　B. $[-3, 3]$;　　　C. $(-3, 3]$;　　　D. $[-3, 3)$．

5. 求幂级数 $\displaystyle\sum_{n=1}^{\infty} \frac{(2x+1)^n}{n}$ 的收敛域.

6. 求幂级数 $\displaystyle\sum_{n=1}^{\infty} (n+1)x^{n-1}$ 的收敛域及和函数.

7. 求幂级数 $x - \dfrac{1}{3}x^3 + \dfrac{1}{5}x^5 - \dfrac{1}{7}x^7 + \cdots$ 的和函数，并求 $\displaystyle\sum_{n=1}^{\infty} \frac{(-1)^n}{2n-1}\left(\frac{3}{4}\right)^n$ 的和.

1. 函数 $f(x)=\dfrac{1}{3-x}$ 在 $x=1$ 处幂级数展开式为 ＿＿＿＿＿＿，其收敛区间为 ＿＿＿＿＿．

2. 函数 $f(x)=\sin x^2$ 展开成麦克劳林级数为 ＿＿＿＿＿＿，其收敛区间为 ＿＿＿＿＿．

3. 函数 $f(x)=\ln x$ 展开为 $x-2$ 的幂级数为（　　）．

A. $f(x)=\displaystyle\sum_{n=0}^{\infty}(-1)^n\dfrac{x^{n+1}}{n+1},x\in(-1,1]$；

B. $f(x)=\displaystyle\sum_{n=0}^{\infty}(-1)^n\dfrac{(x-1)^{n+1}}{n+1},x\in(0,2]$；

C. $f(x)=\ln 2+\displaystyle\sum_{n=0}^{\infty}(-1)^n\dfrac{(x-2)^{n+1}}{n+1},x\in(1,3]$；

D. $f(x)=\ln 2+\displaystyle\sum_{n=0}^{\infty}(-1)^n\dfrac{(x-2)^{n+1}}{(n+1)2^{n+1}},x\in(0,4]$．

4. 函数 $f(x)=\dfrac{1}{\sqrt{1-2x}}$ 关于 x 的幂级数展开式为（　　）．

A. $f(x)=1+\displaystyle\sum_{n=1}^{\infty}\dfrac{(2n-1)!!}{(2n)!!}(2x)^n,x\in\left(-\dfrac{1}{2},\dfrac{1}{2}\right)$；

B. $f(x)=1+\displaystyle\sum_{n=1}^{\infty}\dfrac{(2n-1)!!}{(2n)!!}(2x)^n,x\in\left[-\dfrac{1}{2},\dfrac{1}{2}\right)$；

C. $f(x)=\displaystyle\sum_{n=1}^{\infty}\dfrac{(2n-1)!!}{(2n)!!}(2x)^n,x\in\left[-\dfrac{1}{2},\dfrac{1}{2}\right)$；

D. $f(x)=\displaystyle\sum_{n=1}^{\infty}\dfrac{(2n-1)!!}{(2n)!!}(2x)^n,x\in\left(-\dfrac{1}{2},\dfrac{1}{2}\right)$．

5. 将函数 $f(x)=(1+x)\ln(1+x)$ 展开为 x 的幂级数.

6. 将 $f(x)=\dfrac{x}{9+x^2}$ 展开成麦克劳林级数.

7. 将 $f(x)=\dfrac{1}{x^2-x-6}$ 在 $x=1$ 处展开成幂级数.

1. 若要求误差不超过10^{-5}，则 $\sin 1°$ 的近似值为 _____.

2. 若要求误差不超过10^{-4}，则 $\ln 3$ 的近似值为 _____.

3. 设 $I = \int_0^1 \dfrac{\ln(1+x)}{x}\mathrm{d}x$ 则 $I = ($　　$)$.

A. $\displaystyle\sum_{n=1}^{\infty} \dfrac{(-1)^{n-1}}{n}$;　　　B. $\displaystyle\sum_{n=1}^{\infty} \dfrac{(-1)^{n-1}}{n^2}$;　　　C. $\displaystyle\sum_{n=0}^{\infty} \dfrac{(-1)^{n+1}}{n+1}$;　　　D. $\displaystyle\sum_{n=0}^{\infty} \dfrac{(-1)^{n+1}}{(n+1)^2}$.

4. 设 $I = \int_0^{0.2} \dfrac{\sin x}{x}\mathrm{d}x$ 要使误差小于10^{-5}，则求 I 的近似值时，只需取（　　）.

A. 前一项　　　　　B. 前两项;　　　　　C. 前三项;　　　　　D. 以上都不对.

5. 求数项级数 $\displaystyle\sum_{n=1}^{\infty}\frac{n}{3^n}$ 的和.

6. 用幂级数解法解方程 $y'=x+y$.

7. 将函数 $e^x\sin x$ 展开成 x 的幂级数.

1. 函数 $\sin mx$，$\cos nx$（m，$n=1$，2，3，$\cdots$）在区间 $[-\pi$，$\pi]$ 上的正交性是指 _____；$\cos mx$，$\cos nx$（m，$n=1$，2，3，$\cdots$）在区间 $[-\pi$，$\pi]$ 上的正交性是指 _____.

2. 设函数 $f(x)$ 是以 2π 为周期的周期函数，它在 $[-\pi$，$\pi)$ 上的表达式为 $f(x)=\begin{cases}-x, & -\pi\leqslant x\leqslant 0\\ 0, & 0<x<\pi\end{cases}$，则 $f(x)$ 的傅立叶级数在 $x=-\pi$ 处收敛于 _____.

3. 设函数 $f(x)$ 是以 2π 为周期的周期函数，它在 $[-\pi$，$\pi)$ 上的表达式为 $f(x)=x^2-1$，现已知它的傅立叶级数是 $\dfrac{\pi^2}{3}-1+4\sum\limits_{n=1}^{\infty}(-1)^n\dfrac{\cos nx}{n^2}$，则该级数的和函数 $s(x)=$（　　）.

A. $f(x)$，$x\in(-\infty$，$+\infty)$；

B. $\begin{cases}f(x), & x\neq k\pi\\ \dfrac{\pi^2-1}{2}, & x=k\pi\end{cases}$（$k=\pm 1$，$\pm 2$，$\cdots$）；

C. $\begin{cases}f(x), & x\neq k\pi\\ \dfrac{\pi+1}{2}, & x=k\pi\end{cases}$（$k=\pm 1$，$\pm 2$，$\cdots$）；

D. $\begin{cases}f(x), & x\neq k\pi\\ \dfrac{1}{2}, & x=k\pi\end{cases}$（$k=\pm 1$，$\pm 2$，$\cdots$）.

4. 对三角函数系 1，$\cos x$，$\sin x$，$\cos 2x$，$\sin 2x$，$\cdots$，$\cos nx$，$\sin nx$，$\cdots$ 而言，以下结论不成立的是（　　）.

A. 其中任何两个不同函数之积在 $[-\pi$，$\pi]$ 上的积分都等于零；

B. 其中任何两个不同函数之积在 $[-2\pi$，$2\pi]$ 上的积分都等于零；

C. 其中每个函数的平方在 $[-\pi$，$\pi]$ 上的积分都等于 π；

D. 除 1 外，其中任何两个不同函数的和在 $[-\pi$，$\pi]$ 上的积分都等于零.

5. 举出两类不同的积分式子，说明三角函数系 1，$\cos x$，$\sin x$，$\cos 2x$，$\sin 2x$，$\cdots$，$\cos nx$，$\sin nx$，$\cdots$在区间 $[-\alpha，\alpha]$（$0<\alpha<\pi$）上不是正交的.

6. 设 $f(x)$ 周期为 2π 的周期函数，试将 $f(x)$ 展开成傅立叶级数，其中 $f(x)$ 在 $[-\pi，\pi)$ 上表达式为 $f(x)=\begin{cases}2x，& -\pi\leqslant x<0 \\ 3x，& 0\leqslant x<\pi\end{cases}$.

7. 将函数 $f(x)=\begin{cases}\sin x，& 0\leqslant x\leqslant\pi \\ 0，& -\pi<x<0\end{cases}$ 展开成周期为 2π 的傅立叶级数.

1. 设函数 $f(x)$ 是以 2π 为周期的周期函数，它在 $[-\pi, \pi)$ 上的表达式为 $f(x)=\begin{cases} -x, & -\pi \leqslant x \leqslant 0 \\ 0, & 0 < x < \pi \end{cases}$，则 $f(x)$ 的傅立叶级数在 $x=-\pi$ 处收敛于 ＿＿＿＿＿.

2. 将函数 $f(x)=2x^2$ $(0 \leqslant x \leqslant \pi)$ 展开成余弦级数，则系数 $a_0 =$ ＿＿＿＿＿＿＿；$b_n =$ ＿＿＿＿＿＿＿.

3. 设函数 $f(x)$ 是以 2π 为周期的周期函数，它在 $[-\pi, \pi)$ 上的表达式为 $f(x)=x^2-1$，现已知它的傅立叶级数是 $\dfrac{\pi^2}{3}-1+4\sum\limits_{n=1}^{\infty}(-1)^n\dfrac{\cos nx}{n^2}$，则该级数的和函数 $s(x)=$
（　　）.

A. $f(x)$, $x \in (-\infty, +\infty)$;　　　　　　B. $\begin{cases} f(x), & x \neq k\pi \\ \dfrac{\pi^2-1}{2}, & x=k\pi \end{cases}$ $(k=\pm 1, \pm 2, \cdots)$;

C. $\begin{cases} f(x), & x \neq k\pi \\ \dfrac{\pi+1}{2}, & x=k\pi \end{cases}$ $(k=\pm 1, \pm 2, \cdots)$;　　D. $\begin{cases} f(x), & x \neq k\pi \\ \dfrac{1}{2}, & x=k\pi \end{cases}$ $(k=\pm 1, \pm 2, \cdots)$.

4. 已知 $f(x)=\begin{cases} 1, & 0 \leqslant x \leqslant h \\ 0, & h < x \leqslant \pi \end{cases}$ 的余弦级数是 $\dfrac{h}{\pi}+\dfrac{2}{\pi}\sum\limits_{n=1}^{\infty}\dfrac{\sin nh}{n}\cos nx$，则该级数的和函数 $s(x)=$（　　）.

A. $\begin{cases} f(x), & 0 \leqslant x < h, h < x \leqslant \pi \\ \dfrac{1}{2}, & x=h \end{cases}$;　　B. $\begin{cases} f(x), & 0 < x < h, h < x < \pi \\ \dfrac{1}{2}, & x=0, h, \pi \end{cases}$;

C. $\begin{cases} f(x), & x \in [-\pi, \pi] \text{ 且 } x \neq \pm h \\ \dfrac{1}{2}, & x=\pm h \end{cases}$;　D. $\begin{cases} f(x), & x \in [-\pi, \pi] \text{ 且 } x \neq \pm h, \pm\pi, 0 \\ \dfrac{1}{2}, & x=\pm h, \pm\pi, 0 \end{cases}$.

5. 将函数 $f(x) = \begin{cases} 1, & 0 \leqslant x \leqslant 1 \\ 0, & 1 < x \leqslant 2 \end{cases}$ 展开成余弦级数.

6. 将函数 $f(x) = -x^2 + 1 (0 \leqslant x \leqslant \pi)$ 展开成正弦级数.

7. 将函数 $f(x) = \pi^2 - x^2 (-\pi < x \leqslant \pi)$ 展开成周期为 2π 的傅立叶级数，并求级数 $\sum\limits_{n=1}^{\infty} \dfrac{1}{n^2}$ 的和.

1. 幂级数 $\sum\limits_{n=1}^{\infty}(1+\frac{1}{2}+\cdots+\frac{1}{n})x^n$ 的收敛区间为_____.

2. 函数 $f(x)=e^{-x}$ 关于 $x-1$ 的幂级数展开式为_____，其收敛区间为_____.

3. 若级数 $\sum\limits_{n=1}^{\infty}(-1)^{n-1}\frac{(x-a)^n}{n}$ 当 $x>0$ 时发散，在 $x=0$ 处收敛，则常数 $a=$ （   ）.

    A. -1；   B. 1；   C. 2；   D. -2.

4. 若级数 $\sum\limits_{n=1}^{\infty}a_n x^n$ 在 $x=2$ 处收敛，则级数 $\sum\limits_{n=1}^{\infty}a_n(x-\frac{1}{2})^n$ 在 $x=-2$ 处及 $x=1$ 处的敛散性为（   ）.

    A. 均绝对收敛；

    B. 均是发散；

    C. 在 $x=-2$ 处绝对收敛，在 $x=1$ 处不能确定；

    D. 在 $x=-2$ 处不能确定，在 $x=1$ 处绝对收敛.

5. 求幂级数 $3x^2 - \dfrac{5}{2}x^4 + \dfrac{7}{3}x^6 - \cdots + (-1)^{n-1}\dfrac{2n+1}{n}x^{2n} + \cdots$ 的和函数.

6. 将函数 $f(x) = (x+1)\cdot 2^x$ 展开为 x 的幂级数.

7. 将函数 $f(x) = x\mathrm{e}^{-x}$ 展开成 x 的幂级数，并据此证明 $\lim\limits_{n\to\infty}\dfrac{4^n}{3^n\cdot n!} = 0$.